大比例尺城市地理空间数据的骨架线匹配方法

钱海忠 王 骁 刘 闯 黄智深 刘海龙 陈竞男 著

科 学 出 版 社

北 京

内 容 简 介

本书采用城市骨架线技术，以大比例尺城市道路和居民地为例，对地理空间数据更新中的数据匹配技术展开研究，内容共分 6 章。第 1 章为引言，介绍了空间数据匹配的相关概念、分类和流程；第 2 章定义了骨架线概念，介绍了城市骨架线的分类与提取方法等；第 3 章实现了基于城市骨架线的居民地匹配方法；第 4 章实现了城市骨架线支撑下的道路网匹配方法；第 5 章提出了空间数据联动匹配的相关理论与技术；第 6 章介绍了利用动态化简来提高线要素匹配质量的方法。

本书可供从事地理空间数据生产、数据匹配与更新、地理信息处理与应用等领域的科研人员和工程技术人员阅读，也可供地图学与地理信息工程专业的研究生和相关专业人士学习参考。

图书在版编目(CIP)数据

大比例尺城市地理空间数据的骨架线匹配方法/钱海忠等著. —北京：科学出版社，2020.6

ISBN 978-7-03-065334-5

Ⅰ. ①大…　Ⅱ. ①钱…　Ⅲ. ①城市地理–地理信息系统–数据处理　Ⅳ. ①P208②P91

中国版本图书馆 CIP 数据核字(2020)第 091522 号

责任编辑：李秋艳　张力群/责任校对：何艳萍

责任印制：吴兆东/封面设计：图阅社

科学出版社 出版

北京东黄城根北街 16 号

邮政编码：100717

http://www.sciencep.com

北京虎彩文化传播有限公司 印刷

科学出版社发行　各地新华书店经销

*

2020 年 6 月第 一 版　开本：787×1092　1/16

2021 年 8 月第二次印刷　印张：15

字数：350 000

定价：139.00 元

(如有印装质量问题，我社负责调换)

序

地理空间数据更新是地理信息高价值服务的关键环节，是保持地理空间数据现势性的主要技术支撑。空间数据匹配是数据更新的核心技术之一，决定数据更新的效率与准确率。无论是同尺度数据更新，跨尺度数据更新，还是多尺度数据联动、级联更新，都离不开数据匹配技术。

当前，城市地理空间目标变化速度日益加快，而又以城市居民地、道路变化最为突出。该书以大比例尺城市居民地、道路为研究目标展开匹配理论、方法与技术研究，研究针对性强，应用价值突出。

钱海忠教授所在的科研团队是一个朝气蓬勃、富有创新能力的研究群体。他们二十余年来一直从事地图综合、数据更新、应急制图等相关研究，潜心钻研、奋力攻关，取得了持续性突破。

该书作者在国家自然科学基金项目支持下展开创新性研究，提出了城市骨架线网新概念，并在此基础上发展了一整套基于城市骨架线网的空间数据匹配新理论。该理论巧妙地把城市居民地和道路网有机融入一体，均衡了空间数据误差，不但可实现居民地、道路要素的各自匹配，还能实现两者之间匹配关系的相互传递和联动匹配。

祝贺新作出版，也希望钱海忠教授团队和业界同行们继续努力，贡献更多力作，推动学术进步。

王家耀

中国工程院院士

2020 年春

前 言

随着信息技术的加速发展，地理空间数据的获取手段日益丰富，地理空间信息已成为当代重要的信息源。随着我国系列比例尺地理空间数据库的建成，基础地理数据工程的工作重心已经由地理空间数据生产向地理空间信息更新与现势性维护方向转移。数据更新已成为当前及今后的常态化工作重点之一。数据匹配是数据更新的重要组成部分，是地理空间的同尺度、跨尺度、多尺度级联与联动更新的核心支撑技术。

在国家自然科学基金项目“基于城市骨架线网的同名实体关联关系构建原理与方法”(41171305)资助下，课题组成员朝气蓬勃，锐意创新，发表了数十篇高质量期刊论文，培养硕士研究生 5 人，2 篇硕士毕业论文被评为省部级优秀硕士学位论文。本书内容正是这些研究成果的提炼和总结。

全书共分 6 章，主要提出了城市骨架线网技术，并据此研究了多种同名实体匹配的方法。第 1 章为引言，主要介绍了空间数据匹配的相关概念、分类和流程，阐述了空间数据匹配的研究背景和意义，分析了空间数据匹配的研究进展和面临的问题，提出了大比例尺城市地理空间数据的降维匹配方法。第 2 章为骨架线概念、分类与提取方法，定义了骨架线概念，介绍了城市骨架线(网)的分类与提取方法，以及城市骨架线(网)支撑下的道路与居民地关联关系构建方法，分析了以城市骨架线(网)进行空间数据匹配的主要特点和优势。第 3 章为基于骨架线(网)的大比例尺面状居民地匹配方法，主要阐述了基于内部骨架线、基于城市骨架线网眼、基于城市骨架线对偶网眼的居民地匹配方法。第 4 章为基于城市骨架线网的道路网匹配方法，包括基于层次分析法、顾及主要形态特征、顾及邻域居民地群组相似性、避免全局遍历的道路网匹配方法等。第 5 章为基于城市骨架线网的道路网与居民地联动匹配，介绍了空间数据联动匹配的相关理论与技术，阐述了顾及上下级空间关系相似性的道路网联动匹配方法、利用城市骨架线技术的道路和居民地联动匹配方法、采用层次推理的多尺度道路网与居民地联动匹配方法等。第 6 章为利用动态化简提高线要素匹配质量的方法，主要建立了线要素动态化简与匹配之间的关系模型、对不同化简算法辅助进行匹配效果的评估方法、基于动态化简的线要素匹配算法的比较与评价方法等。

本书由钱海忠、王骁、刘闯、黄智深、刘海龙、陈竞男撰写，郭漩、赵钰哲、罗登瀚、钟吉、任政广等整理资料。本书在国家自然科学基金(41171305)的支持下完成，同时得到了信息工程大学地理空间信息学院出版基金的大力支持。

由于作者水平有限，书中难免存在不妥之处，恳请读者批评指正。

作 者

2020 年 1 月

目　　录

第1章　引　　言

1.1　空间数据匹配概述

1.1.1　空间数据匹配的相关概念

1. 空间数据

空间数据(spatial data)是描述空间物体与现象位置和形状的数据，分为广义空间数据和狭义空间数据。其中，广义空间数据是指一切具有坐标位置和形状特征的数据，如医学图像、超大规模集成电路芯片设计、工程图、地图、卫星影像等，都可称为空间数据。狭义空间数据是指地理参考数据，通过定点、定线或者定面的方式建立于地球表面的位置联系，以表达地表、地下和地表上空的地理过程、现象以及相互关系的数据(Masuyama，2006)。在地理信息系统(geographic information system，GIS)中，空间数据被模型化为两种基本单元：实体与目标。实体是指现实世界的元素，是现实世界的事物或现象，不能再分为同类的事物或现象，如城市可以看成实体，它可被划分为若干组成部分，但这些组成部分不能再称为城市，只能叫作城区、街区等。目标是指数据库中所表示的元素，它是实体的全部或其一部分的数据表示。

2. 同名实体

同名实体指在两种或两种以上的数据源中所反映现实世界中同一地物或地物集的空间实体(王馨，2008)。受测量误差、应用目的、制图员认知表达能力及制图综合等因素的影响，现实世界中的同一地物在不同的地理空间数据集中普遍存在差异。同名实体匹配就是通过分析空间同名实体之间某一方面或某几个方面的特征，并对其进行相似性度量，进而识别出异源数据集中同名实体的过程(张桥平等，2004)。

3. 空间相似性

空间相似性是GIS中的一个重要概念，已经广泛应用于空间数据检索、图像检索、互操作、数据挖掘与解译等领域。在很多研究中，空间相似关系都被归类于空间关系的一种，与距离关系、方位关系以及拓扑关系等并列研究(Alec，1999)，是对空间目标的几何、语义、拓扑关系等综合相似性衡量指标。它的主要研究对象是空间实体，随着空间相似性相关研究领域的深入，空间相似的研究对象逐渐扩展为空间场景。空间相似性不仅是地理空间信息多尺度表达质量评价问题的理论依据，而且是地理空间要素综合前后相似性度量的有效方法，更是设计地图制图综合算法终止的关键条件(方爱玲等，

2012)，也是空间数据匹配分析的重要基础。

4. 空间数据匹配

空间数据匹配，也称为目标匹配，是指通过对目标的几何、拓扑及语义等特征信息进行相似性评价，识别出同一地区不同来源的空间数据集中同一地物，从而建立两个空间数据集同名目标间的关联关系，探测出不同数据集之间的差异程度或者变化情况(李德仁等，2004)。空间数据匹配的关键是同名实体匹配，即识别出相同地区不同来源地理空间数据中表达现实世界同一地理实体的空间要素。其中匹配主要是通过计算空间实体的相似度来识别匹配同名实体，因此，相似性是空间数据匹配的基础。

1.1.2 同名实体匹配分类

在空间数据匹配过程中，可采用一个或者多个不同的匹配指标进行分析，对匹配指标的选择不同，匹配过程差别也十分明显。另外，参与匹配的实体类型不同，匹配依据也不同。为更好地区分在不同匹配指标下的同名实体匹配，参考所选择的匹配依据或者参与匹配的实体类型对同名实体匹配类型进行分类。目前，对于匹配方法的分类有很多种，可根据以下分类标准分为不同的类型，具体分类情况如图 1.1 所示。

(1)依据选择的匹配分类指标进行分类(Mustière，2006)：可分为几何匹配、拓扑匹配、语义匹配和其他匹配。

(2)依据参与匹配的要素类型进行分类：可分为点目标匹配(包括点与点匹配、点与线匹配、点与面匹配)、线目标匹配(包括线与线匹配、线与面匹配)和面目标匹配(即面与面匹配)。

(3)依据匹配的数据来源进行分类：可分为相同来源数据匹配和不同来源数据匹配。

(4)依据参与匹配的数据时段进行分类(李德仁等，2004)：可分为相同时间数据匹配、不同时间数据匹配。

(5)依据匹配数据的空间尺度不同进行分类：可分为相同或相近尺度匹配、多尺度匹配。

(6)依据匹配数量的不同进行分类(张桥平等，2004)：可分为一对零匹配、一对一匹配、一对多匹配和多对多匹配等。

1.1.3 同名实体匹配流程

同名实体匹配是一个复杂的过程，需要用到几何学、统计学、计算机视觉、模式识别、人工智能和专家系统等众多领域的理论和方法(李德仁等，2004)，其基本流程如图 1.2 所示。

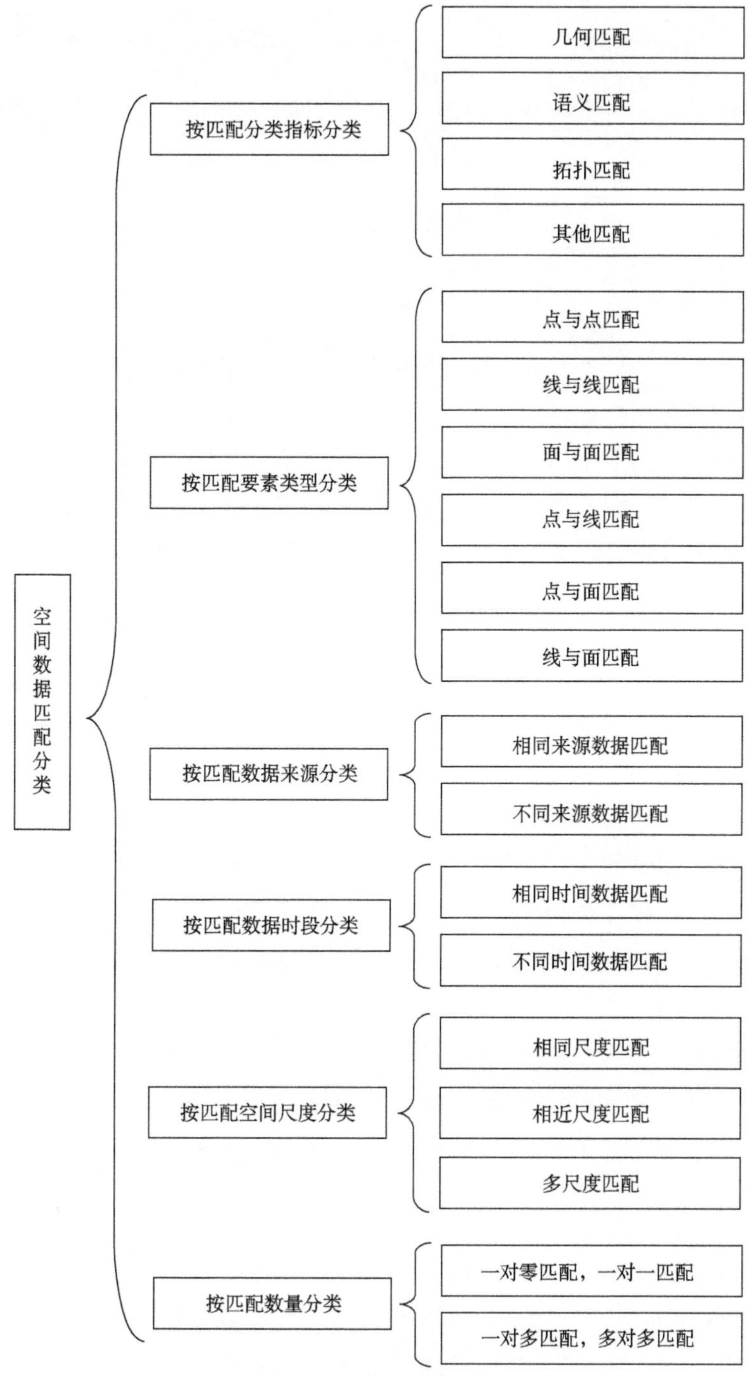

图 1.1　空间数据匹配分类

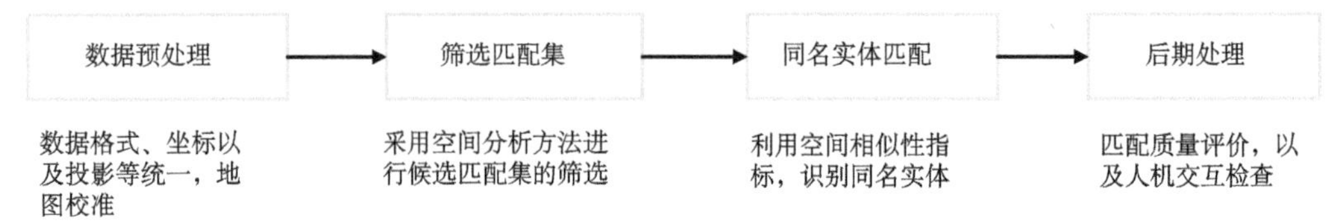

图 1.2　同名实体匹配流程

1. 数据预处理

为了减少不必要的处理时间，提高匹配效率，通常需要对待匹配数据进行预处理操作，主要包括空间数据格式转换、坐标系统转换以及地图校准。随着空间数据采集手段的多样化，致使得到的数据格式千差万别，不同格式的数据都有其自身的优点和不足，要想对多源数据进行匹配，保证统一的数据格式是基本要求。另外，如果两种数据坐标系统不一致，就无法将它们进行叠合分析，匹配也无从谈起。因此，需要通过格式转换、坐标转换以及地图校准等一系列数据预处理过程，才能提高后续同名实体的匹配正确率。

2. 候选匹配集的筛选

候选匹配集的确定是地图数据库同名实体匹配的一个重要过程，它不仅决定匹配的效率，还将决定匹配的正确性和完整性(张桥平等，2004)。一般情况下，某一数据集中待匹配的要素数量可能很多，如果直接匹配，筛选过程将耗时较长，因此为了尽量减少匹配时的不必要搜索时间，有必要探测候选匹配集的筛选方法，常用的候选匹配集筛选方法有两种：缓冲区叠加法和空间查询法。缓冲区叠加法基本过程为：对源数据中的实体进行缓冲区分析，并与目标数据的缓冲区进行叠加分析，进而通过缓冲区面积重合度来判断目标数据中落入该缓冲区的实体或者实体集，并将这些实体集合作为源数据的候选匹配集；空间查询法的基本过程为：利用实体间的相交关系进行空间查询，如果目标要素与某源要素存在包含(或被包含)、重叠、相邻、交叉等关系，则将目标要素作为该源要素的候选匹配数据。候选匹配集的确定，大大减少了匹配搜索的时间。

3. 同名实体匹配

在源数据中选定一个待匹配要素后，欲从目标数据中找出与之匹配的同名要素，还需要依赖于空间相似性评价，利用各相似性指标对待匹配双方要素进行综合分析，进而从目标数据集中确定与源数据中待匹配对象最相似的要素作为其同名匹配对象。

4. 后期处理

完成匹配后，需要对匹配结果进行质量评价以及人工交互检查等一系列后期处理。由于目前同名要素匹配技术尚不能达到完全自动化、智能化水平，而且一种匹配算法不可能适用于所有空间要素，因此匹配过程中难免会出现误匹配情况，匹配的后期加工处理是必需的步骤。通过对匹配结果进行准确的质量评估，并对错误匹配进行修正，可进一步提高匹配的准确率，为后续的数据集成、融合与更新提供有力保障。

1.2 空间数据匹配的研究背景与意义

1.2.1 研究背景

21 世纪以来，随着信息技术与互联网的高度集成发展，物联网、云计算等新兴技术手段的广泛应用标志着人类进入大数据时代(维克托和肯尼斯，2013)。作为与人类生产生活息息相关的地理空间数据，是大数据时代的一种重要数据类型，正在不断影响、改变着人类的日常生活和各种生产活动，受到了越来越多的关注。李德仁院士曾指出，大数据时代地球空间信息相关学科具有“无所不在、多维动态、互联网+网络化、全自动与实时化、从感知到认知、众包与自发地理信息、面向服务”等特点，这充分体现了作为地球空间信息学具体表现形式的地理空间数据，在构建智慧地球和智慧城市的大数据时代面临更多的发展机遇和艰巨的任务。而地理信息系统(GIS)是地理空间数据的有效管理工具，在 40 多年的发展中，目前已发展成为地理信息服务与应用的主要平台，在经济建设、交通运输、城市规划、环境监测、资源管理、土地利用等领域以及政府各职能部门取得了广泛的应用(李德仁和邵振峰，2009)。

如果把 GIS 视为“人体”，那么空间数据就是 GIS 的“血液”，没有空间数据作为支撑，GIS 系统就无法运行。随着地理信息科学和相关技术的蓬勃发展以及国家空间数据设施(national spatial data infrastructure，NSDI)战略的实施，我国已逐步完成空间数据库建库工作，测绘工作者们已经意识到“空间数据更新将成为 GIS 领域的一大瓶颈”，保持和维护地图数据的现势性和权威性将是测绘部门今后的一项主要工作，其有利于广大地图使用者更为准确地了解空间区域的地理特征与状况，有利于更好地规划城市建设和国民经济发展，有利于部署作战行动和军事战略等，空间数据的质量和现势性直接影响着一切应用系统分析和决策的结果，关系着社会各个方面的发展和利益(陈军等，2004)。数据更新的速度和质量关系着 GIS 的可持续发展，已成为国家空间数据基础设施建设的重要组成部分(Fritsch，1999)。然而我国国家级基础地理信息大型更新工程实践一般需历时数年，而地图用户则希望在较短时间内获得特定地区或指定要素的最新地图产品。同时近年来，我国陆续启动了数字城市、智慧城市、感知智慧城市、孪生城市等一系列信息化工程建设，地理空间数据的应用范围越来越广，这就对基础地理空间数据更新的内容、周期、方式等提出了更新、更高的要求。

作为 GIS 应用基础的空间数据，必须及时、准确反映空间地理要素的现状，保证其良好的现势性。空间数据的现势性是衡量其使用价值的重要指标之一。我国先后建成了 1∶100 万、1∶25 万、1∶5 万基础地理空间数据库，各省、自治区、直辖市的 1∶1 万数据库建设取得了重大进展，一些大中城市也相应建立了大比例尺(1∶500～1∶2000)

基础地理空间数据库，这些数字化工程项目的成功建设，为各类 GIS 应用工程提供了可靠的空间数据保障(陈军等，2004)，使得空间数据的服务领域不断扩展，同时对空间数据的质量要求越来越高。然而，随着我国经济社会的迅猛发展，城市化进程逐步加快，与之对应的地理空间数据变化周期日趋加快，各个城市都在加快基础设施建设，交通、供水、居民地、商业区以及城市绿化都在加快进行，城市地理信息的变化处于一个相对活跃时期，如何定期更新已有地理空间数据库，保持其现势性，已经取代地理空间数据生产，成为当今及今后长期的测绘保障主要任务和科学研究问题。

1.2.2 研究意义

地理空间数据的集成、融合与更新是 GIS 面临的一大突出问题。在大数据时代，地理空间数据的获取手段变得多种多样，既有传统官方生产部门根据实际需要采集的大量数据，又有由众多参与者通过智能终端参与完成的“众源”数据。由于采集部门、采集精度、采集时间的不同，使得这些容量大、规模大的地理空间数据在几何形状、拓扑结构、几何精度、属性详细程度以及实体空间关系等方面存在较大差异，造成了地理空间数据多源异构、重复采集等诸多问题产生，这不仅不利于地理信息系统建设，还浪费了大量的人力、物力、财力，严重制约了地理空间数据的集成与融合(王家耀，2011；郭黎，2008)。作为解决空间数据更新这一关键性难题的核心技术，空间数据匹配技术的研究不仅具有十分重要的理论意义，而且具有极其深远的现实意义，概括起来，集中体现在以下四个方面。

1. 空间数据匹配技术是实现空间数据集成、融合与共享的关键技术之一

随着空间信息技术在经济、社会发展和国防建设中发挥的作用愈加突出，空间数据已经在污染治理、防灾减灾、交通规划、城市管理、科学研究及国防建设等众多领域得到了广泛应用，这对空间数据的现势性和准确性提出了更高要求。然而，目前的空间数据融合却面临严峻挑战，从客观上来说，现实世界本身具有复杂性以及表达的模糊性，人类在对其认知方面也存在一定的局限性，加之计算机对空间信息表达时存在局部误差，使得地理空间数据只能是客观实体的一种近似和抽象，从而导致了不同部门所生产的数据存在差异。从主观上来说，由于不同用户对地理空间数据的应用目的不同，而生产部门很难生产完全满足用户需求的多样化数据，这就使得用户不得不根据本行业特定的应用目的来制定生产规则，生产自身所需类型的数据。例如，就道路数据而言，测绘部门更加注重所生产道路数据的精度情况，而交通部门则更多关注的是道路的等级、名称等属性特征，这就有可能造成同名空间目标被不同部门重复采集，由此引发了空间数据存储格式的不同，以及数据模型和存储结构等方面的差异性(王家耀，2011；郭黎，2008)。这些差异，不仅对人力、物力、财力耗费巨大，而且严重制约着空间数据的共享、集成与融合，也给地理信息产业的良性发展带来了极大困难。

多源地理空间数据的集成与融合并非是孤立的。集成是融合的基础，融合是集成基础上的进一步发展，两者的最终目的是实现空间数据的共享，其本质为地图合并(崔铁军等，2007)。一般地，地图合并包括两个过程：同名要素匹配和匹配目标的合并。空间同名要素匹配技术作为实现地图合并的基础和关键支撑技术，就是通过对不同来源地图数据库中的要素进行相似性分析，从而识别出表达现实世界中同一地物或地物集的要素，并建立关联关系的过程(张桥平等，2004)。因此，空间数据匹配技术是实现多源空间数据集成和融合的关键技术，对于实现空间数据的共享具有重要意义。

2. 空间数据匹配技术有利于改善地理空间数据的质量

空间数据质量是基础地理空间数据库的“生命”，直接影响所有基于该地图数据的应用分析与决策的正确性和可靠性，从而决定系统的成败(王家耀，2011)，因此空间数据的质量是GIS生存和发展的重要保障。一般认为，高质量空间数据应具备以下几个标准：数据来源和内容情况说明详尽；定位精度、属性精度和时间精度较高；逻辑一致性和完整性较强；表达形式合理(崔铁军，2007)。由于空间数据获取方式的多样性，使得不同来源的空间数据在几何、拓扑以及语义上可能存在差异，这些差异很大程度上影响到了空间数据的不一致。

在同名要素匹配的基础上，可根据不同地图数据库自身的优势(如定位精度、数据内容、现势性、详细程度等方面)实现地图数据库的有效合并(崔铁军，2007)。新生成的地图数据库全部或部分地集成了多源地图数据的优点，可有效提高地理空间数据的精度，有利于改善地图数据库的逻辑一致性和完整性，并进一步提高地图数据库的可靠性程度。

3. 空间数据匹配是多尺度空间数据库维护与更新的基本要求

空间数据现势性是地理信息系统的“生命”，直接影响着其使用价值与可持续发展(Raynal，1996)。我国现有的空间数据现势性已逐渐难以满足用户的需求，严重制约了数据的使用价值和使用范围(陈军等，2004)。随着我国系列比例尺地理空间基础数据库的建成，下一步的建设重心已经从数据生产转为数据更新，数据更新已经成为测绘保障部门的常态化保障主题。

由于现有更新方法的局限性，难以在实际生产中发挥重要作用，目前公认较为可行的方法是多比例尺空间数据库的增量联动更新。这不仅要解决某个比例尺下的数据更新问题，而且要解决多个比例尺数据之间的联动更新(蓝秋萍，2010)。所谓多尺度空间数据库增量联动更新，就是通过不同比例尺空间数据库中的同名要素的匹配，从而建立同名要素间的关联关系；然后通过综合比对同名要素，识别出增量信息；最后将增量信息传递到各个较小比例尺的空间数据库中去，以实现多比例尺空间数据库的整体更新(翟仁健，2011；黄智深，2013)。因此，空间数据匹配作为地理空间数据库整合的关键技术，在多尺度空间数据库更新与维护等方面发挥着核心支撑作用。

4. 空间数据匹配技术在基于位置服务的导航方面应用广泛

近年来，随着我国卫星导航应用产业化进程的加快，与之相关的具备移动定位能力的终端也呈现蓬勃发展的趋势，车辆导航、位置服务、智能交通等依赖于移动对象位置的应用大量兴起。导航电子地图是导航系统的重要基础，我国交通系统的迅速发展，使得道路新建和改建的情况持续发生，这就要求导航电子地图必须具备实时更新能力，以保证导航系统规划路径的正确性和合理性(郭黎等，2011；许林等，2010)。

如何向用户提供实时、准确的位置信息是导航系统的重点和难点，然而由于目前导航电子地图数据更新速度慢、生产不及时等原因，使得用户实时获取到的GPS信息与电子地图中的道路信息之间存在差异，难以满足用户对导航系统的要求。地图匹配是连接电子地图数据和定位导航数据之间的桥梁，利用相应匹配算法，对GPS信息与电子地图中的道路信息进行自动匹配、修正，以此确定用户的具体位置。其优势在于借助高精度的电子地图数据，通过道路匹配可以对定位结果进行校正，弥补定位误差，极大减轻了道路网数据更新与维护的费用(张振辉，2006；荆涛，2008)。因此，研究空间数据匹配技术，尤其是居民地与道路网匹配技术，对导航、智能交通和基于位置服务等领域具有重要的应用价值。

1.3 空间数据匹配的研究进展

匹配技术最早应用于计算机视觉、图像分析与理解、模式识别等领域，其目的在于解决图像匹配及其应用等方面的问题(Amit et al.，2004；于家城等，2007)，其中比较具有代表性的方法有Chamfer匹配(Barrow et al.，1977)、Borgefors匹配(Borgefors，1988)、基于Hausdorff距离匹配(Huttenlocher et al.，1993)、迭代点匹配(Zhang，1994)、基于中值最小二乘曲面匹配(Li et al.，2001)等。随着技术的不断发展与进步，匹配技术开始逐渐应用于地理信息科学领域。目标匹配技术在地理信息科学领域的应用最早出现在20世纪80年代末，美国地质测量局和美国人口调查局合作实施的一个地图合并实验项目拉开了匹配技术广泛应用于地理信息科学领域的序幕(Mustière and Devogele，2008)。从此引起了国内外学者的广泛关注，空间数据匹配技术由此进入了迅猛发展的快车道。

根据参与匹配数据类型的不同，空间数据匹配可分为矢量数据之间的匹配、影像(栅格)数据之间的匹配以及矢量影像数据之间的互相匹配(图1.3)。本书内容主要聚焦于矢量空间数据之间的匹配问题，所以下面对矢量数据之间的匹配研究情况进行详细介绍。对于矢量空间数据匹配，根据匹配对象类型的不同可将匹配划分为点要素匹配、线要素匹配和面要素匹配，这三种要素的匹配方法研究进展如下文详述。

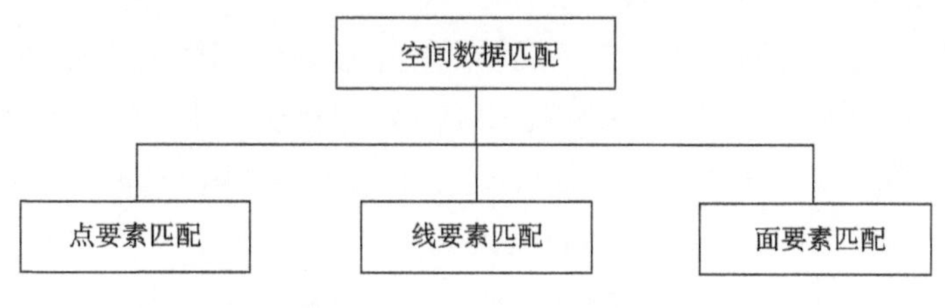

图1.3　空间数据匹配分类

1. 点要素匹配

点要素是矢量地图的重要组成部分，点是一种维度为零的特定物体，如城市中的路灯、控制点、独立地物等都可抽象成点要素，不仅如此，在矢量地图中道路网的道路结点、面状居民地质心等都是以点的形式组织和存储的。由此可见，点要素匹配是其他几何类型空间数据匹配的基础。空间位置信息是点要素最重要的特征之一，通过计算两个点要素空间距离上的邻近程度是点要素匹配最为简单直观的方法，显然两个点之间距离越近，则互为同名要素的可能性越大。但是对于空间位置存在偏差的数据，单纯依靠距离相似性作为判断指标，可能会影响匹配结果的准确性，这时需要联合点要素的结构相似性以及空间关系相似性进行匹配。Saalfeld(1993)利用结点参与构成弧段方向的信息，设计了一种“蜘蛛编码”的二进制编码法搜索匹配点，然后对弧段进行编码，进而将结点的度和编码结合来识别同名点要素；张桥平等(2001)等对 Saalfeld 的点结构“蜘蛛编码”法提出了一些改进措施，并在相关实验中顾及点和面匹配的可能性，在同名点要素匹配中取得较好的匹配效果。Samal 等(2004)通过已匹配成功的点要素作为位置参考点，计算待匹配点要素与同一参考点空间方向关系，根据两个点要素的空间方向相似性来确定是否匹配。Berri 等(2004，2005)依据点要素距离远近的邻近程度，并结合模糊集理论，提出一种通过计算点要素可信度值来进行匹配的方法。邓敏等(2010)提出了点要素层次化匹配方法，该方法涉及由结点组成的弧段的结构化空间关系信息，并以拓扑、距离、方向三类指标作为约束条件，对结点进行匹配分析。刘继宝等(2011)研究了多源点要素的自动匹配问题，建立了点要素在匹配过程中的全局一致性优化匹配模型，以匹配可信度这一指标作为约束，并转化为二分图最大带权问题，从而有效地解决了点要素的复杂匹配问题。

2. 线要素匹配

现实世界中的许多地理实体如道路、铁路、河流等都可以抽象为线要素，矢量地图的线要素匹配是当前最活跃的研究方向之一，而对线要素自动匹配的研究大多集中在道路匹配上。具体的匹配方法大致可以分为以下几种：

(1)利用缓冲区增长方法进行匹配。该类方法以弧段作为基本的匹配对象，通过设定距离阈值建立待匹配弧段的缓冲区，利用该缓冲区与另一数据集中要素的位置关系确定匹配候选集，最后通过相似性评价在匹配候选集中选取匹配结果。此类方法简单易行，是线要素匹配的常用方法。例如，Walter 和 Fritsch(1999)研究了欧洲地理数据文件和德国地形制图空间数据库的合并技术，在点匹配的基础上使用“缓冲区增长法”来确定两类图中道路实体的匹配问题，采用 A*算法求解最优解，将最优解所对应的道路弧段的匹配关系作为最终解，该方法虽然匹配效果较好，且可解决多对多的匹配情况，但是缓冲区增长法却非常耗时，另外缓冲区半径的选择对匹配结果影响很大。Mantel 等(2004)对 Walter 和 Fritsch 提出的缓冲区增长法进行了改进，增加了道路语义特征分类的判断，从而提高了搜索候选匹配弧段的速度。Zhang 和 Meng(2007)在对街道数据进行匹配研究时，提出一种非对称性缓冲区增长法，并对缓冲区半径进行动态调整，该方法可以解决道路网一对多的匹配问题。

(2)利用曲线结点、角度、弧段、形状、距离等自身几何特征进行匹配。该类方法主要是通过道路弧段的距离测度直接对道路弧段匹配，或者根据道路结点之间距离远近、拓扑结构相似性等对道路结点匹配，然后再根据道路弧段所关联的结点对道路弧段进行匹配。例如，Gabay 和 Doytsher(1994)提出利用待匹配点对(顶点或结点)之间的距离以及待匹配线段之间的夹角作为空间约束来进行线目标的匹配方法研究，然而实体匹配往往不会符合每一个判断指标，整个过程具有较多的不确定性。Mustière(2006)、Mustière 和 Devogele (2008)针对多尺度条件下的道路网匹配问题，首先对道路结点以及道路弧段进行粗匹配，然后在匹配过程中综合利用待匹配对象的几何、拓扑以及语义信息，在此基础上利用一定的分析和评价方法得到最终的匹配结果，该方法不但能够处理道路弧段之间一对多匹配问题，还可以处理道路结点之间存在的一对多匹配问题，不过该算法难以应对道路结点的候选匹配结点过多的情况。Davis(2003)的开源产品(Java Conflation Suit, JCS)中通过计算弧段之间的一种顶点 Hausdorff 距离来判断道路之间是否匹配，距离越小的则匹配的可能性越大，但由于需要处理所有可能的参数化方法使其计算非常复杂，并且只能解决一对一的道路匹配问题。Deng 等(2007)对传统 Hausdorff 距离进行了扩充，使其更具鲁棒性和抗噪能力，能够容忍目标局部形状的变化，可用来判定非一对一的匹配模式。Zhang 等(2005，2006)对道路实体的匹配作了系列研究，采用结点匹配、边匹配、线段匹配三种方式从结点、边和线段等不同方面进行匹配计算，该方法不但适用于一对一的匹配配型，还有效解决了道路网一对多的匹配问题。陈玉敏等(2007)提出了一种结点距离匹配算法，将复杂的折线与折线之间的几何相似度计算转换为求结点到折线距离的匹配方法，降低了计算复杂度，并通过建立格网索引来提高计算效率，从而较大地降低了计算复杂度，该算法有效解决了多尺度道路网中多对多自动匹配问题。翟仁健(2011)研究多尺度道路网匹配时，在评价道路弧段自身相似性的基础上，以道路网整体相似性作为辅助参考，构建了多尺度道路网全局一致性评价模型，增强了匹配结果的完整性和可靠性。安晓亚等(2012)运用结点、弧段的粗匹配方法来缩小候选匹配集，然后在候选匹配集中结合道路弧段的几何、语义、拓扑等信息，通过计算线要素拓扑结构的相似性及离散 Fréchet 距离进行精确匹配，然而 Fréchet 距离衡量两线要素距离相似性时存在较大误差，当匹配数据量偏大时匹配效果不明显。郭黎等(2013)提出了基于投影的道路网匹配方法，根据线段斜率，对线段进行投影、分割，提取线要素特征点，将复杂的道路网匹配转化为特征点匹配，该算法在一对一道路网匹配中，计算时间相对短，具有较好的匹配效果。

(3)其他方法。许多方法通常利用道路网的结构特征信息，综合运用道路与道路之间几何关系、拓扑关系，并引入其他学科已经成熟的理论或方法进行道路网匹配。例如，张桥平(2002)提出了基于中间面积法的距离相似度和基于两条线方向变化角之差的形状相似度计算方法，该方法能够解决简单线要素的一对一匹配问题。陈军等(2007)专门针对道路数据的缩编更新问题，提出了基于网眼密度的道路选取方法以及顾及层次分析的1∶1 万和 1∶5 万两种尺度道路网的匹配方法，以此为基础实现了道路网数据缩编更新的自动综合处理。胡云岗等(2010)总结出道路目标间存在的分解、基本以及抽象的三个匹配层次，采用缓冲区分析和拓扑关系等手段研究了线要素匹配系列算法，在一对一、一对多匹配中取得了很好的匹配效果。赵东保和盛业华(2010)提出了一种全局寻优的自动匹配方法，改局部寻优策略为全局寻优策略，通过综合利用道路结点和道路弧段的特征信息，建立道路网匹配的最优化模型，并利用概率松弛法求解最优解，从而获得道路结点的匹配关系，进而获得道路弧段之间的匹配关系，该算法较好地解决了多尺度道路网一对多匹配。张云菲等(2012)提出一种基于概率松弛方法的城市路网自动匹配方法，该方法首先通过路段间几何差异性估算候选路段的初始概率，然后根据邻接候选匹配路段的兼容性不断更新原概率矩阵直到收敛于某一极小值。最后基于收敛的概率矩阵计算各候选路段的结构相似性得到匹配结果，该方法在复杂的一对多匹配中效果明显。刘海龙等(2013，2015)采用从整体到局部的匹配策略，基于 Stroke 技术并综合运用多个评价指标对道路网进行匹配，有效地解决了道路网一对多、多对多匹配，但是该方法对空间数据的精度要求较高。王骁等(2016)顾及道路邻域居民地的影响，通过计算邻域居民地群组的相似性获得对应道路的匹配结果，该方法在一对一匹配中取得了很好的匹配效果。陈竞男等(2016)提出一种提高线要素匹配率的动态化简方法，将道路匹配与动态化简结合，通过计算待匹配双方的化简参数得到匹配相似度最高的值，根据获得的最高匹配相似度来确定是否匹配。该算法有效地提高了线要素匹配的正确率，能解决道路网一对多的匹配问题，但是对道路网精度要求较高。

3. 面要素匹配

面要素是同名要素匹配中复杂性最高、最具有挑战性的部分，目前对面要素匹配主要集中在居民地匹配问题中，具体的匹配策略可以分为以下几种：

(1)利用面积重叠率或面要素缓冲区面积重叠率进行匹配。该类方法以面要素或面要素缓冲区之间的面积重叠程度作为匹配依据，重叠度越高，则匹配的可能性就越大，该方法简单易行，是面要素匹配的常用方法。例如，张桥平(2002)针对面要素的匹配，通过计算面要素之间的重叠面积来确定面要素之间的对应关系，而后根据形态距离再确定面要素之间的模糊拓扑关系，借此判断面要素之间是否互为同名地物。Masuyama(2006)根据两个面目标的重叠面积比值来计算其匹配可能性。Fu 和 Wu(2008)提出了通过面要素的双向重叠相似度进行矢量图形的一对一匹配。基于面积重叠率的匹配方法不仅可以显示一对一类型的匹配，通过双向匹配的策略还可以实现一对多、多对多类型的匹配。但是该类方法需要两个匹配数据源具有高精度的点位坐标，对面要素的位置准确性依赖过大，因此具有较大的局限性。

(2)利用面要素轮廓形状相似性进行匹配。该类方法主要利用形状描述函数来比较面要素形状轮廓的相似性进行匹配，显然两个面要素形状上越相似，则越可能匹配，其中常用的形状描述函数有傅里叶描述子(Kauppien et al.，1995；Hang and Lu，2003；艾廷华等，2009；帅赟等，2008；王涛等，2002)、正切形调函数(Arkin et al.，1991)以及矩描述子算法(Liao et al.，1996)等。例如，付仲良和逯跃锋(2013)基于傅里叶系数计算描述面要素轮廓的特征向量，利用该向量实现面要素相似性度量来进行面要素匹配。该类方法主要利用形状描述函数来比较面要素轮廓形状的相似性进行匹配，虽然计算快捷，但只是利用了面要素的部分信息进行匹配，因此其在复杂的非一对一匹配中匹配效果会受到影响。

(3)通过一定技术手段，把二维面要素匹配问题转换成一维线要素或零维点要素匹配问题。该类方法有效地避开了面要素匹配过程中的复杂性和不确定性。例如，在把面要素转换成点要素进行匹配中，Yuan 和 Tao(1999)利用数学形态学方法提取面要素的质心，当两个待匹配的面要素的质心分别可以落在对应的面要素区域之内，且两个面要素在一些形状特征指标上，如致密度等又较为接近时，即可认为二者为匹配面要素。Masuyama(2006)所提出的方法则将面要素的最大内切圆圆心作为面要素的代表点，通过判断待匹配面要素与匹配面要素的代表点是否分别包含在对方内部来进行匹配。上述匹配策略过于依赖空间数据的点位精度，其他信息利用得少，对于点位精度不高的数据匹配能力有限，适合于一对一的面要素匹配类型，在非一对一的匹配中效果不是很好。在把面要素转换成线要素的匹配中，黄智深等(2012，2013)基于降维技术，提取面要素的骨架线，通过相关系数来判断双方骨架线之间是否满足匹配条件，进而达到面要素匹配的目的，提高了数据匹配的准确率。该方法在同一区域大比例尺异源面状居民地匹配中取得了很好的效果，但在进行跨比例尺面要素匹配时，由于匹配数据源存在较大的几何位置偏差，会出现误匹配的情况，同时该技术方法不适合非一对一的面要素匹配。

(4)综合运用多个指标进行加权综合或借鉴已经成熟的技术进行面要素匹配。这类方法通过对面要素的位置、重叠程度、形状、大小等多种指标进行加权综合来评价面要素间的相似性，或者借鉴已经成熟的技术方法如骨架线技术等进行面要素匹配。例如，郝燕玲等(2008)给出了一种通过计算面要素之间的形状相似度来对面要素进行匹配的方法，形状相似度是借助所谓形状描述函数来进行计算，并综合考虑了面要素的位置、尺寸等几何特征，该算法在一对多、多对多匹配中取得较好的匹配效果。章莉萍等(2008)在研究相邻比例尺的居民地要素变化规律的基础上，提出了一种所谓“增量式凸壳匹配方法”，该算法可以较好地对多尺度的居民地要素进行自动匹配，对多对多具有很好的匹配效果。姬存伟等(2013)将居民地视为不同方向和大小的平衡力共同作用产生的结果，提出一种利用力图投影的面状居民地匹配方法，该算法用力图来描述居民地，将力图投影作为面状居民地的主要特征来计算居民地的相似性进行匹配。许俊奎等(2013)提出一种空间关系相似性约束的面状居民地匹配方法，利用空间关系相似性约束来缩小候选匹配集，以已匹配居民地为参考，对未匹配的目标进行广度优先搜索，从而实现居民地精确匹配，该算法较好地解决了一对一匹配问题。王骁等(2015)利用空白区域骨架线网眼技术进行多源面状居民地匹配，该匹配策略很好地解决了几何位置偏差较大的大比例尺面状居民地匹配问题。

1.4 空间数据匹配研究面临的问题

上述国内外学者提出的匹配方法极大地推动了空间数据匹配技术的发展，从而为后续空间数据更新、多源数据集成与融合等研究提供了强有力的理论和技术支撑。同时，由于空间数据具有较强的不确定性和复杂性，其匹配也必然是一个复杂并充满不确定性因素的过程，因此当前空间数据匹配技术仍存在一些亟待解决或者需要完善的地方，其中大比例尺城市地理空间数据，是当前空间数据更新与现势性维护的重点，其匹配研究存在的主要问题包括以下四方面。

1. 大比例尺城市地图数据中道路和居民地要素之间关联关系的建立问题

道路和居民地是大比例尺城市地图中最为重要的两类要素，是城市地图重点反映的内容。道路和居民地二者之间的拓扑关系虽然大部分为相离关系，但是实际上二者存在较为密切的联系，互相之间既有关联关系，又有约束作用。目前对这种联系和约束作用的研究还相对较少，有待进行深入探讨。如果能够将道路和居民地之间的这种关联关系和约束作用应用于其匹配过程，使道路和居民地在匹配中成为彼此的重要定位参考条件，则能够增加新的判断依据，有利于匹配结果正确率的进一步提高。

2. 多源数据间的位置偏差对匹配过程造成的影响仍无法较好克服

通过分析当前空间数据匹配现状得到，无论是道路匹配还是居民地匹配，其匹配过程大都依赖要素之间空间位置的邻近性。所以当待匹配数据之间位置存在偏差甚至更为复杂的旋转偏差时，往往会给匹配过程带来较大的难度和不确定性，从而影响匹配结果的质量。虽然在实际操作过程中，匹配前会对数据进行系统误差改正，即通过一些方法纠正数据间的偏差，但是由于数据来源较广，待匹配数据之间可能存在着非均匀的偏差，即使通过整体性的坐标系统改正，也难以使待匹配数据中的要素实现完全的精确配准；此外不同来源的数据往往具有不同的投影类型，或者投影种类未知，如果盲目地进行统一则可能会造成数据质量的下降，从而影响后续匹配过程。所以有必要研究经过系统误差改正后仍存在位置偏差或旋转偏差数据之间的匹配问题。

3. 匹配过程较少顾及待匹配要素周边其他不同类型要素的影响和作用

大多数匹配方法在匹配时一般只考虑匹配实体自身特征的相似性，通过衡量其位置、几何、拓扑、方向等相似性来进行匹配，而较少顾及匹配实体周边邻域环境的相似性，从而使得匹配正确率难以进一步得到提高。实际上，匹配过程就是通过对匹配对象进行相似性比较来判断，这种相似性既包括其自身特征的相似性，也包括其邻域环境的相似性。如果匹配过程能够顾及匹配对象邻域环境的相似性，则匹配正确率会得到进一步的保证。

4. 匹配效率有待提升

匹配过程中，在确定待匹配实体的匹配对象时，通常是对参考数据集中的所有实体进行全局遍历来确定匹配对象，当匹配数据集的数据量较大时，这种搜索匹配对象的模式将使得匹配效率变得低下。虽然通过构建缓冲区来确定候选匹配集能够在一定程度上提高匹配效率，但是仍然无法避免对数据集的全局遍历，从而匹配效率难以得到进一步的提高。因此需要对匹配搜索模式进行改进以提高匹配效率，并进一步梳理和提炼城市道路和居民地数据的空间模式。

1.5　大比例尺城市地理空间数据的降维匹配方法

高维数据进行降维处理常见于图像处理等领域，本书将降维技术引入到同名实体匹配之中，是对空间数据匹配技术的新探索，降维技术可以有效降低数据复杂程度，减少匹配过程的不确定性，提高匹配效率；同时，通过对面状居民地降维处理，许多线要素匹配方法可引用进来，可有效拓展面要素匹配的方法途径。

随着科学技术的不断发展进步，人类正面对着各种各样的海量数据。海量数据的表面维数要远远高于其本征维数。这些冗余的数据维数，不仅给数据的存储等带来了麻烦，而且为数据分析与运算带来了很大的挑战，即所谓的“维度灾难”(余肖生和周宁，2007)。降维技术作为从高维数据中提取最具有意义信息的有力方法之一(杨晓敏等，2009)，已被广泛应用于图像检索、Web 知识挖掘等诸多领域。降维技术的实质就是从高维的海量数据中提取出能反映其基本特征的信息，大幅降低数据量，然后依据降维后的结果进行数据运算和分析，从而有效降低高维数据的复杂度，提高数据运算和分析效率。对降维技术的具体定义如下(杨质敏，2003)。

假设存在高维数据集合 Ω^D 和低维数据集合 Ω^d ，d 和 D 均为数据集合的维数，子集 $X \subset \Omega^D$ ，子集 $Y \subset \Omega^d$ ，若存在一个映射 F，使得

$$F: \Omega^D \to \Omega^d$$
$$Y = F(X)$$

则称 Y 为 X 降维的表示，映射 F 为降维方法。一般情况下，$d < D$，且 d 在保留 Ω^D 本征信息的基础上要尽可能的小。根据上述定义可见，对于降维方法的选择是降维技术能否获得合适结果的关键。

在地图学领域内，降维的实质是运用符号对数据的图形等级进行转换(蔡孟裔等，2000)，目的是提取数据集某一方面的特征信息，以便对其进行更便捷的分析、处理。面状目标是二维要素，通过降维使其转换为一维线状要素，在保留原来二维要素主要特征的基础上，对一维要素进行分析与处理，在有效降低处理复杂度和不确定性的基础上，达到对二维目标处理的效果。

基于上述思考，本书以大比例尺城市面状居民地及其关联的道路网为例，展开基于降维技术的匹配方法研究。

参考文献

艾廷华, 帅赟, 李精忠. 2009. 基于形状相似性识别的空间查询[J]. 测绘学报, 38(4): 356-362.

安晓亚, 孙群, 尉伯虎. 2012. 利用相似性度量的不同比例尺地图数据网状要素匹配方法[J]. 武汉大学学报·信息科学版, 37(2): 224-228.

蔡孟裔, 毛赞猷, 田德森, 等. 2000. 新编地图学教程[M]. 北京: 高等教育出版社: 109-110.

陈竞男, 钱海忠, 王骁, 等. 2016. 提高线要素匹配率的动态化简方法[J]. 测绘学报, 45(4): 486-493.

陈军, 胡云岗, 赵仁亮, 等. 2007. 道路数据缩编更新的自动综合方法研究[J]. 武汉大学学报·信息科学版, 32(11): 1023-1027.

陈军, 李志林, 蒋捷, 等. 2004. 基础地理数据库的持续更新问题[J]. 地理信息世界, 2(5): 1-5.

陈玉敏, 龚健雅, 史文中. 2007. 多尺度道路网的距离匹配算法研究[J]. 测绘学报, 36(1): 84-90.

崔铁军. 2007. 地理空间数据库原理[M]. 北京: 科学出版社: 308-312.

崔铁军, 郭黎. 2007. 多源地理空间矢量数据集成与融合方法探讨[J]. 测绘科学技术学报, 24(1): 1-4.

邓敏, 徐凯, 赵彬彬, 等. 2010. 基于结构化空间关系信息的结点层次匹配方法[J]. 武汉大学学报·信息科学版, 35(8): 1023-1027.

方爱玲, 闫浩文, 张丽萍. 2012. 单个居民地多尺度表达的空间相似性描述与计算[J]. 测绘科学, 37(1): 98-100.

付仲良, 逯跃锋. 2013. 利用弯曲度半径复函数构建综合面实体相似度模型[J]. 测绘学报, 42(1): 145-151.

郭黎. 2008. 多源地理空间矢量数据融合理论与方法研究[D]. 郑州: 解放军信息工程大学博士学位论文.

郭黎, 崔铁军, 张斌. 2011. 道路网数据变化检测与融合处理技术[J]. 地理信息世界, 10(5): 29-32.

郭黎, 李宏伟, 张泽建, 等. 2013. 道路网信息投影匹配方法研究[J]. 武汉大学学报·信息科学版, 38(9): 1113-1117.

郝燕玲, 唐文静, 赵玉新, 等. 2008. 基于空间相似性的面要素匹配算法研究[J]. 测绘学报, 37(4):

501-506.
胡云岗, 陈军, 赵仁亮, 等. 2010. 地图数据缩编更新中道路数据匹配方法[J]. 武汉大学学报 • 信息科学版, 35(4): 451-456.
黄智深. 2013. 基于降维技术的大比例尺城市居民地匹配方法研究[D]. 郑州: 解放军信息工程大学硕士学位论文.
黄智深, 钱海忠, 王骁, 等. 2012. 基于降维技术的面状居民地匹配方法[J]. 测绘科学技术学报, 29(1): 75-78.
黄智深, 钱海忠, 郭敏, 等. 2013. 面状居民地匹配骨架线傅里叶变化方法[J]. 测绘学报, 42(6): 913-921.
姬存伟, 王卉, 焦洋洋, 等. 2013. 基于力图投影的面状居民地匹配方法[J]. 测绘科学技术学报, 30(2): 201-205.
荆涛. 2008. 车辆导航系统中地图匹配的研究[J]. 铁路计算机应用, 17(7): 1-5.
蓝秋萍. 2010. 地图数据多尺度级联更新方法研究[D]. 武汉: 武汉大学博士学位论文.
李德仁. 2016. 展望大数据时代的地球空间信息学[J]. 测绘学报, 45(4): 379-384.
李德仁, 邵振峰. 2009. 论新地理信息时代[J]. 中国科学(F 辑: 信息科学), 39(6): 579-587.
李德仁, 龚健雅, 张桥平. 2004. 论地图数据库合并技术[J]. 测绘科学, 29(1): 1-4.
刘海龙, 钱海忠, 黄智深, 等. 2013. 采用 Stroke 层次结构模型的道路网匹配方法[J]. 测绘科学技术学报 • 信息科学版, 30(6): 647-651.
刘海龙, 钱海忠, 王骁, 等. 2015. 采用层次分析法的道路网整体匹配方法[J]. 武汉大学学报 • 信息科学版, 40(5): 644-650.
刘继宝, 赵东保. 2011. 多源点要素的全局一致性自动匹配[J]. 测绘与空间地理信息, 34(3): 27-32.
帅赟, 艾廷华, 帅海燕, 等. 2008. 基于形状模板匹配的多边形查询[J]. 武汉大学学报(信息科学版), 33(12) : 1267-1270.
王家耀. 2011. 地图制图学与地理信息工程学科进展与成就[M]. 北京: 测绘出版社: 219-220.
王家耀. 2014. 测绘导航与地理信息科学技术的进展[J]. 测绘科学技术学报, 31(5): 441-449.
王涛, 刘文印, 孙家广, 等. 2002. 傅里叶描述子识别物体的形状[J]. 计算机研究与发展, 39(12): 1714-1719.
王骁, 钱海忠, 何海威, 等. 2015. 利用空白区域骨架线网眼匹配多源面状居民地[J]. 测绘学报, 44(8): 927-935.
王骁, 钱海忠, 何海威, 等. 2016. 顾及邻域居民地群组相似性的道路网匹配方法[J]. 测绘学报, 45(1): 103-111.
王馨. 2008. 多源空间数据同名实体几何匹配方法研究[D]. 郑州: 解放军信息工程大学硕士学位论文.
维克托 • 迈尔 • 舍恩伯格, 肯尼斯 • 库克耶. 2013. 大数据时代[M]. 杭州: 浙江人民出版社.
许俊奎, 武芳, 钱海忠, 等. 2013. 一种空间关系相似性约束的居民地匹配算法[J]. 武汉大学学报 • 信息科学版, 38(4): 484-488.
许林, 李清泉, 杨必胜. 2010. 一种基于道路网的移动对象的位置索引与邻近查询方法[J]. 测绘学报, 39(3): 316-321.
杨晓敏, 吴炜, 卿粼波, 等. 2009. 图像特征点提取及匹配技术[J]. 光学精密工程, 17(9): 76-82.
杨质敏. 2003. 高维数据的降维方法研究及其应用[J]. 长沙大学学报, 27(16): 58-61.
于家城, 陈家斌, 晏磊, 等. 2007. 图像匹配在海底地图匹配中的应用[J]. 北京大学学报 • 自然科学版, 43(6): 733-737.
余肖生, 周宁. 2007. 高维数据降维方法研究[J]. 情报科学, 25(8): 36-37.
翟仁健. 2011. 基于全局一致性评价的多尺度矢量空间数据匹配方法研究[D]. 郑州: 解放军信息工程大学博士学位论文.
张桥平. 2002. 地图数据库实体匹配与合并技术研究[D]. 武汉: 武汉大学博士学位论文.

张桥平, 李德仁, 龚健雅. 2001. 地图合并技术[J]. 测绘通报, 7: 6-8.

张桥平, 李德仁, 龚健雅. 2004. 城市地图数据库实体匹配技术[J]. 遥感学报, 8(2): 107-112.

张云菲, 杨必胜, 栾学晨. 2012. 利用概率松弛法的城市路网自动匹配[J]. 测绘学报, 41(6): 933-939.

张振辉. 2006. 车辆导航中地图匹配算法与应用研究[D]. 郑州: 解放军信息工程大学硕士学位论文.

章莉萍, 郭庆胜, 孙艳. 2008. 相邻比例尺地形图之间居民地要素匹配方法研究[J]. 武汉大学学报·信息科学版, 33(6): 604-607.

赵东保, 盛业华. 2010. 全局寻优的矢量道路网自动匹配方法研究[J]. 测绘学报, 39(4): 416-421.

Alec H. 1999. Spatial Similarity and GIS: the Grouping of Spatial Kinds[C]. Dunedin, New Zealand: Presented at SIRC99- The 11th Annual Colloquium of the Spatial Information Research Centre University of Otago.

Amit Y, Geman D, Fan X. 2004. A coarse-to-fine strategy for multiclass shape detection[J]. IEEE Transactions on Pattern Analysis and Machine Intelligence, 26(12): 1606-1621.

Arkin E M, Chew L P, Huttknlocher D P, et al. 1991. An efficiently computable metric for comparing polygonal shapes[J]. IEEE Transactions on Pattern Analysis and Machine Intelligence, 13(3): 206-209.

Barrow H G, Teneebaum J M, Bolles R C, et al. 1977. Parametric Correspondence and Chamfer Matching: Two New Techniques for Image Matching[C]. Cambridge, MA: Proceedings of the 5th International Joint Conference on Artificial Intelligence.

Beeri C, Doytsher Y, Kanza Y. 2005. Finding Corresponding Objects When Integrating Several Geo-spatial Datasets[C]. Bremen, Germany: Proceedings of the 13th Annual ACM International Workshop on Geographic Information Systems.

Beeri C, Kanza Y, Safra E, et al. 2004. Object fusion in geographic information systems[C]. Toronto, Canada: Proceedings of the 30th Conference on Very Large Data Bases.

Borgefors G. 1988. Hierarchical chamfer matching: a parametric edge matching algorithm[J]. IEEE Transactions on Pattern Analysis and Machine Intelligence, 10(6): 849-865.

Davis M Jcs. 2003. Conflation Suite Technical Report [EB/OL]. http: //www. vividsolutions. com/JCS /main. htm[2003-01-01].

Deng M, Li Z L, Chen X Y. 2007. Extended hausdorff distance for spatial objects in GIS[J]. International Journal of Geographical Information Science, 21(4): 459-475.

Fritsch D. 1999. GIS Data Revision-visions and Reality, Keynote Speech in Joint ISPRS Commission Workshop on Dynamic and Multi-dimensional GIS[M]. Beijing: NGCC.

Fu Z L, Wu J H. 2008. Entity matching in vector spatial data[J]. The International Archives of the Photogrammetry, Remote Sensing and Spatial Information Sciences, XXXVII (B4): 1467-1472.

Gabay Y, Doytsher Y. 1994. Adjustment of Line Maps[C]. Phoenix, Arizona: GIS/LIS Proeeedings'94.

Hang D, Lu G. 2003. A Comparative study on shape retrieval using Fourier descriptors with different shape signatures[J]. Journal of Visual Communication and Image Representation, 14(1): 41-60.

Huttenlocher D P, Klanderman G A, Rucklidge W J. 1993. Comparing image using the hausdorff distance[J]. IEEE Transactions on Pattern Analysis and Machine Intelligence, 15(9): 850-863.

Kauppien H, Sepanen T. 1995. An experiment comparison of auto regressive and Fourier-based descriptors in 2d shape classification[J]. IEEE Transactions on Pattern Analysis and Machine Intelligence, 2: 201-207.

Li Z L, Xu Z, Chen M Y, et al. 2001. Robust surface matching for automated detection of local deformations using least median of squares estimator[J]. Photogrammetric Engineering and Remote Sensing, 67(11): 1283-1292.

Liao S X, Pawlak M. 1996. On image analysis by moments[J]. IEEE Transactions on Pattern Analysis and Machine Intelligence, 18(3): 254-266.

Mantel D, Lipeck U. 2004. Matching Cartographic Objects in Spatial Databases[C]. Istanbul, Turkey: ISPRS Congress, Commission 4.

Masuyama A. 2006. Methods for detecting apparent differences between spatial tessellations at different time points[J]. International Journal of Geographical Information Science, 20(6): 633-648.

Mustière S. 2006. Results of Experiments of Automated Matching of Networks at Different Scales[C]. Hannover, Germany: ISPRS Workshop-Multiple Representation and Interoperability of Spatial Data.

Mustiere S, Devogele T. 2008. Matching networks with different levels of detail[J]. Geoinformatica, 12(4): 435-453.

Raynal L. 1996. Some Elements for Modeling Updates in Topographic Databases [C]. Colorado, USA: Proceedings of GIS on Annual Conference and Exposition.

Saalfeld A. 1993. Automated Map Conflation[M]. Washington DC: University of Marryland.

Samal A, Seth S, Cueto K. 2004. A feature-based approach to conflation of geospatial sources[J]. International Journal of Geographical Information Science, 18(5): 459-489.

Walter V, Fritsch D. 1999. Matching spatial data sets: a statistical approach[J]. International Journal of Geographical Information Science, 13(5): 445-473.

Yuan S X, Tao C. 1999. Development of Conflation Components[C]. Ann Arbor: Proceedings of Geoinformatics 1999 Conference.

Zhang M, Meng L. 2007. An iterative road-matching approach for the integration of postal data[J]. Computers, Environment and Urban Systems, 31(5): 597-615.

Zhang M, Shi W, Meng L. 2005. A Generic Matching Algorithm for Line Networks of Different Resolutions[C]. A Coruña: 8th Ica Workshop on Generalisation and Multiple Representation.

Zhang M, Shi W, Meng L. 2006. A Matching Approach Focused on Parallel Roads and Looping Crosses in Digital Maps[C]. Wuhan, China : ICA Symposium.

Zhang Z. 1994. Iterative point matching for registration of free-form curves and surfaces[J]. International Journal of Computer Visions, 13(2): 119-152.

第 2 章　骨架线概念、分类与提取方法

骨架线作为降维技术的有力工具之一，已广泛应用于模式识别、形状分析、图形处理、GIS 分析以及计算机视觉等领域(郭邦梅等，2010)。在大比例尺城市地图中，道路和居民地要素是最为重要的两类要素，是城市地图主要关注的对象，这两类要素占据了城市地图 95%以上的信息量。为了突出重点，本书针对城市地图数据的匹配方法研究时只考虑道路和居民地两类要素，而不考虑城市中的植被、水系、地貌等其他要素的参与。图 2.1 为大比例尺城市地图示例，由此看出大比例尺城市地图中居民地要素呈散列状分布，道路要素贯穿于居民地之中，因此骨架线可以分为居民地内部骨架线和城市骨架线(网)两类。

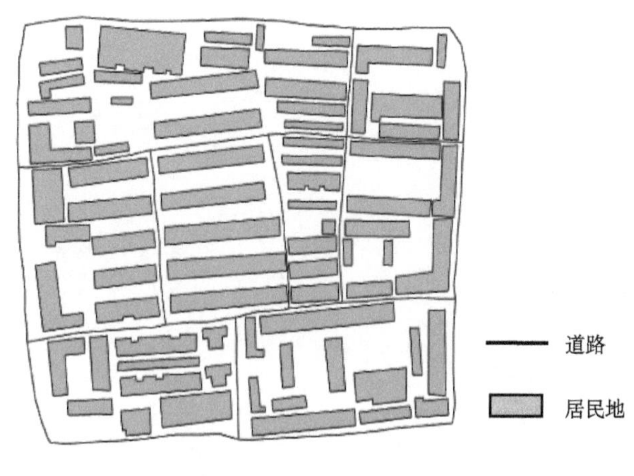

图 2.1　城市地图示例

2.1　居民地内部骨架线

2.1.1　居民地内部骨架线概念

对面状居民地而言，每个居民地都可以提取其自己的骨架线(图 2.2)。这种每个居民地内部的骨架线称为“居民地内部骨架线”。

2.1.2　居民地内部骨架线提取

骨架线是面状要素形态特征分析的重要指标之一。目前，对面状要素提取骨架线的方法有多种，如杜世宏等提出的利用栅格算法提取面要素的主骨架线(杜世宏等，2000)；

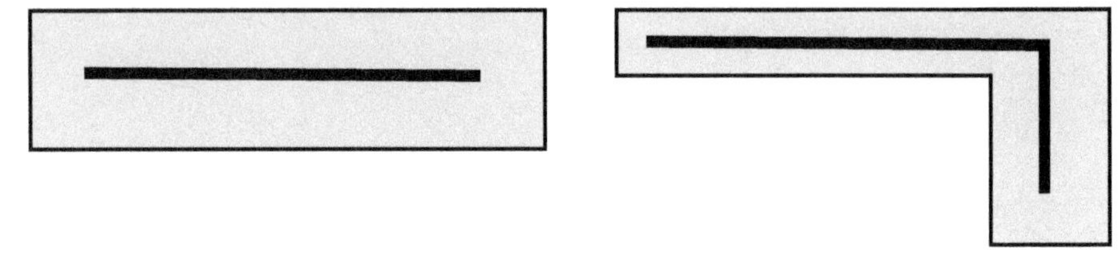

图 2.2 典型的居民地内部骨架线示意图

王涛等提出的顾及多因素的面要素多层次骨架线提取算法(王涛和毋河海，2004；黄利民和张跃鹏，2002)，陈涛和艾廷华(2004)利用约束 Delaunay 三角网分析多边形的形态结构得到多边形主骨架线等。另外，对同一空间居民地，采用不同的骨架线提取方法，得到的居民地骨架线也不尽相同。根据面要素数据格式的不同，可将常见骨架线提取算法大致分为两类(黄智深等，2012)，如图 2.3 所示。

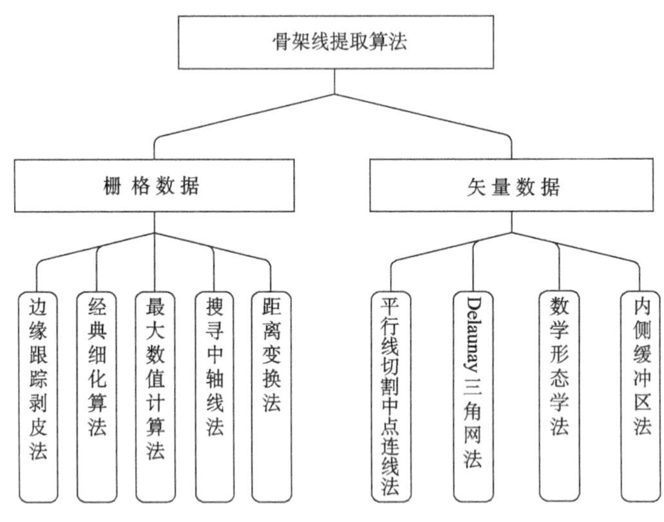

图 2.3 骨架线提取算法

本书主要针对矢量格式的面状居民地进行研究，在此重点对基于矢量数据的骨架线提取常见算法进行分析。目前较为常见的矢量图形骨架线提取方法主要有：基于 Delaunay 三角网的方法(钱海忠等，2007a；付瑞全等，2008)、基于数学形态学的方法(王辉连等，2006)以及基于内侧缓冲区法(刘秀芳等，2010)的方法，下面分别对其进行分析介绍。

1. *数学形态学法*

数学形态学是由法国学者 Serra 和 Matheron 在 1964 年创立的一门以积分几何和随机集论等数学知识为基础，多学科相互交叉综合的学科，是识别和分析处理图像的有力工具。数学形态学的基本思想是利用具备一定形态特征的结构单元去度量和提取图像中对应的形态，通过位移和逻辑运算来实现复杂的图像运算，最终实现对图像进行分析和识别的目的(武芳等，2009)。

利用数学形态学法提取面状要素骨架线的算法常用于栅格数据，或对矢量面状数据栅格化后再进行提取，然后再将提取的栅格骨架线再次转为矢量结果(杜世宏等，2000)。王辉连等(2006)利用数学形态学法提取骨架线并对其进行了一定的改进，能够全自动地提取栅格面状图斑或矢量面状地物的有点线拓扑关系的骨架线矢量数据。其提取方法的模型如图 2.4 所示，具体步骤为：①图像预处理，主要利用数学形态学中的膨胀、腐蚀、模板等基本运算消除图像噪音、去除毛刺、连接断线等，以提高后续细化和自动追踪的正确率和健壮性；②细化，是算法的关键步骤，主要是对冗余像素的处理，保证后面结点信息的正确获取；③识别并记录结点信息，只有获取了结点的信息，才能实现骨架线的自动追踪矢量化；④自动追踪矢量化，通过这一步能够压缩骨架线矢量数据并建立点线间的拓扑关系；⑤对初始骨架线进行结点畸变处理和数据纠正获取最终骨架线。

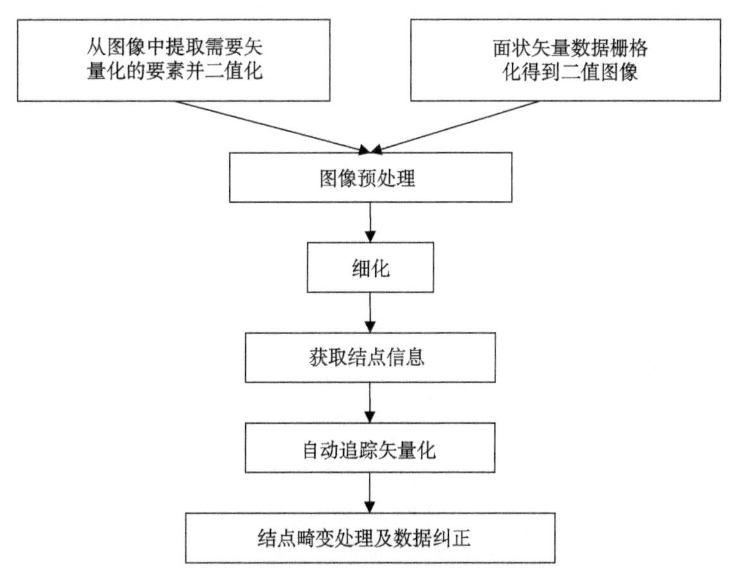

图 2.4 基于数学形态学法的骨架线提取模型

利用数学形态学法提取骨架线的优势在于：算法能够同时适用于栅格数据和矢量数据，并且能够较为容易的控制所提取的骨架线的细节层次，运用较为灵活，计算效率较高；其不足在于将矢量、栅格数据格式转换较为烦琐，且获得最终骨架线存在较多小毛刺等。

2. 内侧缓冲区法

刘秀芳等(2010)提出一种基于内侧缓冲区算法的多边形骨架线提取方法。内侧缓冲区法是对图形进行几何运算获取骨架线的一种方法，其基本流程如图 2.5 所示，结合图 2.6 所示的该方法实例对其提取步骤说明如下：①判断多边形 A 上的凸部顶点，将每个凸部顶点视为一个骨架线端点，每个骨架线端点都会扩展出骨架线的一部分；②以合适的缓冲区半径对多边形 A 做内侧缓冲区，得到面积小于原始多边形并且形态十分相似的多边形 B；③在多边形 B 上求与多边形 A 各凸部顶点距离最近的点；④计算多边形 B 的面积，并与设定的面积阈值进行比较，若多边形 B 的面积大于该阈值，则重复步骤②、③，依次迭代，直至经过内侧缓冲区变换后的多边形面积小于阈值，并计算此时多边形的形心，将其作为骨架线的结点；⑤连接多边形 A 的各凸点与其距离最小的点以及形心，形成的轨迹线即为多边形 A 的骨架线。

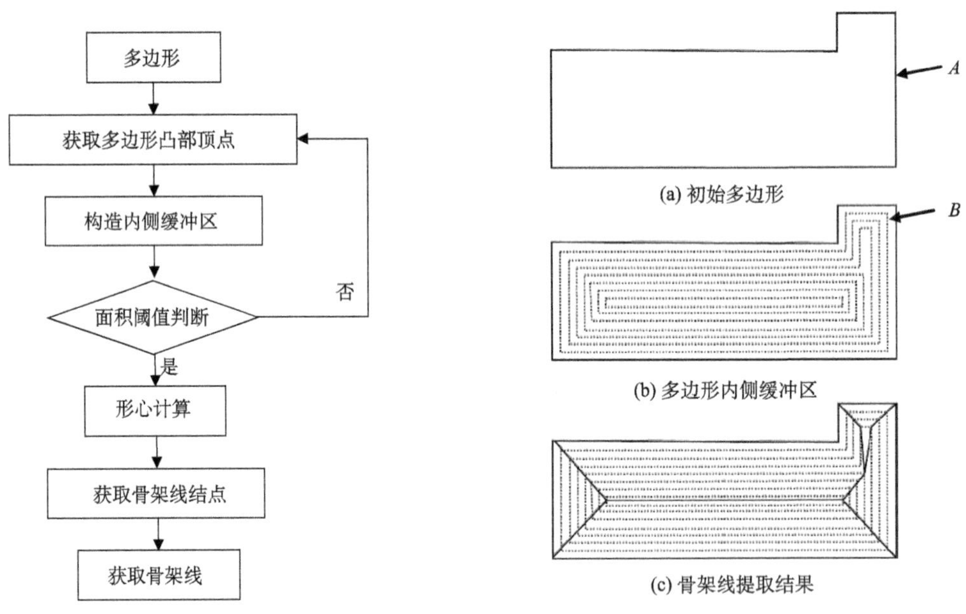

图 2.5　基于内侧缓冲区法提取骨架线流程图　　　图 2.6　基于内侧缓冲区法提取骨架线示意图

利用内侧缓冲区算法提取的多边形骨架线能够抽象描述多边形的形态，并且保持骨架线位置的准确性，骨架线整体较为光滑，算法实现相对简单；其不足在于针对较为复杂的面状要素(如带孔洞的面状要素)，该方法往往不能得到较为理想的骨架线。

3. Delaunay 三角网法

俄国数学家 Delaunay(1934)由 Voronoi 图演化出了更易于分析应用的 Delaunay 三角网，从此 Delaunay 三角网就成了被普遍接受和广泛采用的分析研究区域离散数据的有力工具。Delaunay 三角网有如图 2.7 所示的两条重要性质(吴立新和史文中，2003)：①空外接圆性质，是指由点集所形成的三角网中，每个三角形的外接圆均不包含点集中的其他任意点；②最大最小角性质，是指由点集所能形成的所有三角网中，Delaunay 三角网中的三角形的最小内角角度是最大的。

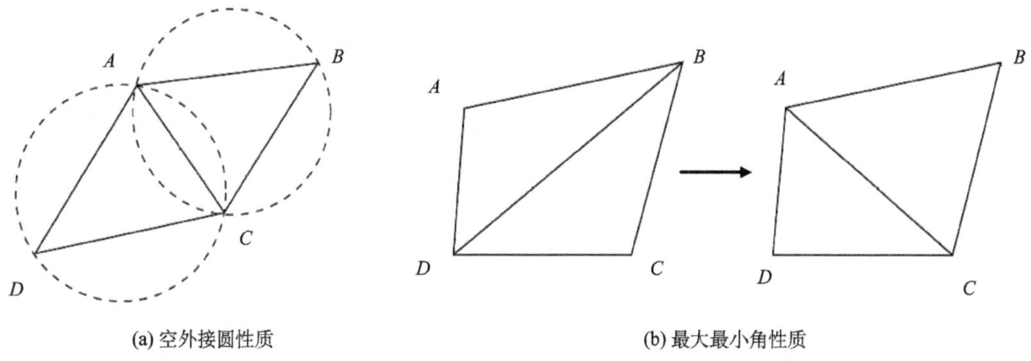

(a) 空外接圆性质　　(b) 最大最小角性质

图 2.7　Delaunay 三角网特性

目前，常见的构建 Delaunay 三角网的算法有：分治算法、逐点插入算法、生长算法、扫描线算法和凸壳算法(Su et al.，1997；李志林和朱庆，2001；Dwyer，1987)。在实际的三角网应用中，除了按照某一种最优原则进行三角剖分外，通常还需要满足一些约束条件，如初始集内某两点之间的连线必须为三角网的边等。所以约束 Delaunay 三角网就是指在进行三角剖分过程中嵌入约束边，常用的生成约束 Delaunay 三角网算法主要有约束图法、三角形生长法、加密点法和分割-合并算法等。

Delaunay 三角网法在提取面状要素骨架线方面已经有了广泛的应用，如面状河流的中轴线提取(乔庆华和吴凡，2004；张立锋等，2006)、多边形主骨架线的确定(李瑞霞等，2007；王中辉等，2011)、建筑物降维(钱海忠等，2007b)等。如图 2.8 所示，利用 Delaunay 三角网提取面状要素骨架线的具体步骤为：①对面状要素进行约束 Delaunay 三角剖分；②对三角网形成的三角形进行分类，并确定不同类型三角形内部的连接方法；③对三角形遍历连接，最终形成完整的骨架线。

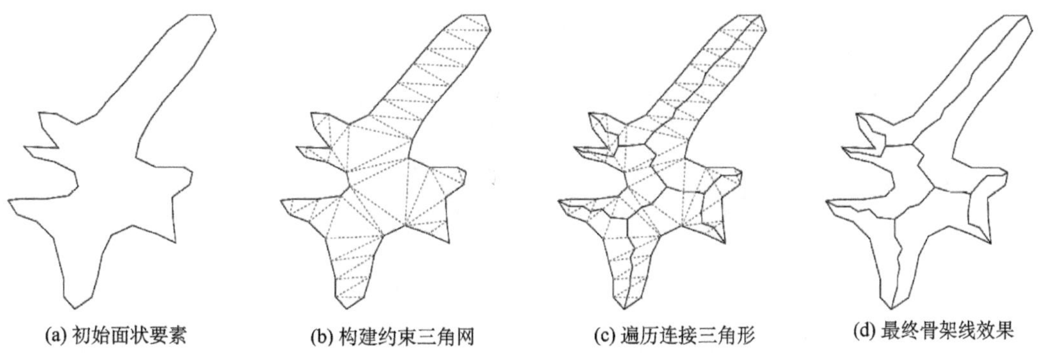

(a) 初始面状要素　　(b) 构建约束三角网　　(c) 遍历连接三角形　　(d) 最终骨架线效果

图 2.8　Delaunay 三角网法提取面要素骨架线

Delaunay 三角网法提取面状要素骨架线的优势在于：Delaunay 三角网是探测空间图形邻近关系的有效工具，能够分析复杂的矢量图形，良好的反映复杂图形的几何与结构特征，运用灵活，可操作性强。但是该方法的不足之处是：Delaunay 三角网对于图形的细节过于敏感，可能使得图形噪音对骨架线的生成造成影响，同时 Delaunay 三角网的构建相对复杂，计算量较大，在处理大量数据时会影响效率。

综合上述分析，由于居民地轮廓多为不规则图形，较为复杂，本书考虑采用能较好反映面要素轮廓形态特征的约束 Delaunay 三角网法来提取居民地骨架线，同时为消除过多的细部弯曲，需要对提取的骨架线进行化简处理。

2.1.3 居民地内部骨架线化简

对居民地进行骨架线提取，得到能反映居民地主要形态特征的骨架线，使得参与匹配分析的数据量得以大幅降低，有效降低了匹配过程中的复杂性和不确定性，并且可将许多线要素匹配方法应用到面要素匹配之中，从而有效拓展了居民地匹配的方法途径。但由于骨架线提取算法所得到的骨架线只是初始骨架线，存在小弯曲、小毛刺以及冗余数据点，还不能直接用于匹配分析，需要对其进一步化简得到居民地主骨架线。目前，对于线要素化简的算法已有很多，比较常见的有：道格拉斯-普克算法、垂距法、角度控制法、弧比弦法、遗传算法化简法、斜拉式弯曲划分的曲线化简方法等。另外，为便于对骨架线进行几何形态特征描述，更好地满足算法需求，本书在综合分析已有线要素化简算法的基础上，提出了一种基于自身几何特征的骨架线化简算法，本节中将作重点介绍。

1. 道格拉斯-普克算法

道格拉斯-普克算法作为曲线化简算法中最为经典的算法之一，是一种全局化简算法，算法实现已非常成熟，已被许多 GIS 及制图系统广泛采用。以图 2.9 所示骨架线为例进行算法分析，其一般步骤(邬伦等，2001)如下：

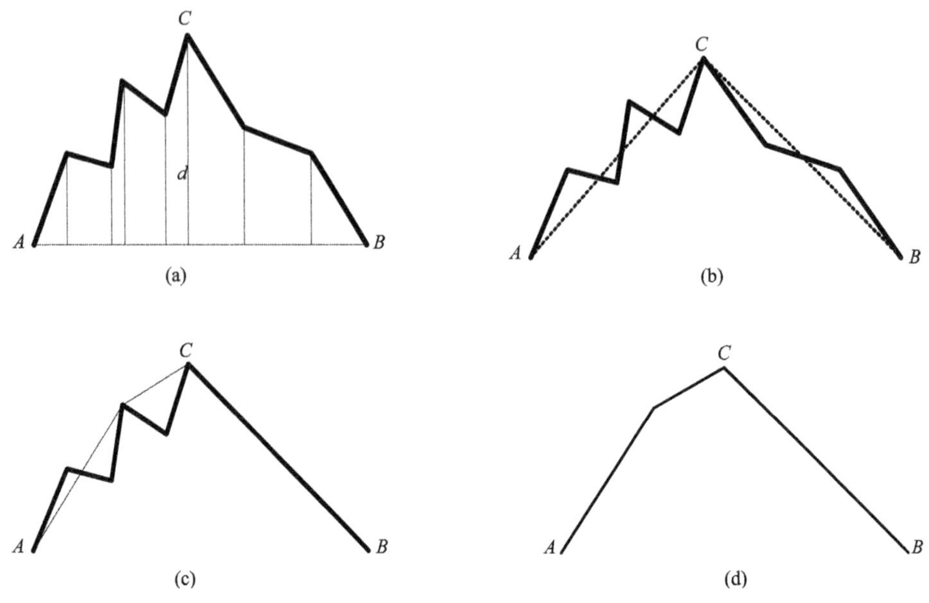

图 2.9　道格拉斯-普克化简法

步骤一，在曲线首尾两点 A、B 之间连接一条直线段 AB，该直线为曲线的弦。

步骤二，得到曲线上离该直线距离最大的点 C，并计算其与 AB 的距离 d。

步骤三，比较该距离与预先给定阈值 ε 的大小，如果小于 ε，则将该直线段作为曲线的近似，该曲线处理完毕。

步骤四，如果距离大于阈值，则用 C 将曲线分为两段 AC 和 BC，并分别对两段曲线进行步骤一至步骤三的处理，依次循环，直至最大距离小于给定阈值 ε。

步骤五，当所有曲线都处理完毕后，依次连接各个分割点形成的折线，即可以作为曲线的近似。

该算法也存在一定的缺陷，如对骨架线上所有的结点均采用相同的化简方式。另外，在实现过程中需要反复循环判断，较为复杂，计算效率相对较低。目前，基于道格拉斯-普克算法的改进已有很多，如 Salfeld 对该算法进行的基于逻辑一致性改进等。

2. 斜拉式弯曲划分的曲线化简方法

该算法在对线要素化简之前，首先采用斜拉式弯曲划分的方法对线要素进行划分，将线要素上弯曲程度不同的部分，分别采用不同的方法进行化简，使得线要素经过化简后整体形态特征不仅更加突出，而且兼顾了完整性和科学性(钱海忠等，2007c)。另外，该算法对线要素的化简过程是一个动态的化简过程，且不受起始点选择的限制，取得了很好的化简效果。化简方法的基本过程为：

(1) 采用斜拉式弯曲划分法，根据线要素的不同部分的形态特征将其划分为 U 形弧段、V 形弧段、大弧段、小弧段四种类型，从而很好地兼顾了线要素两侧的弯曲程度。

(2) 针对不同类型的弧段采用不同的化简算法对其进行化简。在线要素的化简过程中，由于处理完一个弧段，会对相邻的弧段产生一定的影响，需要重新对线要素进行弧段划分。

(3) 再次对每个单调弧段进行化简，以此类推，直至到达化简的预期效果。如图 2.10 所示。

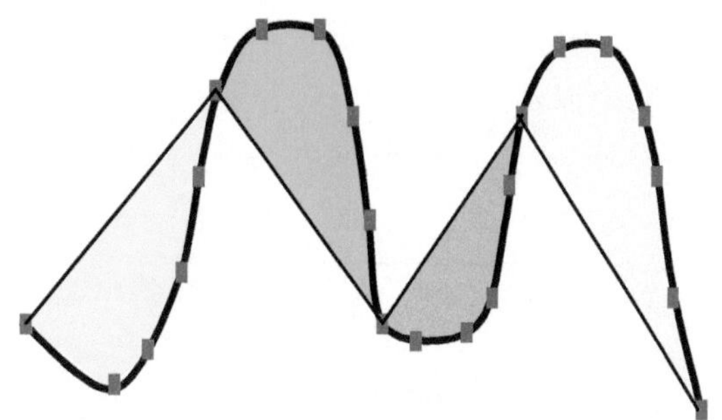

图 2.10　斜拉式弯曲划分法曲线化简原理图

3. 基于自身几何特征的骨架线化简算法

线要素化简的最主要任务就是保留线要素的主要特征点，去除冗余数据点。已有线要素化简算法大多不能满足需求，如角度控制法能有效去除冗余数据点，但不能去除小毛刺；道格拉斯-普克算法，仅仅依靠垂距作为化简指标，对于形态较为复杂的线要素，已有线要素化简算法大多不能满足骨架线化简的需求，且局部几何形态特征往往变化较大，不利于骨架线几何形态描述等。在综合分析已有线要素化简算法的基础上，结合研究需求，本节提出了一种基于自身几何特征的骨架线化简算法。

1) 基本原理

本算法的基本思想是首先利用角度控制法对骨架线进行化简，有效去除骨架线上的冗余数据点和小弯曲，保留骨架线上的所有拐点；再根据骨架线相邻拐点之间距离在整条骨架线长度中所占的比率进行二次化简，去除骨架线上的小毛刺，从而保留骨架线上的主要特征点，实现对骨架线的有效化简（黄智深等，2012）。为便于算法描述，以图 2.11 所示骨架线为例进行分析，骨架线上突出点为化简前骨架线上的原有数据结点。

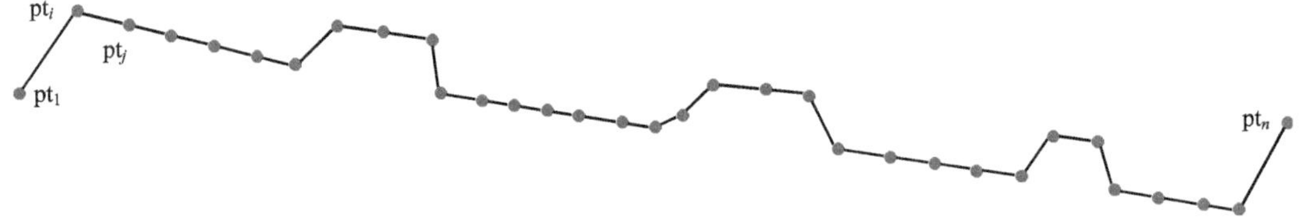

图 2.11　化简前骨架线

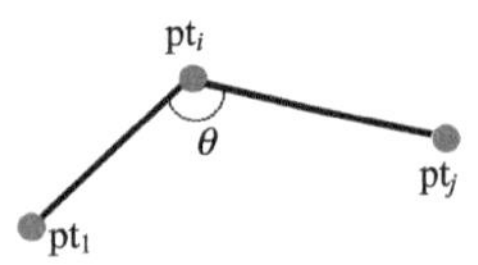

图 2.12　骨架线角度分析示意图

(1) 基于角度化简部分。该部分主要利用骨架线上相邻数据点所围成的夹角大小进行化简。从骨架线的首结点出发，顺序选择三个相邻结点，计算三点所围成的夹角，当夹角大于指定阈值时，则认为中间点为冗余数据点，予以删除，否则，保留中间点；然后将第一个点从首结点位置，按顺序移到下一结点，重复上述步骤，直至骨架线的末端点。具体化简步骤如下。

首先选取骨架线的首端点以及其后两个点，分别为 pt_1、pt_i 和 pt_j，根据三角形余弦定理，可求得线段 pt_1pt_i 和线段 pt_ipt_j 所围夹角 θ，如图 2.12 所示。

计算公式为

$$D = \sqrt{(x_n - x_{n-1})^2 + (y_n - y_{n-1})^2} \tag{2.1}$$

$$\theta = \arccos\frac{(a^2 + b^2 - c^2)}{2ab} \tag{2.2}$$

式 (2.1) 为线段长度计算公式。式 (2.2) 中，a 为线段 pt_1pt_i 的长度；b 为线段 pt_ipt_j 的长度；c 为线段 pt_1pt_j 的长度，可分别用式 (2.1) 求出。

角度 θ 的取值范围位于 0 到 π 之间，根据角度 θ 的大小可以得知三个骨架线数据点之间的相对位置关系，如当 $\theta=\pi$ 时，则三点共线。当 θ 大于指定的阈值时，则认为点 pt_i 为冗余数据点或者小弯曲点，予以删除，否则，认为点 pt_i 为特征点，予以保留。

当点 pt_i 被认定为特征点时，点 pt_1、pt_i、pt_j 分别按顺序移到下一个骨架线结点，重复上述化简步骤；当点 pt_i 被认定为冗余数据点时，点 pt_1 位置保持不变，点 pt_i、pt_j 分别按顺序移到下一个骨架线数据点，重复上述化简步骤，直至点 pt_j 到达骨架线的末端点。

以图 2.11 所示骨架线为例，在角度阈值等于 2.7 时，化简结果如图 2.13 所示。

图 2.13 骨架线基于角度控制法化简结果示意图

由图 2.13 可见，角度化简部分在保留骨架线主要拐点的基础上，有效地去除了骨架线上的冗余数据点和小弯曲。

(2) 基于长度化简部分。经过角度化简后，去除了骨架线上的冗余数据点和小弯曲，保留了骨架线的主要拐点，但是骨架线仍旧存在小毛刺，需要进一步处理。该部分主要利用骨架线上相邻拐点间的距离在整条骨架线长度中所占的比率为依据对骨架线进行二次化简。具体化简步骤如下。

首先，计算骨架线的整体长度 L，计算公式为

$$L=\sum_{i=0}^{n-1}\sqrt{(x_{i+1}-x_i)^2+(y_{i+1}-y_i)^2} \tag{2.3}$$

其次，从骨架线的首结点位置出发，顺序选择骨架线的第一条线段，并计算该线段的长度；然后计算线段长度与骨架线整体长度的比值：

$$d_i=\sqrt{(x_{i+1}-x_i)^2+(y_{i+1}-y_i)^2} \tag{2.4}$$

$$d_{\text{rate}}=\frac{d_i}{L} \tag{2.5}$$

最后，将该比值与指定阈值进行比较，若该比值大于阈值，则保留该线段的两个结点，否则，将该线段的后一个结点删除；重复上述步骤，直至骨架线的最后一条线段。

以图 2.13 中所示骨架线为例，将长度比率阈值设定为 0.05，化简的结果如图 2.14 所示。

通过图 2.14 可见，经过长度比率化简后，在保留了骨架线主要特征点的基础上，去除了骨架线上的小毛刺。需要注意的是：在长度比率化简之前，需要对骨架线的结点数量进行检测，只有当骨架线结点数量大于 2 时，才存在继续化简的必要。这是因

为当骨架线结点数为 2 时，骨架线为只有首端点和末端点的直线，已不需再进行化简。

图 2.14　骨架线基于长度比率二次化简效果图

在本算法中，化简阈值直接影响着骨架线化简的结果，是算法的关键点。算法对于角度化简阈值和长度化简阈值，均采用动态阈值设定法，即先设定一个初始阈值，分别对其增加和减小，观察化简的效果，最后选择合适的阈值为最终阈值。

2)骨架线化简算法实验

骨架线质量的高低将直接影响居民地匹配的准确率。对居民地进行骨架线提取后，其初始骨架线还不能直接用于匹配分析，需要对其进行化简，得到主要形态特征更为突出的居民地主骨架线。采用自身几何特征对骨架线进行化简，其流程如图 2.15 所示。

以某城市 1∶1 万部分居民地为实验数据，首先提取居民地初始骨架线，如图 2.16 所示，为便于实验效果显示，特将图 2.16 左下角区域初始骨架线进行放大显示，并对骨架线结点进行了加粗显示，如图 2.17 所示。

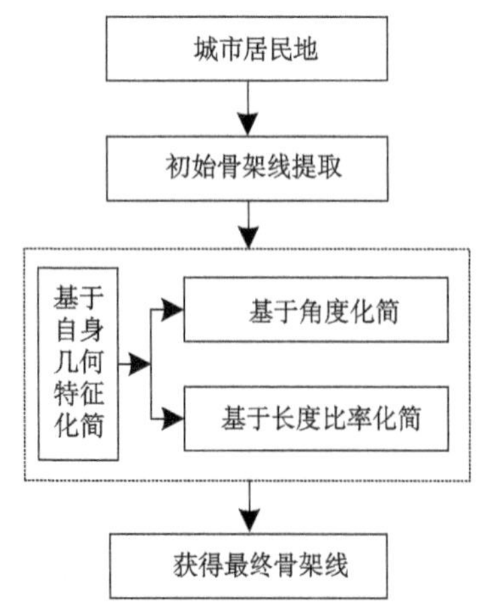

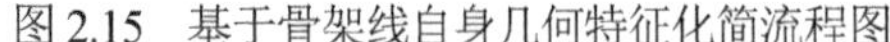

图 2.15　基于骨架线自身几何特征化简流程图

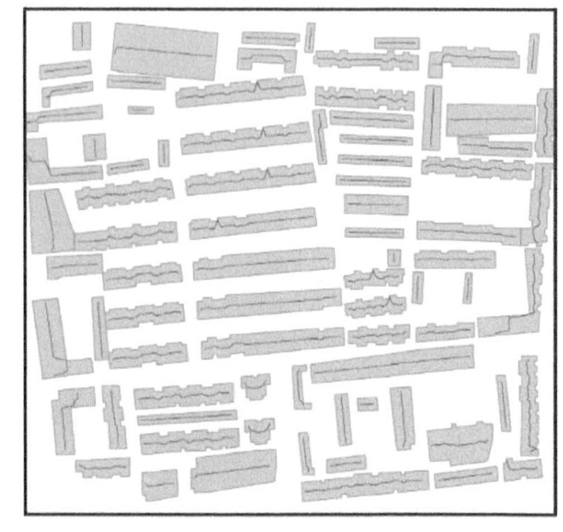

图 2.16　某城市 1∶1 万居民地提取初始骨架线示意图

分别将角度阈值设定为 2.9，长度比率阈值设定为 0.08，进行化简。对图 2.17 中所示骨架线进行化简后的结果如图 2.18 所示。

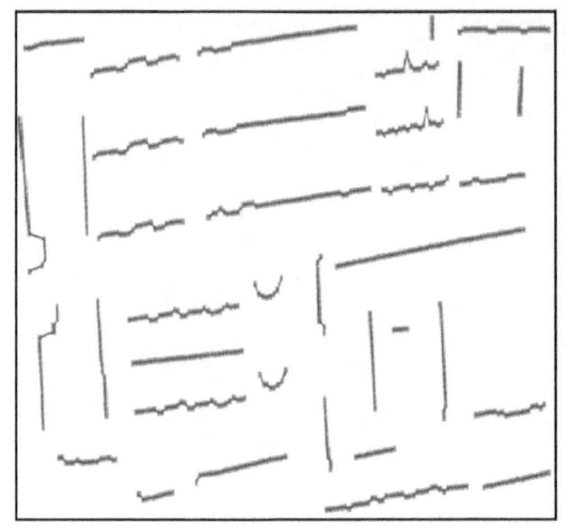

图 2.17　部分初始骨架线放大显示图

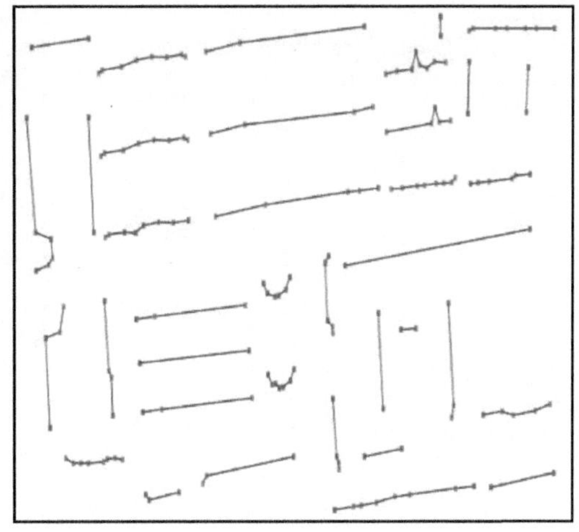

图 2.18　对图 2.17 所示骨架线化简效果示意图

另外，居民地初始骨架线经过化简后，在去除了初始骨架线上的小毛刺、小弯曲以及冗余数据点的同时，数据量也得到了大幅降低，化简前后骨架线数据集所占存储空间大小如表 2.1 所示。数据量的降低为骨架线的进一步匹配分析打下了良好的基础。

表 2.1　骨架线化简前后数据存储空间对比表

数据	初始骨架线数据量/KB	化简后骨架线数据量/KB	数据压缩比/%
居民地骨架线	220	33.4	84.8

2.2　城市骨架线(网)

2.2.1　城市空白区域

假设某城市地图数据中只存在居民地要素而不存在道路要素(图 2.19)，则此时城市由居民地及居民地的补集(空白区域)与地图边界共同构成。地图边界通常由居民地横、纵坐标的最大值做适当的拓展而确定，如图 2.20 所示。

城市地图空白区域(为简洁起见，后文均称为空白区域)，指的是地图幅面中除了道路和居民地以外的所有区域的总和(图 2.21)。需要特别说明的是，居民地中的孔洞视为居民地内部区域，属于居民地范畴，而不是空白区域。空白区域按照要素类型划分为面状要素，但是空白区域是较为特殊的面状要素，与普通的居民地、植被、水系等面状要素相比具有以下特点。

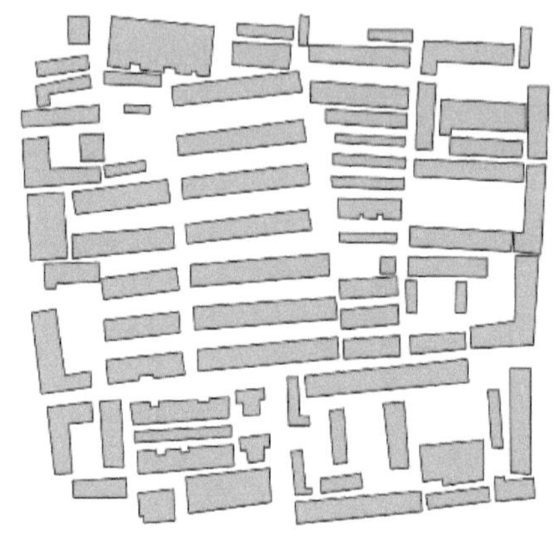

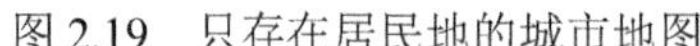

图 2.19　只存在居民地的城市地图

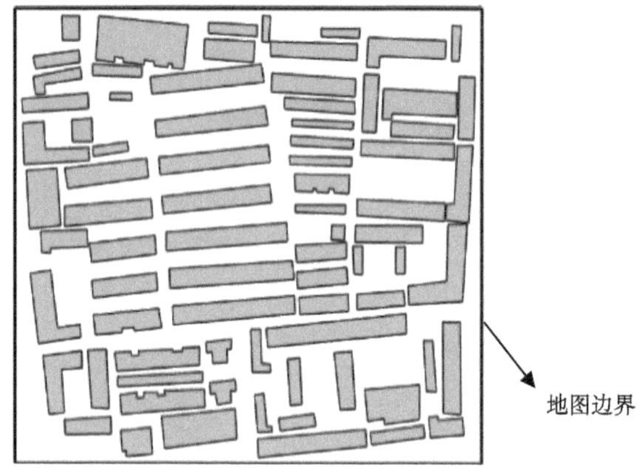

图 2.20　地图边界确定

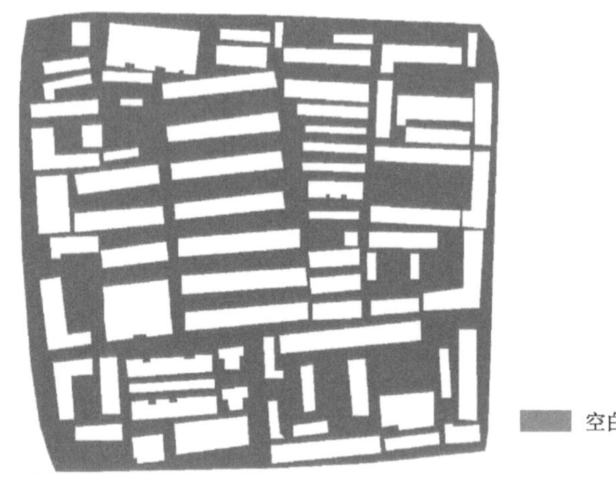

图 2.21　空白区域示例

(1) 表示范围通常很大。空白区域是地图幅面除去道路和居民地的所有区域的集合，通常表示了一个或多个街区的范围，所以其覆盖范围广泛，区域面积通常较大。

(2) 内部具有较多孔洞。空白区域为带孔洞的面状要素，并且和其他带孔洞的面状要素相比，其内部包含的孔洞数量较多。孔洞数量和城市地图中居民地数量相同，孔洞轮廓与居民地轮廓相同。由于城市居民地在地图中分布不均匀，且种类较多形态各异，所以空白区域中的孔洞也呈现出不均匀分布、轮廓形态复杂多变的特点。

(3) 与道路和居民地互补。空白区域和道路、居民地一起构成了地图的全部幅面范围，是道路和居民地的补集。

2.2.2　城市骨架线与城市骨架线网

城市骨架线构成的连通性网络称为城市骨架线网。城市骨架线网的构建分为以下两种情况。

情况一：数据中既存在居民地数据，又存在道路数据，则城市骨架线网即为道路和空白区域骨架线及数据边界共同构成的网状结构，如图 2.22(a)所示；其核心是有道路的空白区域用道路代替骨架线，没有道路的空白区域直接提取空白区域骨架线。

情况二：数据中只存在居民地数据，而不存在道路数据，此时城市骨架线网为居民地数据边界与空白区域骨架线共同构成的网状结构，如图 2.22(b)所示。

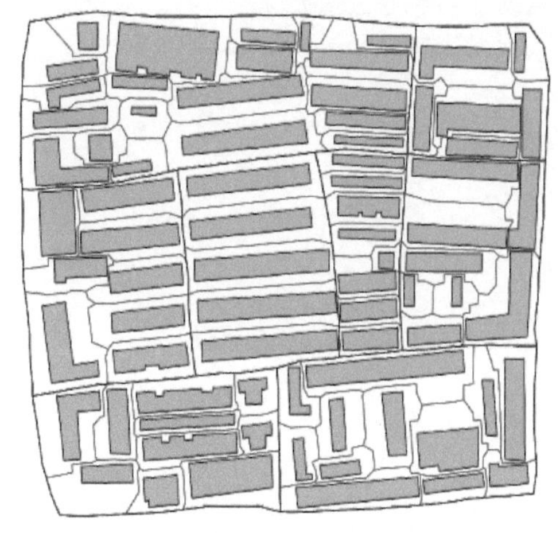

(a) 存在道路的数据构建结果

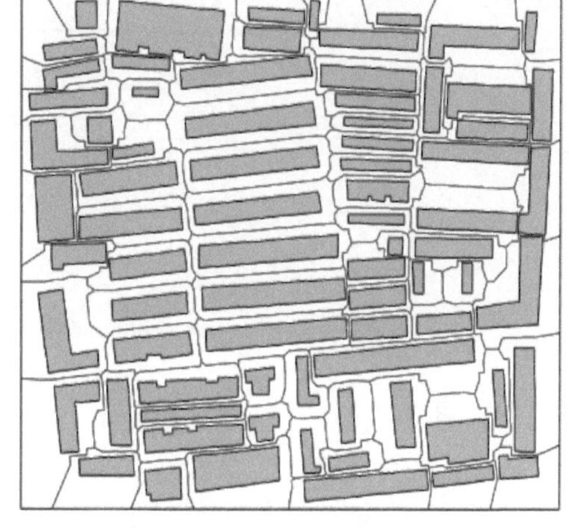

(b) 不存在道路的数据构建结果

图 2.22　城市骨架线网构建结果

可知，城市骨架线可以由道路组成或者空白区域骨架线组成，也可以由道路和空白区域骨架线共同组成。城市骨架线是道路和空白区域骨架线的并集。

2.2.3　城市骨架线网构建

由城市骨架线网的定义与构成可得，城市骨架线网的构建关键在于空白区域骨架线的提取。根据空白区域特点以及上述常用面要素骨架线提取方法各自的适用范围与优缺点，本节利用约束 Delaunay 三角网法来提取空白区域的骨架线。因为 Delaunay 三角网能够较为敏感的捕捉图形的细节信息，从而能够满足空白区域范围大并且不规则的特性。空白区域骨架线的提取具体步骤如下。

1. 数据结点加密

在初始的道路和居民地数据中(若数据中不存在道路数据，则将居民地数据的边界视为道路，后文涉及道路的处理之处不再进行重复说明)，除了首尾结点，只在其重要形态特征处具有相应结点，而在直线段内，一般没有其他结点。这是因为通常将直线段内的结点视为冗余结点，在数据预处理过程中已将其删除。在对原始道路和居民地构建的三角网中，发现由于道路和居民地轮廓上的结点数量太少，从而容易生成狭长的三角形，如图 2.23(a)所示，狭长三角形不利于构建质量较高的 Delaunay 三角网，而对道路和居民地数据进行加密处理后，能够使得更多的点参与构网，避免了狭长三角形的出现，如图 2.23(b)所示。

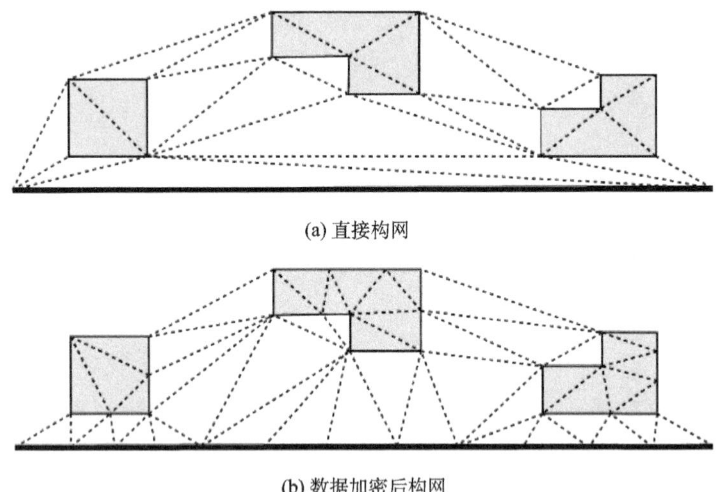

(a) 直接构网

(b) 数据加密后构网

图 2.23　加密与否构网效果对比图

所以为了构建满足后续骨架线提取要求的约束 Delaunay 三角网，在构网前需对道路和居民地数据进行结点加密处理。图 2.24 所示为道路和居民地数据结点加密前后对比情况，加密过程需保留数据中的原有结点，只在原有结点之间进行加密。

利用相似三角形原理求解加密结点坐标，设图 2.25 中加密弧段首结点 N_1 坐标为 $(x_{\text{start}}, y_{\text{start}})$，末结点 N_2 坐标为 $(x_{\text{end}}, y_{\text{end}})$，加密点 P 坐标为 (x, y)，则根据相似三角形原理，可得

$$x = \frac{l}{D}(x_{\text{end}} - x_{\text{start}}) + x_{\text{start}} \tag{2.6}$$

$$y = \frac{l}{D}(y_{\text{end}} - y_{\text{start}}) + y_{\text{start}} \tag{2.7}$$

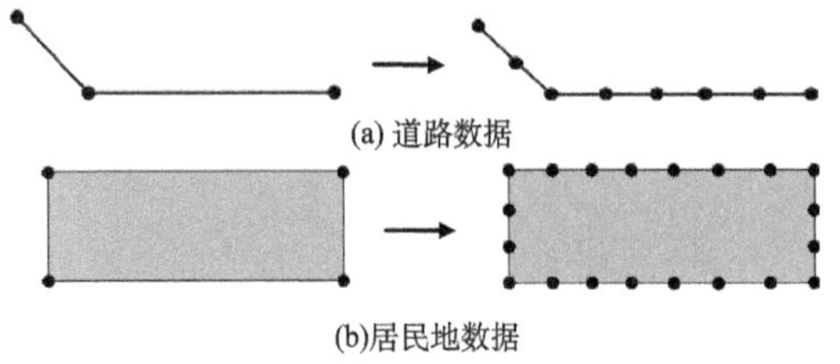

(a) 道路数据

(b)居民地数据

图 2.24　数据结点加密前后对比

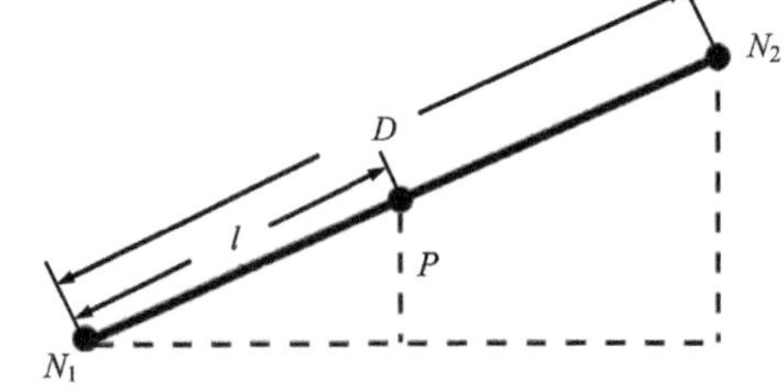

图 2.25　相似三角形原理

式中，l 为加密步长(步长设定以能正确构建 Delaunay 三角网为准则，即构建的三角形之间连续而不相交)；D 为弧段 N_1N_2 的长度。在弧段加密过程的最后会遇到剩余距离小于加密步长的情况，这里采用下面的方法解决：在每次加密前对当前加密结点到末结点的

距离进行判断：若 $N_2P \geqslant 1.5 \cdot l$，则进行加密；若 $N_2P < 1.5 \cdot l$，则结束加密。

2. 构建约束 Delaunay 三角网

对道路、居民地数据的结点加密后，以道路和居民地外围轮廓为约束边(即道路和居民地外围轮廓必须为三角网的边)对整个居民地和道路数据构建约束 Delaunay 三角网，构建结果如图 2.26 所示。

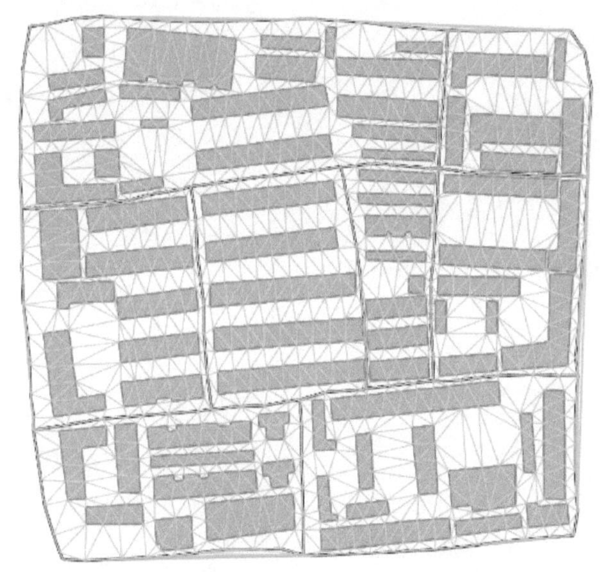

图 2.26　构建约束 Delaunay 三角网

3. 提取空白区域骨架线

构建约束 Delaunay 三角网后，依据三角网形成的三角形三个顶点在居民地和道路上的数量和位置对其进行分类(图 2.27)，分类依据如下。

i 类三角形：三个顶点均在居民地轮廓上，其中根据顶点在居民地轮廓的不同又分为三小类，即 i (a)类三角形，三个顶点分别在三个不同的居民地轮廓上； i (b)类三角形，三个顶点在两个不同的居民地轮廓上； i (c)类三角形，三个顶点在同一个居民地轮廓上。

ii 类三角形：一个顶点在道路上，另两个顶点在两个不同的居民地轮廓上。

iii类三角形：一个顶点在道路上，另两个顶点在同一居民地轮廓上。

iv类三角形：两个顶点在道路上，另一个顶点在居民地轮廓上。

v 类三角形：三个顶点均在道路上。

三角形分类后按照图 2.28 中的方法提取骨架线。对 i (a)类三角形，分别连接三角形中心和三边的中点形成骨架线[图 2.28 (a)]；对 i (b)类三角形，首先判断其唯一的约束边，然后连接两非约束边的中点形成骨架线[图 2.28 (b)]；对 ii 类三角形，直接连接在道路上的唯一顶点与其对边中点形成骨架线[图 2.28 (c)]；对iii、iv、v类三角形不进行任何处理。所有三角形按照上述方法连接后即可得到空白区域的骨架线，如图 2.29 所示。

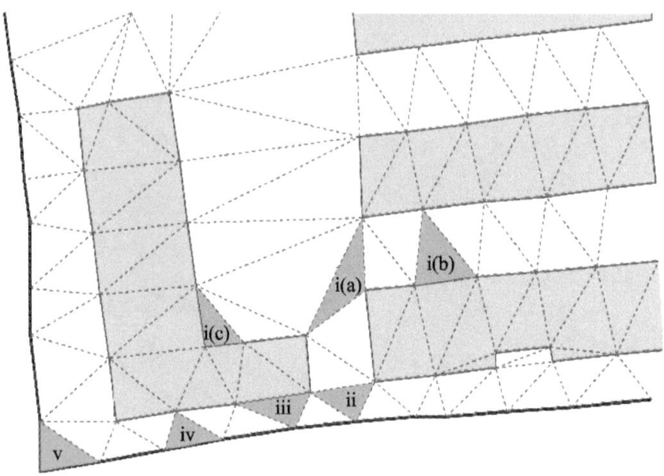

图 2.27 三角形分类

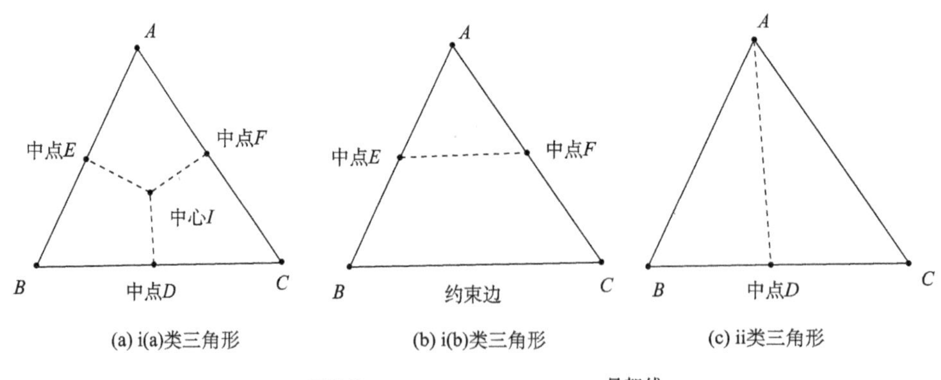

图 2.28 不同类型三角形骨架线提取方法

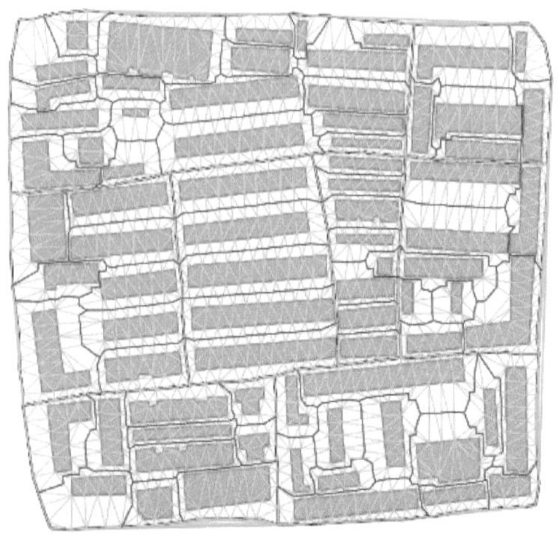

图 2.29 空白区域骨架线提取结果

提取空白区域骨架线后，再按照前文中区分的两种情况分别处理，从而得到城市骨架线网。

2.3　城市骨架线网眼

2.3.1　城市骨架线网眼概念

目前，对于大比例尺城市居民地的匹配研究，大多数算法是针对单个居民地图形进行相似性分析，而不同居民地相互之间并非孤立的。考虑到居民地及其相互关系，这种相互关系可以巧妙地通过空白区域来表达，空白区域又可以用其骨架线来表达，进一步可通过空白区域骨架线网眼匹配实现居民地匹配。因此城市空白区域骨架线网眼与面状居民地相比，有效扩展了居民地的匹配范围，使分散居民地匹配转化为相邻骨架线网眼匹配，可有效降低了匹配过程中的不确定性。

为了把空间上分离的道路和居民地联系起来，方便后面道路和居民地的联动匹配，需要定义城市骨架线网眼的概念。

城市骨架线网眼：在道路网中，将道路网纵横交错形成的最小闭合区块称为“道路网眼”。同理，在城市骨架线网中，将纵横交错的城市骨架线所围成的最小闭合区域称为“城市骨架线网眼”，图 2.30 中黑色渐变填充区域即为骨架线网眼。与道路网眼一样，骨架线网眼并不是真实存在的地理对象，而是为了更好地认识骨架线网的结构特征而抽象出来的面要素对象。图 2.31 清晰描述了骨架线和骨架线网眼的关系，骨架线是线要素，骨架线网眼是面要素，骨架线是骨架线网眼的边界。

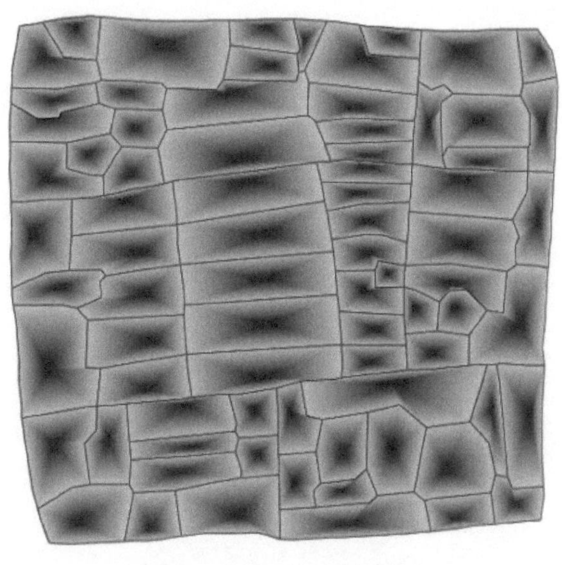

图 2.30　城市骨架线网眼

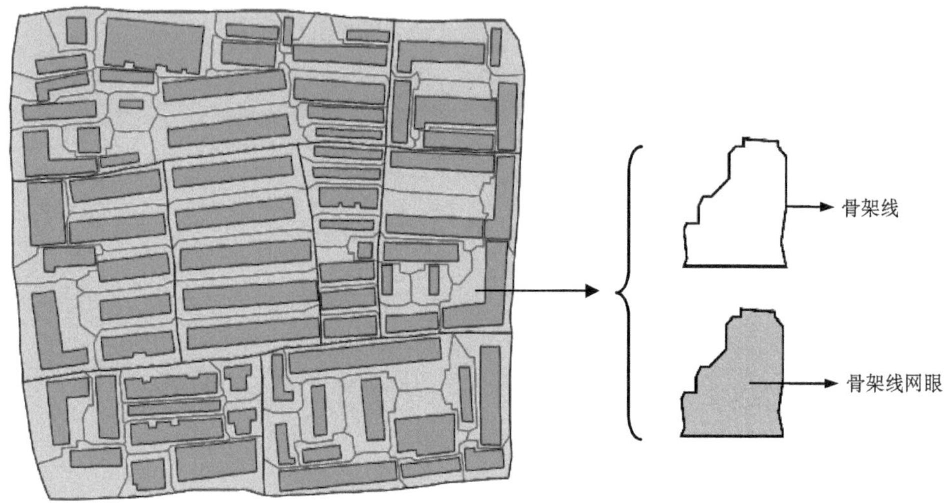

图 2.31 骨架线网眼构建

2.3.2 城市骨架线网眼特点

对城市骨架线网构建网眼结构后分析骨架线网眼具有以下 3 个特点。

(1)骨架线网眼为面状要素,其轮廓由城市骨架线组成,由于城市骨架线网由道路(或边界)和空白区域骨架线组成,所以具体来说骨架线网眼的轮廓组成要素包括道路(或边界)和空白区域骨架线。

(2)每个骨架线网眼中只包含唯一一个居民地要素,即骨架线网眼与其包含的居民地为一一对应关系。

(3)存在公共边的骨架线网眼之间均为无缝连接,具体来说存在公共边的两骨架线网眼之间为相接拓扑关系。

图 2.32 骨架线网眼分类

根据骨架线网眼的上述特点，可以看出骨架线网眼是连接道路和居民地的“纽带”。通过骨架线网眼，能够把空间上分离的道路要素和居民地要素联系起来，从而为实现道路和居民地要素的联动匹配奠定基础。

2.3.3　城市骨架线网眼分类

根据组成骨架线网眼轮廓中是否包含道路(或边界)要素将骨架线网眼分为两种类型(图 2.32)：①Ⅰ类骨架线网眼，其轮廓均由空白区域骨架线构成；②Ⅱ类骨架线网眼，其轮廓由空白区域骨架线和道路(或边界)共同组成。

2.4　道路与居民地关联关系构建

城市骨架线网及其网眼构建后，道路(或边界)、骨架线、骨架线网眼以及居民地之间具有图 2.33 中的拓扑关系：

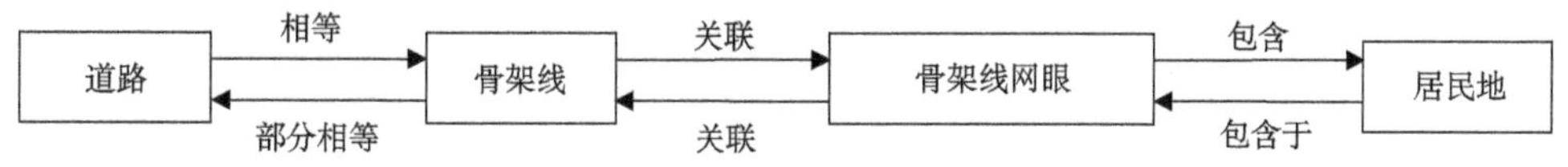

图 2.33　道路与居民地关联关系结构图

(1) 道路与骨架线之间为相等关系，即道路一定为骨架线，而一部分骨架线等于道路；

(2) 骨架线与骨架线网眼两者之间为关联关系，即一条骨架线关联了一个或两个骨架线网眼，一个骨架线网眼关联了至少三条骨架线；

(3) 骨架线网眼与居民地两者之间为包含关系，即一个骨架线网眼中只包含一个居民地，同样一个居民地只包含于一个骨架线网眼中。

从这种拓扑关系结构图中可得，在空间关系中处于分离状态、没有直接联系的道路和居民地要素，通过骨架线网眼联系起来，建立了二者之间的关联关系。

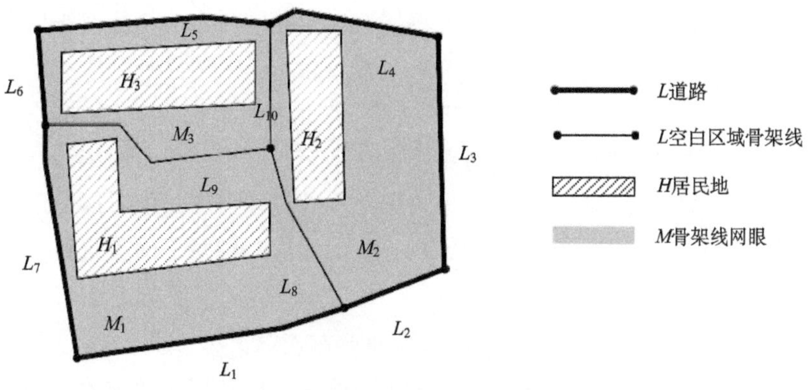

图 2.34　道路与居民地关联关系示例图

示例图 2.34 中的居民地和道路相互之间的关联关系可用表 2.2、表 2.3 进行表示。通过上述分析可知，道路和居民地通过骨架线网眼联系起来，所以骨架线网眼起到了纽带作用，具有十分重要的意义。

表 2.2　居民地与道路关联关系

居民地	包含于骨架线网眼	关联骨架线(是否等于道路)
H_1	M_1	L_1(是)、L_8(否)、L_9(否)、L_7(是)
H_2	M_2	L_2(是)、L_3(是)、L_4(是)、L_{10}(否)、L_8(否)
H_3	M_3	L_5(是)、L_6(是)、L_9(否)、L_{10}(否)

表 2.3　道路与居民地关联关系

道路	关联骨架线网眼	包含居民地
L_1	M_1	H_1
L_2	M_2	H_2
L_3	M_2	H_2
L_4	M_2	H_2
L_5	M_3	H_3
L_6	M_3	H_3
L_7	M_1	H_1

2.5　城市骨架线网在匹配中的优势分析

城市骨架线网及骨架线网眼的构建在匹配过程中的优势主要体现在以下几个方面：

(1) 城市骨架线网能够一定程度削弱居民地匹配对象间的位置偏差。因为每个骨架线网眼中都只包含一个居民地，所以互相匹配的两个居民地其所包含于的骨架线网眼也一定互相匹配，从而可利用骨架线网眼的匹配代替居民地匹配。骨架线网眼实际上是对其内部所包含居民地的一种扩展，这种扩展将居民地数据间原有的位置偏差均分到每个匹配对象中，从而弱化了位置偏差的影响。

如图 2.35 的匹配示例，匹配数据源中 A_2 和 B_2 互为匹配对象，由于两数据源具有一定的位置偏差，从而 A_2 和 B_2 几乎没有重叠面积，使得常用的基于面积重叠率的匹配方法无法正确判断匹配结果。对其构建城市骨架线网并提取对应的网眼后发现，其对应的骨架线网眼 M_{A_2}、m_{B_2} 的面积重叠率明显增加，从而能够利用基于面积重叠率的方法进行匹配。

(2) 城市骨架线网能够一定程度弱化居民地形态轮廓。对一些形态轮廓复杂的居民地的匹配，其对应骨架线网眼轮廓与其相比一般更为简单，从而将其匹配转化为骨架线网眼能够弱化居民地复杂形态轮廓对匹配过程造成的影响。

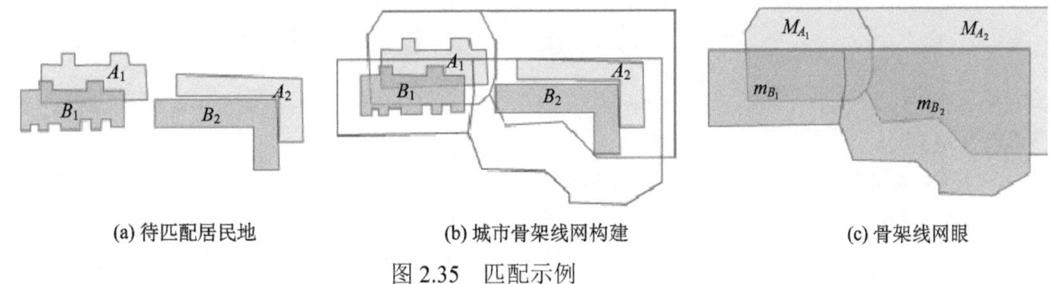

图 2.35　匹配示例

如图 2.35 的匹配示例，匹配数据源中 A_1 和 B_1 互为匹配对象，其复杂的轮廓形态给匹配带来了一定的影响和难度，而其对应的骨架线网眼 M_{A_1}、m_{B_1} 的轮廓更为简单，所以将其转化为骨架线网眼进行匹配较为容易。

(3) 城市骨架线网能够建立道路与居民地间的关联关系，为其匹配过程增加了不同要素间的控制和约束。在同名实体判断过程中，通常只考虑匹配要素自身特征的相似性，而较少考虑其他不同类要素对匹配过程的约束。例如，在对大比例尺道路网匹配时，通常只根据道路自身的长度、方向、形态、拓扑等特征的相似性进行匹配对象判断，而忽略了道路周边建筑物的相似性，其主要原因就是道路和居民地的关联关系难以界定。城市骨架线网及其网眼的构建完整准确地建立了道路与居民地之间的关联关系，更有利于匹配质量的提高。

(4) 城市骨架线网能够将二维城市空间简化为一维，并较好地保持了城市空间特征。借助 Stroke 技术提取骨架线 Stroke 能够对整个城市空间进行层次结构划分(图 2.36)，从而使得城市空间包含的信息更丰富、拓扑性更好、连通性更强、整体性更突出。通过对城市骨架线网层次结构进行相似性分析，寻找在层次结构上的整体相似性和差异性。在此基础上，归纳、分析每一种城市骨架线网层次结构模型的形态和特征，建立层次结构上的关联关系，进而获取其空间目标之间的空间关联关系。

图 2.36　城市骨架线网 Stroke 层次结构

参 考 文 献

陈涛, 艾廷华. 2004. 多边形骨架线与形心自动搜寻算法研究[J]. 武汉大学学报 • 信息科学版, 29(5): 443-455.

杜世宏, 杜道生, 樊红. 2000. 基于栅格数据提取主骨架线的新算法[J]. 武汉测绘科技大学学报, 25(5): 432-436.

付瑞全, 王家海, 孙丽娜, 等. 2008. 基于 Arcobjects 的约束 Delaunay 三角网支持下的土地利用图斑综合[J]. 测绘科学, 33(5): 174-176.

郭邦梅, 王涛, 赵荣, 等. 2010. 面状要素骨架线提取算法的研究[J]. 测绘通报, 12, 17-19.

黄利民, 张跃鹏. 2002. 利用三角网方法实现面域骨架线的自动生成[J]. 测绘学院学报, 19(1): 262-264.

黄智深, 钱海忠, 王骁, 等. 2012. 基于降维技术的面状居民地匹配方法[J]. 测绘科学技术学报, 29(1): 75-78.

黄智深, 钱海忠, 郭敏, 等. 2012. 基于自身几何特征的骨架线化简算法[C]. 广州: 第七届全国地图学与地理信息系统大会.

李瑞霞, 李云江. 2007. 顾及分支三角网形状因子的面状目标主骨架线提取[J]. 测绘工程, 16(3): 19-22.

李志林, 朱庆. 2001. 数字高程模型[M]. 武汉: 武汉大学出版社.

刘秀芳, 杨永平, 罗吉, 等. 2010. 基于内侧缓冲区算法的多边形骨架线提取模型[J]. 海洋测绘, 30(5): 46-48.

钱海忠, 武芳, 陈波, 等. 2007a. 采用斜拉式弯曲划分的曲线化简方法[J]. 测绘学报, 36(4): 443-449.

钱海忠, 武芳, 葛磊, 等. 2007b. 基于降维技术的建筑物综合几何质量评估[J]. 中国图象图形学报, 12(5): 927-934.

钱海忠, 武芳, 朱鲲鹏. 2007c. 一种基于降维技术的街区综合方法[J]. 测绘学报, 36(1): 102-108.

乔庆华, 吴凡. 2004. 河流中轴线提取方法研究[J]. 测绘通报, (5): 14-17.

王辉连, 武芳, 王宝山, 等. 2006. 利用数学形态学提取骨架线的改进算法[J]. 测绘科学, 31(1): 29-32.

王涛, 毋河海. 2004. 顾及多因素的面状目标多层次骨架线提取[J]. 武汉大学学报 • 信息科学版, 6(6): 533- 536.

王中辉, 闫浩文. 2011. 多边形主骨架线提取算法的设计与实现[J]. 地理与地理信息科学, 27(1): 42-44.

邬伦, 刘瑜, 张晶, 等. 2001. 地理信息系统——原理、方法和应用[M]. 北京: 科学出版社.

吴立新, 史文中. 2003. 地理信息系统原理与方法[M]. 北京: 科学出版社.

武芳, 钱海忠, 邓红艳, 等. 2009. 地图自动综合质量评估模型[M]. 北京: 科学出版社.

张立锋, 程钢, 白鸿起. 2006. 基于 Delaunay 三角网的河流中线提取方法[J]. 测绘工程, 29(4): 80-82.

Delaunay B N. 1934. Sur la sphere vide[J]. Bulletin of the Academy of Sciences of the USSR, Classe des Sciences Mathematiques et Naturelles, 6: 793-800.

Dwyer R A. 1987. A faster divide-and-conquer algorithm for constructing delaunay triangulations[J]. Algorithmica, 2(2): 137-151.

Su P, Robert L, Scot D. 1997. A comparison of sequential delaunay triangulation algorithms[J]. Computational Geometry, (7): 361-385.

第 3 章　基于骨架线（网）的大比例尺面状居民地匹配方法

3.1　基于内部骨架线的居民地匹配方法

3.1.1　基于降维技术的居民地匹配

理论上讲，对于面实体的降维处理存在两种情况：一种是将二维面要素降维成零维点要素；另一种是将二维面实体降维成一维线要素。如图 3.1 所示。

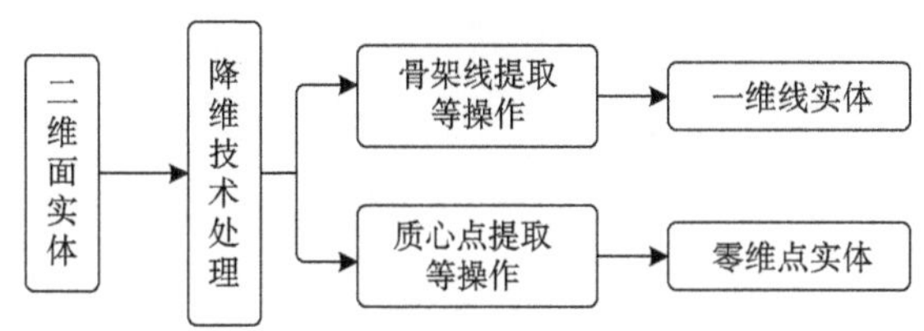

图 3.1　面实体降维方法分类

前一种方法是基于面实体的外围轮廓线，可计算出面实体的质心点，从而将二维面实体降维成零维点要素，再利用点要素匹配方法进行分析，最后，通过点要素之间的匹配最终实现面要素之间的匹配。将二维面要素降维至零维点要素，保留了原二维面要素的空间位置信息，而其几何形态信息则全部消失，在降维过程中，原要素信息丢失量过大。另外，质心等点要素是通过面要素的几何形态求取的，对于不同来源的面要素，存在着形状差异较大的可能性，所以，将二维面要素降维至零维点要素进行匹配识别是不全面的，往往需要结合面要素的形状、方向等指标进行使用。

后一种方法是通过骨架线提取算法，在保留面实体本质维特征的基础上，将二维面实体转化为一维线实体，得到能反映面实体主要形态特征的主骨架线，不但能大幅降低参与匹配的数据量，提高匹配效率，而且匹配对象的复杂度和不确定性也大幅降低，能有效提高匹配准确率。另外，将二维面要素转化为一维线要素之后，可将许多线要素匹配方法应用于面要素匹配，有效拓展了面要素的匹配方法（黄智深等，2012）。

本书采用后一种降维方法，通过提取多源面状居民地骨架线，实现对居民地降维处理，从而把面状居民地之间的匹配转化为居民地骨架线之间的匹配，然后对得到的骨架线进行匹配分析，再依据骨架线之间的匹配最终实现面状居民地的匹配。一般匹配过程如图 3.2 所示。由匹配流程图可知，居民地骨架线提取的质量将直接关系到居民地匹配的结果，是基于降维技术进行居民地匹配的基础。

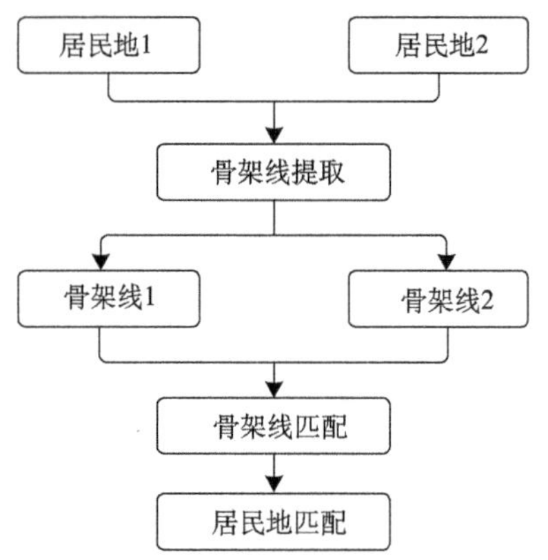

图 3.2　基于降维技术的居民地匹配流程图

3.1.2　传统线要素匹配方法

骨架线匹配属于线要素匹配范畴，在综合借鉴已有线要素匹配算法的基础上，通过骨架线的匹配最终实现居民地匹配，从而有效拓宽了面要素匹配方法。目前，线要素匹配算法多是基于其几何特征进行的，常见的匹配方法如图 3.3 所示。

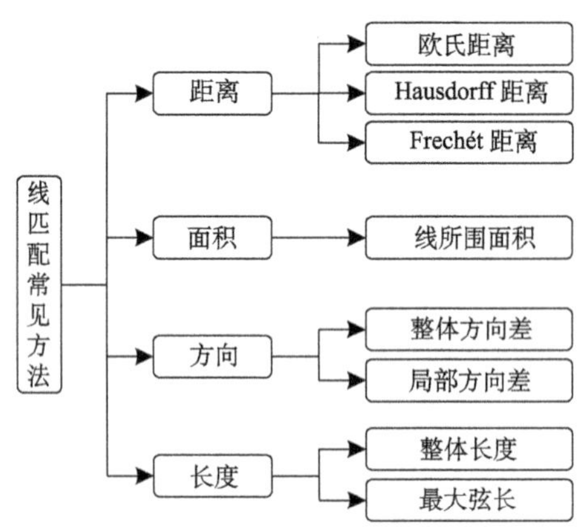

图 3.3　常见线要素匹配算法

距离因子：距离作为空间实体的重要特征之一，是线要素匹配中最常见的一种分析方法。根据距离的一般分类，常见的基于距离的线要素距离匹配方法主要包括基于欧氏距离匹配方法、Hausdorff 距离匹配方法及 Frechét 距离匹配方法，其中欧氏距离度量方式又包括质心点距离、质心点-线距离、平均距离等。

面积因子：通过线要素所围面积分析其形状差异的程度是制图学中常用的方法之一，张桥平等(2004)提出可通过计算两线实体所围面积的大小来进行线与线之间的相似度分析，面积越大则差异越大，反之，则差异越小。

方向因子：常见基于方向特征进行线要素匹配的方法包括基于整体方向差值法和基

于局部方向差值法。线要素整体方向计算形式有两种：一种是先对线要素构造最小外接矩形，以外接矩形长轴方向作为线要素的整体方向进行差值计算；另一种是通过计算线要素首末端点连线与水平方向夹角的差值。局部方向通常采用线要素首末端点处的方向差值。

长度因子：常见基于长度特征进行线要素匹配的方法有两种，一种是对线要素整体长度进行对比；另一种是对线要素最大弦长度进行对比，所谓最大弦是指线上任意两个结点之间距离的最大值。

许多线要素匹配算法往往综合考虑上述多个匹配因子进行组合匹配。

3.1.3　基于骨架线缓冲区法的居民地匹配方法

骨架线匹配分析，是指分析参与匹配的骨架线的一种或几种属性，并分别对该属性进行量化，然后计算参与匹配骨架线属性值之间的差异，最后根据差异值判断骨架线是否匹配。缓冲区分析是基于空间目标拓扑关系的距离分析(郭仁忠，2001)，是 GIS 中常见的空间分析方法之一，也是度量空间目标特征的重要方法之一。

1. 骨架线缓冲区分析

缓冲区分析的基本思想是假设对待分析的一个空间要素 o_i，通过缓冲区构造来确定其邻域，邻域的大小由缓冲区半径 R 决定，定义如下(郭仁忠，2001)：

$$B_i = \{x : d(x, o_i) \leqslant R\} \tag{3.1}$$

式中，R 为构造缓冲区的半径；d 为最小欧氏距离；B_i 为空间要素 o_i 的缓冲区，其实质就是距空间要素 o_i 的距离 d 小于或等于 R 的全部点的集合。对于空间要素集合 $O = \{o_i : i = 1, 2, \cdots, n\}$，其缓冲半径为 R 的缓冲区是其中各个子空间要素的缓冲区的并集，即

$$B = \bigcup_{i=1}^{n} B_i \tag{3.2}$$

缓冲区的构造是进行缓冲区分析的基础和关键，其构造过程的难易程度主要取决于空间目标自身的图形复杂情况，对于简单的图形，如直线，其缓冲区为简单多边形，且其构造过程也很简单；对于形状复杂的图形，其构造过程则较为复杂。

通过骨架线缓冲区对其进行匹配分析有两种形式：单缓冲区分析和双缓冲区分析。

1) 单缓冲区分析

单缓冲区分析的基本思想是对待匹配双方骨架线中的一条构造缓冲区，然后根据另一条骨架线是否在缓冲区内进行匹配判断。以图 3.4 所示骨架线进行分析。

首先对参与匹配的更新前居民地骨架线进行缓冲区构造，然后判断更新后居民地骨架线与该缓冲区的相对位置关系，若更新后居民地骨架线全部或者大部分包含于缓冲区内，则可以认为双方骨架线能够进行匹配，否则，认为匹配失败。

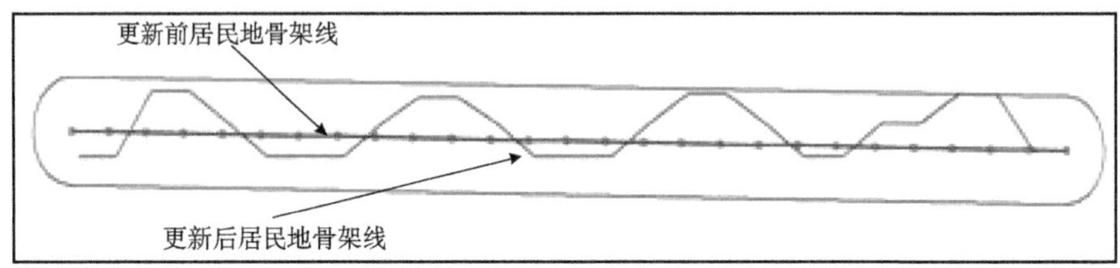

图 3.4　单缓冲区分析示意图

2) 双缓冲区分析

双骨架线缓冲区分析的基本思想是对待匹配双方骨架线均进行缓冲区分析，然后根据双方缓冲区的重叠率进行匹配判断。以图 3.5 所示骨架线为例。

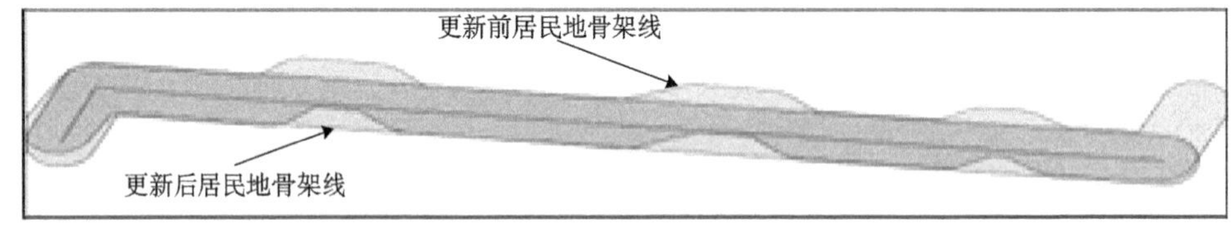

图 3.5　骨架线缓冲区重叠率计算示意图

首先对参与匹配的双方骨架线以相同的缓冲半径进行缓冲区构造，然后计算更新前居民地骨架线和更新后居民地骨架线在相同缓冲区半径下的缓冲区面积重叠率，再将求得的缓冲区重叠率与指定阈值进行比较，当缓冲区重叠率大于指定阈值时，则认为该组骨架线能够成功匹配，否则认为匹配失败。相关计算公式为

$$\mathrm{Sim}(A_1, A_2) = \frac{\mathrm{Area}(A_1 \cap A_2)}{\mathrm{Area}(A_1)} \tag{3.3}$$

$$\mathrm{Sim}(A_2, A_1) = \frac{\mathrm{Area}(A_1 \cap A_2)}{\mathrm{Area}(A_2)} \tag{3.4}$$

在进行缓冲区分析时，对于缓冲区半径设置是非常关键的一步。缓冲区半径过小，不能很好地反映出同名实体的对应关系；半径过大，势必会增加匹配算法的计算量及复杂度，且在一定程度上影响匹配的准确率。

2. 基于骨架线缓冲区法的居民地匹配实验

基于骨架线缓冲区进行居民地匹配的流程如图 3.6 所示。

1) 数据预处理

匹配数据的预处理，主要包括投影变换、格式转换、统一坐标，消除待匹配数据相互之间的系统差，确保把匹配数据统一到相同的基准上来。

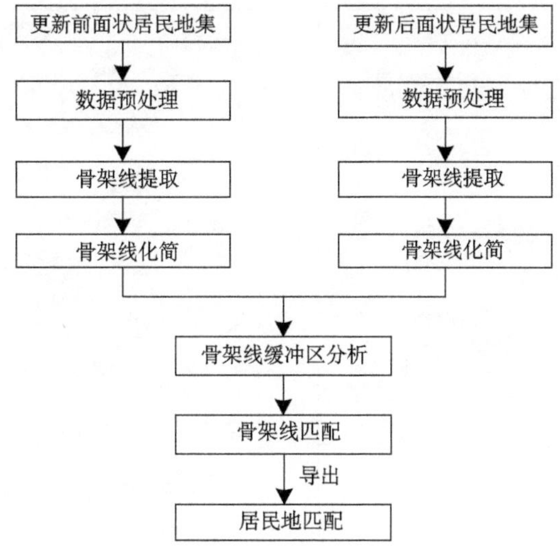

图 3.6　基于骨架线缓冲区进行居民地匹配流程图

2)骨架线提取与化简

图 3.7(a)为某 1∶1 万更新前城市居民地数据集，图 3.7 (b)为对图 3.7 (a)中的居民地提取骨架线，并化简后的结果。同理，图 3.8(a)为该区域更新后居民地数据集，图 3.8 (b)为对图 3.8 (a)中的居民地提取骨架线，并化简后的结果。

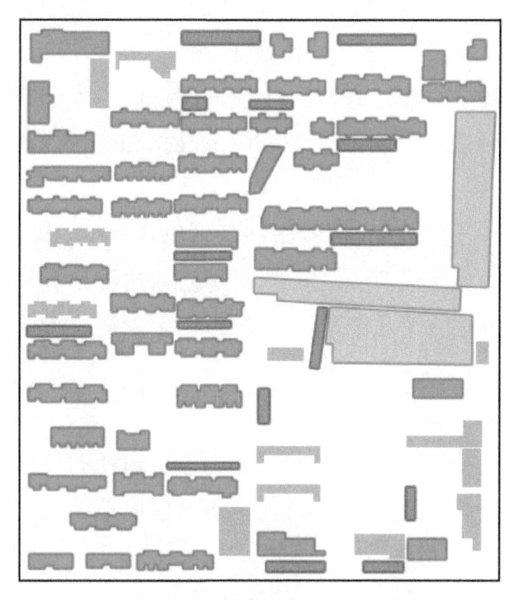
(a) 某1：1万更新前城市居民地数据

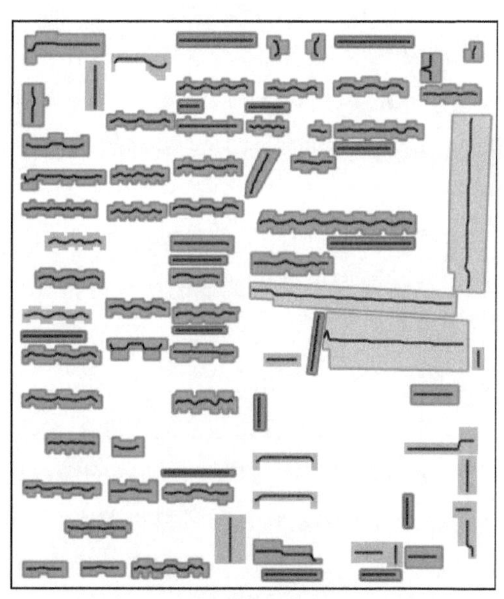
(b) 对居民地提取骨架线并化简后的结果

图 3.7　对原始居民地提取骨架线并综合处理的结果

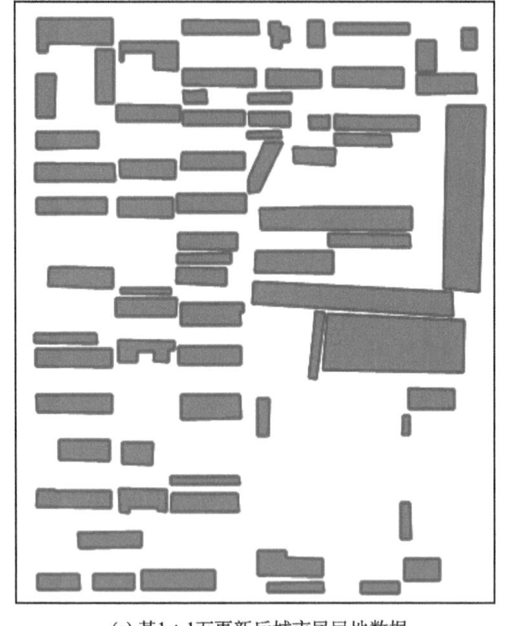

(a) 某1：1万更新后城市居民地数据

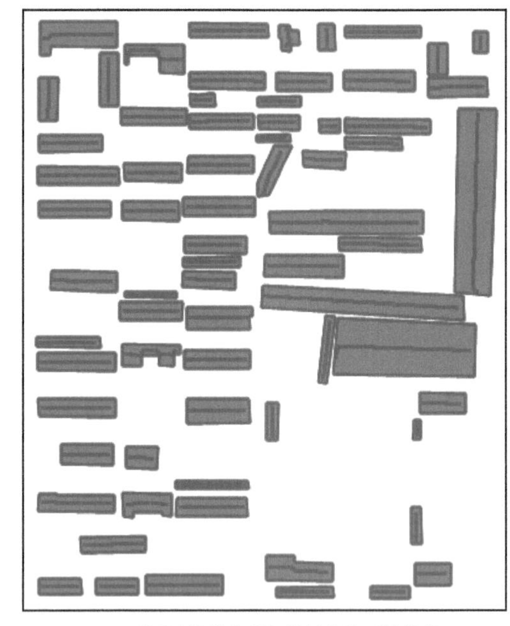

(b) 对居民地提取骨架线并化简后的结果

图 3.8　对更新后居民地提取骨架线并综合处理的结果

3）骨架线缓冲区分析及匹配

在进行骨架线缓冲区分析时，选择合适的缓冲区半径较为关键。借鉴线状要素中已经非常成熟和常用的缓冲区增长(buffer growing)匹配算法，初始设定 2m 缓冲半径进行匹配分析，统计匹配的成功率；然后分别逐渐增大和缩小缓冲区半径，并统计匹配的成功率；最后选择匹配成功率最高的半径作为最后设定的缓冲区半径(Mantel and Lipeck，2004)。

首先对更新前居民地骨架线作缓冲区，判断更新后居民地骨架线是否包含(或主体包含)在更新前居民地骨架线的缓冲区内，如图 3.9 所示；反过来，再对更新后居民地骨架线作面状缓冲区，然后判断更新前居民地骨架线是否包含(或主体包含)在更新居民地骨架线的缓冲区内，如图 3.10 所示。

这样，可以把居民地之间的匹配关系划分为三种情况：

(1) 如果更新后居民地骨架线的缓冲区包含更新前居民地骨架线，则该更新前居民地与更新后居民地之间为同名目标关系，采用更新后居民地直接替换更新前居民地即可。这也是空间目标匹配中所要建立的最主要关系。

(2) 如果更新后居民地骨架线的缓冲区不包含更新前居民地骨架线，则更新后居民地为现实中新产生的目标，直接增加到数据库中即可。

(3) 如果更新前居民地骨架线的缓冲区不包含更新后居民地骨架线，则该更新前居民地为现实中已经消失的目标，在数据库中直接删除即可。

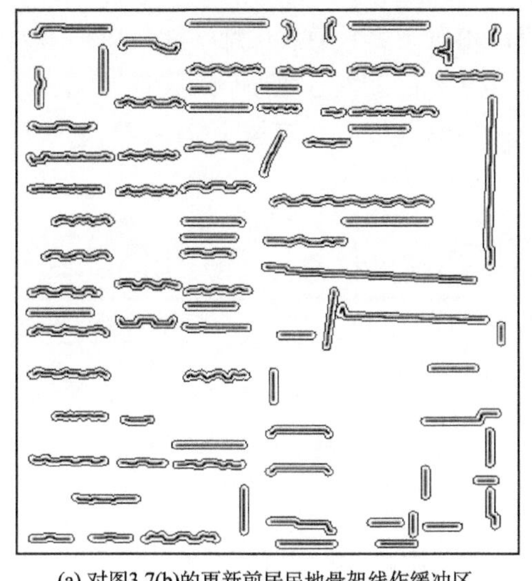

(a) 对图3.7(b)的更新前居民地骨架线作缓冲区

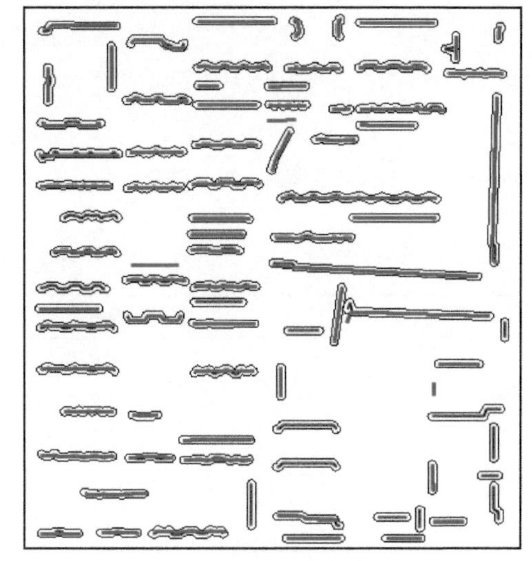

(b) 缓冲区匹配判断

图 3.9　对更新前居民地骨架线作缓冲区，并判断其是否包含更新后居民地骨架线

(a) 对图3.8(b)的更新后居民地骨架线作缓冲区

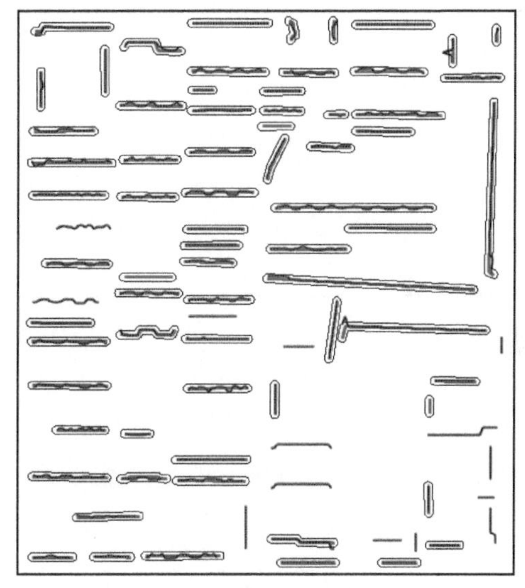

(b) 缓冲区匹配判断

图 3.10　对更新后居民地骨架线作缓冲区，并判断其是否包含更新前居民地骨架线

在骨架线缓冲区重叠率阈值为 0.8 的情况下，缓冲区半径大小对匹配结果的影响如表 3.1 所示。

根据表 3.1 所示数据，当骨架线缓冲区半径过大时，虽然匹配成功率得到了提高，但是匹配结果的准确率却无法得到保证，本实验将缓冲区半径设为 2.5m，缓冲区重叠率阈值设为 0.8，共有 86 块更新前居民地参与匹配，成功匹配居民地 60 块，匹配失败居民地 26 块，其中已拆除居民地 16 块；共有 70 块更新后居民地参与匹配，成功匹配 60 块，匹配失败居民地 10 块，其中新增居民地 0 块；相对于更新前居民地匹配总成功率为 69.77%(60/86)，实际参与匹配成功率为 85.71% (60/70)；相对于更新后居民地匹配总成功率为 85.71%(60/70)，实际参与匹配成功率为 85.71% (60/70)。更新前居民地与更新后居民地之间的匹配关系，如表 3.2 所示。

表 3.1 不同缓冲区半径的匹配结果对比

缓冲区半径/m	缓冲区重叠率阈值	匹配成功率/%	匹配准确率/%
1	0.8	41.43	100
1.5	0.8	52.86	100
2	0.8	70	100
2.5	0.8	85.71	100
3	0.8	92.86	98.46

表 3.2 更新前居民地与更新后居民地之间的匹配关系表(部分)

更新前		更新后		匹配结果
居民地及骨架线标识号	居民地及骨架线编码	居民地及骨架线标识号	居民地及骨架线编码	
6557	6310	74	6310	同名实体
6532	6310	4	6310	同名实体
6542	6310	8	6310	同名实体
—	—	34	6310	新增实体
5429	6112	—	—	消亡实体
⋮	⋮	⋮	⋮	⋮

相对于已有面要素匹配算法，本方法的优点在于对面状居民地进行了降维，有效降低了面状居民地匹配过程中的复杂性与不确定因素，数据量有效降低，匹配速度得到明显提高，该方法缺陷在于把骨架线还原为缓冲区后，骨架线的形态特征被弱化了，匹配过程中的不确定性因素就增强了，从而影响了匹配正确率。

3.1.4 基于骨架线积分面积差值率的居民地匹配方法

上节采用骨架线缓冲区法对居民地进行匹配，即对面状居民地提取主骨架线后，再对主骨架线进行缓冲区分析，并依据骨架线缓冲区之间的面积叠置率来判断是否匹配成功；由于把骨架线还原为缓冲区后，其形态特征被弱化了，增加了匹配过程中的不确定性，影响了居民地匹配成功率，本节提出了一种基于骨架线积分面积差值率法对居民地进行匹配。

面积法是制图学领域中评价两条线要素差异程度的常见方法。在对骨架线几何形态描述的基础上，对骨架线的几何形态描述数据进行数据拟合，得到其函数表达式，从而利用数学方法对骨架线的几何特征进行更加科学地描述和精确地分析，将两条骨架线之间的几何特征差异转化为两个多项式函数之间的差异，在分析两个多项式函数之间的差异时，在相同的区间内，分别对两个多项式进行定积分运算，得到其多项式函数图形与坐标轴所围区域面积，面积差值比率不仅能反映出两条骨架线几何特征的整体差异，而且可以通过积分区间的调整，详细地反映出两条骨架线的局部特征差别，并能反映出这种差异相对于骨架线自身几何特征的差异程度，从而使得骨架线之间的差异分析更加科学、更加精确。最后通过计算双方的面积差值在整个面积中所占的比率进行匹配判断。

1. 骨架线几何形态描述

为便于对骨架线进行匹配分析，首先对其几何形态特征进行描述，得到能准确表达骨架线的数据。骨架线几何形态描述主要包括骨架线起始点选择、骨架线长度特征描述、骨架线角度特征描述、几何形态数据点生成以及插值计算五个部分。以图 3.11 所示骨架线 A 为例进行几何形态描述过程分析，骨架线 A 的各个结点的坐标为 (x_i, y_i)，$i = 0,1,\cdots,n$。

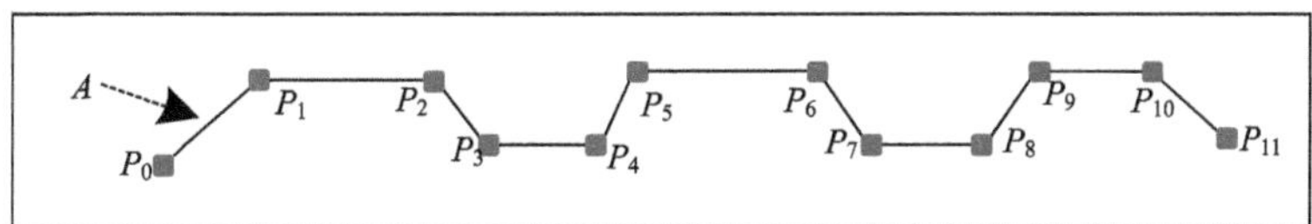

图 3.11　骨架线 A 示意图

1) 骨架线起始点选取

在进行骨架线长度指标和角度指标描述之前，需首先确定骨架线上的某一顶点为起始点 P_0，选择的 P_0 点不同，得到的几何形态描述数据也不同。骨架线起始点选择也是能否获得合适几何形态描述数据获得的基础。本节对起始点 P_0 选取的依据为

$$\begin{cases} x_0 = \min\{x / (x_i, y_i) \in A\} \\ y_0 = \min\{y / x = x_0, (x_i, y_i) \in A\} \end{cases} \tag{3.5}$$

这样选择的好处在于：可以确保骨架线的几何形态描述数据均为正，且其分析结果的可视化图形均位于坐标的第一象限内。

2) 骨架线长度特征描述

骨架线长度特征描述是指计算骨架线上各相邻结点之间的长度在骨架线全长中所占的比率。在对骨架线的几何形态进行分析时，用长度比率值代替骨架线相邻结点间的实际长度值。因为所有结点距之和与骨架线全长比值为 1，所以该比率值又称为归一化距离(付仲良等，2010)。其描述过程的具体步骤如下：

(1) 从骨架线起始点开始，计算骨架线的全长以及骨架线上任意两个相邻结点(设起点、终点也为结点)之间的长度。

(2) 计算骨架线上各相邻结点之间的距离在骨架线全长中所占比率。

骨架线总长、线段长以及长度比率值的具体计算公式如下：

$$L=\sum_{i=0}^{n-1}\sqrt{(x_{i+1}-x_i)^2+(y_{i+1}-y_i)^2} \tag{3.6}$$

$$L_i=\sqrt{(x_{i+1}-x_i)^2+(y_{i+1}-y_i)^2}\quad (i=1,2,\cdots,n-1) \tag{3.7}$$

$$\eta_i=\eta_{i-1}+L_i/L \tag{3.8}$$

在对骨架线的长度特征进行描述时，需要注意以下两个方面：

第一，长度指标描述数据是从骨架线的起始点开始计算，先求取的线段长度比率需累加到后面线段的比率值之中，最后一个线段的长度比率值应为 1。

第二，为满足几何形态特征描述数据的后续使用分析需求，需统一骨架线的长度描述基准，除采用归一化距离外，还需将长度比率数据的第一个数据统一赋值为 0，即 $\eta_0=0$。

3) 骨架线角度特征描述

骨架线角度特征描述是指计算骨架线上各线段的实际坐标方位角。方位角是对骨架线的所有局部方向的描述，在后续的匹配分析中，角度特征数据不但能方便地进行骨架线局部方向分析，而且其与长度比率特征数据相结合，能详细准确地反映出骨架线的几何形态信息。其描述过程的具体步骤如下：

(1) 从骨架线起始点出发，利用骨架线上结点的实际坐标值，计算各线段至水平方向的转角 φ_k，以顺时针方向为正，逆时针方向为负。

(2) 根据所求的转角 φ_k，计算骨架线上各线段的坐标方位角 θ_k。

线段至水平方向的转角 φ_k 计算公式如下：

$$\varphi_k=\arctan\left|\frac{y_{k+1}-y_k}{x_{k+1}-x_k}\right| \tag{3.9}$$

各线段的坐标方位角计算公式如下：

$$\Delta y=y_{i+1}-y_i \tag{3.10}$$

$$\Delta x=x_{i+1}-x_i \tag{3.11}$$

当 Δx =0、Δy >0 时：$\theta_k=0$

当 Δx =0、Δy <0 时：$\theta_k=\pi$

当 Δx >0、Δy =0 时：$\theta_k=\pi/2$

当 Δx <0、Δy =0 时：$\theta_k=3\pi/2$

当 Δx >0、Δy >0 时：$\theta_k=\pi/2-\varphi_k$　　$(k=0,1,2,\cdots,n)$

当 Δx >0、Δy <0 时：$\theta_k=\pi/2+\varphi_k$　　$(k=0,1,2,\cdots,n)$

当 Δx <0、Δy >0 时：$\theta_k=3\pi/2+\varphi_k$　　$(k=0,1,2,\cdots,n)$

当 Δx <0、Δy <0 时：$\theta_k=3\pi/2-\varphi_k$　　$(k=0,1,2,\cdots,n)$

在对骨架线的角度特征进行描述时，需要特别指出的是，从骨架线起始点出发，骨架线第一个线段的角度特征描述数据需要进行两次重复记录，即骨架线角度特征数组中的第一位和第二位赋予相同的值，且是同时赋值。这是因为居民地提取得到的骨架线，经过骨架线化简程序后，骨架线上只保留了主要特征点，对于直线形式的骨架线，只有首端点和末端点，其骨架线几何形态描述数据—长度比率特征数据和角度特征数据都是唯一的，无法进行分析，在数据可视化时，是一个点状数据，无法满足骨架线匹配分析的数据需求；其次，为了统一数据基准，骨架线长度比率的第一个数据均为 0，相当于增加了一位数据，将骨架线第一个线段的角度数据进行重复赋值，保证了长度比率数据和角度特征数据的个数相同，为骨架线几何特征数据点的生成奠定了基础。

4)骨架线几何形态数据点的生成

骨架线几何形态数据是骨架线几何形态特征的提取和抽象。为便于骨架线几何特征数据的使用，对其作可视化处理。骨架线几何形态数据点便是骨架线几何形态数据可视化操作的结果，它是骨架线几何特征的另一种表达方式，其生成方式如下。

骨架线几何形态数据点的坐标值由长度比率数据和角度特征数据共同组成，从数据生成时的起始点出发，以长度比率数据为 X 坐标值，以角度特征数据为 Y 坐标值，按照先后顺序，将两组数据中的各个数据值，逐点对应结合，从而得到一系列有序的坐标值 (x_i, y_i)，且 $n \geqslant 2$，$i = 1,2,\cdots,n$，由这些坐标值所确定的点即为骨架线几何形态控制点。

需要指出的是由于在骨架线几何形态数据点生成时，其坐标值是由两组描述数据逐一对应结合的，所以两组描述数据的长度必须严格相等。另外，由于对骨架线长度比率数据进行了归一化处理，角度特征数据采用的是坐标方位角，所以 $x \in [0,1]$，$y \in [0,2\pi]$。

对图 3.11 所示骨架线 A 进行几何形态描述并生成骨架线几何形态数据点坐标值，结果如表 3.3 所示。

5)骨架线几何形态数据点插值计算

由于受骨架线上原有结点数量的限制，骨架线几何形态数据点的数量过少，不能满足相似性分析的需求，需要对数据进行插值分析。目前，常用的数据插值方法有以下几种：拉格朗日插值、厄米插值法以及样条插值法等。

拉格朗日插值法属于高次多项式插值，插值后的曲线比较光滑，但是对于数据插值后的数据收敛性不能保证，该方法一般只是用于理论分析；厄米插值法属于低次多项式插值，使用较为简单，但是插值后曲线过于粗糙；三次样条插值法也属于低次多项式插值法，使用简单，所得曲线较厄米插值法有很大的改进，所以应用较为广泛(陈杰，2010)。本节采用三次样条插值法对骨架线几何形态描述数据进行插值，具体方法(刘正君，2009)如下。

表 3.3　骨架线 *A* 几何形态描述数据表

起始点 P_0	骨架线线段序号	各线段长度	骨架线总长	长度比率数据	角度描述数据	几何形态点序号	横轴坐标值	纵轴坐标值
X=6426.900000 Y=4740.010000	P_0P_1	4.672497	54.187997	0.086228	1.027623	1	0	1.027623
	P_1P_2	8.000000		0.147634	1.570795	2	0.086228	1.027623
	P_2P_3	3.044179		0.056178	2.424770	3	0.233862	1.570795
	P_3P_4	4.000000		0.073817	1.570795	4	0.29004	2.424770
	P_4P_5	3.228967		0.059588	0.667968	5	0.363857	1.570795
	P_5P_6	8.000000		0.147634	1.570795	6	0.423445	0.667968
	P_6P_7	3.228967		0.059588	2.473622	7	0.571079	1.570795
	P_7P_8	6.000000		0.110726	1.570795	8	0.630667	2.473622
	P_8P_9	3.518668		0.064934	0.604555	9	0.741393	1.570795
	P_9P_{10}	6.000000		0.110726	1.570795	10	0.806327	0.604555
	$P_{10}P_{11}$	4.494719		0.082947	2.044393	11	0.917053	1.570795
—	—	—	—	—	—	12	1	2.044393

由于长度特征数据采用归一化距离，其值域为 $x \in (0,1)$，在进行插值时，首先将 $(0,1)$ 区间进行等分，然后根据等分的份数，以区间等分点处的坐标值为插值点，以骨架线几何形态数据点为样条结点，进行插值运算。

在每个 (x_{i-1},x_i) 区间上，三次样条函数可以表示为

$$S(x)=M_{i-1}\frac{(x_i-x)^3}{6h_{i-1}}+M_i\frac{(x-x_{i-1})^3}{6h_{i-1}}+\left(y_{i-1}-\frac{M_{i-1}h_{i-1}{}^2}{6}\right)\frac{x_i-x}{h_{i-1}}+\left(y_i-\frac{M_{i-1}h_{i-1}{}^2}{6}\right)\frac{x-x_{i-1}}{h_{i-1}}$$

$$x \in (x_{i-1},x_i) \tag{3.12}$$

其中，$h_{i-1}=x_i-x_{i-1}$；$M_i=S^n(x_i)$。M_i 所满足的方程：

$$\mu_i M_{i-1}+2M_i+\lambda_i M_{i+1}=d_i \tag{3.13}$$

其中，

$$\mu_i=\frac{h_{i-1}}{h_{i-1}+h_i}\text{；}\ \lambda_i=1-\mu_i\text{；}\ d_i=6\left(\frac{y_{i+1}-y_i}{h_i}-\frac{y_i-y_{i-1}}{h_{i-1}}\right)(h_{i-1}+h)^{-1}\text{；}\ i=2,\cdots,n-1$$

边界条件：

第一型插值条件为 $S'(x_1)=y_1'$，$S'(x_n)=y_n'$

由此导出：

$$2M_1+M_2=d_1$$

$$M_{n-1}+2M_n=d_n$$

$$d_1=\frac{6}{h_1}\left(\frac{y_2-y_1}{h_1}-y_1'\right)$$

$$d_n = \frac{6}{h_{n-1}}\left(y'_n - \frac{y_n - y_{n-1}}{h_{n-1}}\right)$$

自然样条：

$$S''(x_1) = M_1 = 0 - M_n = S''(x_n) \tag{3.14}$$

由此得出

$$M_1 = 0,\quad M_n = 0$$

从而得出 M_i 满足三对角方程。

根据上述三次样条插值原理分析，进行相应的插值函数设计，以图 3.12 中所示骨架线为例进行插值分析。

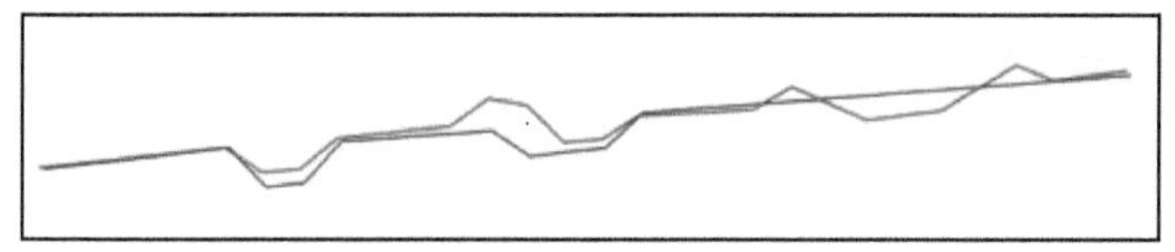

图 3.12　某待匹配双方骨架线

对图 3.12 中骨架线进行几何形态描述，得到其几何形态数据点，并通过正切函数进行数据可视化操作，结果如图 3.13 所示。对图 3.13 中的待匹配骨架线的正切空间图形进行三次样条插值分析，将 $(0,1)$ 区间等分成 50 份，结果如图 3.14 所示。

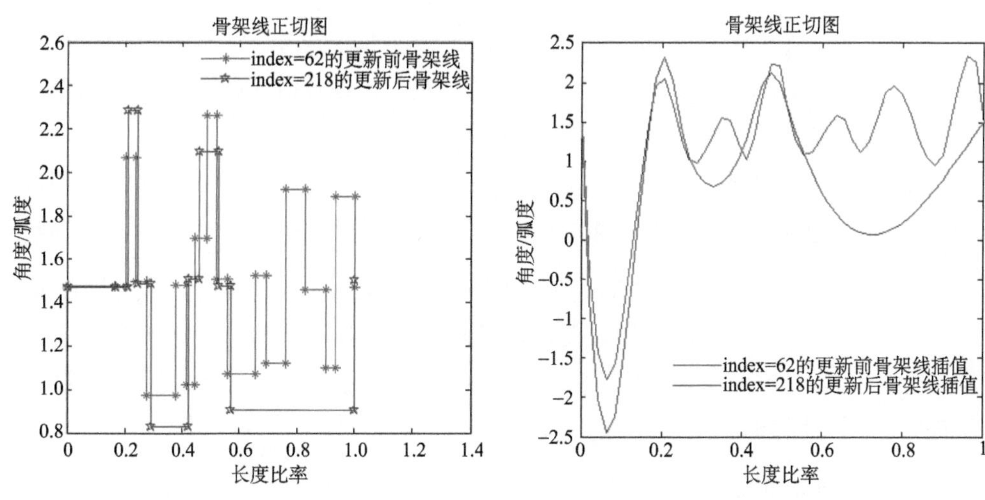

图3.13　骨架线几何形态特征描述数据可视化结果图　　　图3.14　三次样条插值后的效果图

比较图 3.13 与图 3.14 所示的图形，不难发现经过插值计算后的图形，能够更加全面、具体、形象地反映出骨架线的几何形态特征，参与匹配双方的骨架线之间的几何形态差异更为直观、更为贴切。

经过插值分析后，完成了对骨架线的几何形态描述，同时也为后续的骨架线几何形态相似性分析做好了数据准备。本节主要从两个方面对骨架线几何形态的相似性进行分析，一种是通过数据拟合，求取待匹配双方骨架线几何形态图形的积分面积差值率，依据面积差值率的大小进行匹配判断；另一种是通过离散傅里叶变换，求取待匹配双方骨架线几何形态图形的相关系数，依据相关系数的大小进行匹配判断。

2. 骨架线数据拟合

在骨架线几何形态描述的基础上，对得到的离散骨架线几何形态数据点进行数据拟合操作，求取骨架线几何形态特征的函数近似表达式。常用的曲线拟合方法主要有以下3种。

(1)使偏差绝对值之和最小

$$\min_{\varphi}\sum_{i=1}^{m}\left|\delta_i\right|=\sum_{i=1}^{m}\left|\varphi(x_i)-y_i\right| \tag{3.15}$$

(2)使最大偏差绝对值最小

$$\min_{\varphi}\max_{i}\left|\delta_i\right|=\left|\varphi(x_i)-y_i\right| \tag{3.16}$$

(3)使偏差平方和最小

$$\min_{\varphi}\sum_{i=1}^{m}\delta_i^2=\sum_{i=1}^{m}[\varphi(x_i)-y_i]^2 \tag{3.17}$$

本书采用第三种方法进行数据拟合，该方法又称为最小二乘拟合法，由于其拟合精度高而得到广泛应用。以图3.12中所示骨架线为例，经过几何形态描述后，对其进行5次多项式拟合操作，多项函数表达式分别如下：

$$f(x)_{更新前}=-138.6960x^5+361.1984x^4-323.5168x^3+109.1426x^2-6.2188x-0.3332$$

$$f(x)_{更新后}=-209.2563x^5+567.4802x^4-525.7843x^3+184.2935x^2-14.8643x-0.5156$$

在此需要注意的是，对于拟合次数的选择，并非拟合次数越高得到的函数表达式就越准确。若拟合次数过低，所得函数表达式不能真实反映实际情况，导致结果误差过大；若拟合次数过高，拟合后的数据图形，不但不能准确地描述数据信息，反而会明显偏离正确的结果，即所谓的“龙格”现象(刘正君，2009)。

3. 骨架线积分面积差值率计算

在数据拟合操作的基础上，对得到的多项函数表达式进行积分运算，根据运算的结果对待匹配双方骨架线的几何形态进行相似性分析。进行积分运算的形式有两种：一种是积分求面积差值；另一种是积分求距离差值。

1)积分面积差值

计算两条骨架线多项函数表达式图形与纵坐标轴、横坐标轴所围面积之间的差值η，由于面积的计算是通过对多项函数表达式进行定积分运算所得到的，为区别其他面积差，此处称之为积分面积差。计算公式如下：

$$\eta = \int_0^1 \left| f_A(x) - f_B(x) \right| \mathrm{d}x \tag{3.18}$$

2) 积分距离差值

计算两条骨架线多项函数表达式图形之间的距离差 $\rho_{D_{AB}}$，借鉴上文积分面积差值的定义，此处将其称为积分距离差。计算公式如下：

$$\rho_{D_{AB}} = \int_0^1 \left| f_A(x) - f_B(x) \right|^2 \mathrm{d}x \tag{3.19}$$

η 和 $\rho_{D_{AB}}$ 越小，说明图形吻合度越高，骨架线几何形态越近似，其匹配准确率也越高。

此处中采用积分面积差值作为骨架线相似程度的描述依据，它不仅能反映出两条骨架线的几何特征差别，而且通过积分面积差值率还能够反映出这种差异相对骨架线自身几何特征的差别程度。即在区间 (0,1) 上分别对两条骨架线的多项式函数表达式进行定积分运算，然后再求得积分结果的差值。为能够将积分面积差值实现标准统一，将面积差值与较大的积分面积相除，使用积分面积差值率作为骨架线匹配的指标之一，具体计算公式如下：

$$\text{Area\_differ\_rate} = \frac{\left| \int_0^1 f_A(x)\mathrm{d}x - \int_0^1 f_B(x)\mathrm{d}x \right|}{\max\left\{ \left| \int_0^1 f_A(x)\mathrm{d}x \right|, \left| \int_0^1 f_B(x)\mathrm{d}x \right| \right\}} \tag{3.20}$$

4. 基于骨架线积分面积差值率的居民地匹配实验

将两幅同一区域的异源大比例尺城市居民地图，更新前居民地和更新后居民地，经过数据预处理后，对居民地进行面积重叠率计算，将阈值设定为 0，旨在过滤掉新增居民地和已删除居民地，进而保证了匹配的全面性。匹配流程如图 3.15 所示。

1) 骨架线提取和化简

对通过面积重叠率分析的更新前居民地集和更新后居民地集，分别进行骨架线的提取和化简操作。如图 3.16 (a) 为某 1∶1 万的城市更新前居民地数据集，图 3.16 (b) 为对图 3.16 (a) 中的居民地进行骨架线提取并化简后的结果，同理，图 3.17 (a) 为更新后居民地数据集，图 3.17 (b) 为对图 3.17 (a) 中居民地进行骨架线提取并化简后的结果。

2) 骨架线缓冲区分析

在对骨架线进行几何形态描述之前，通过缓冲区分析对骨架线的空间位置相近程度进行检测。将缓冲区半径设定为 2m 时，对图 3.16 (b) 和图 3.17 (b) 中得到的骨架线分别作相同缓冲半径的缓冲区，叠加后如图 3.18 所示。

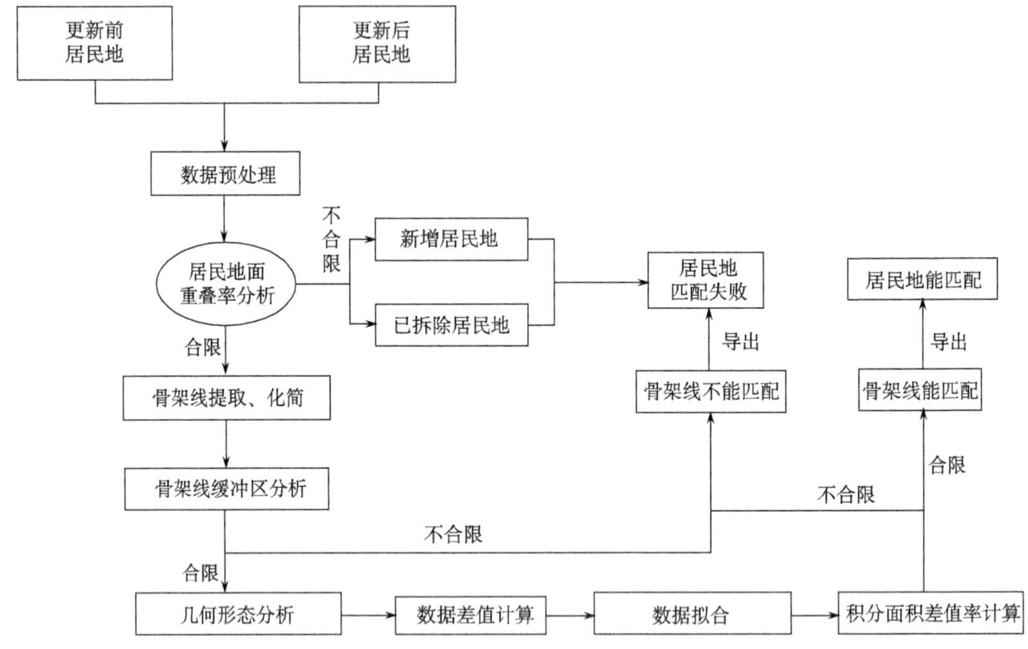

图 3.15　基于骨架线积分面积差值率的匹配流程图

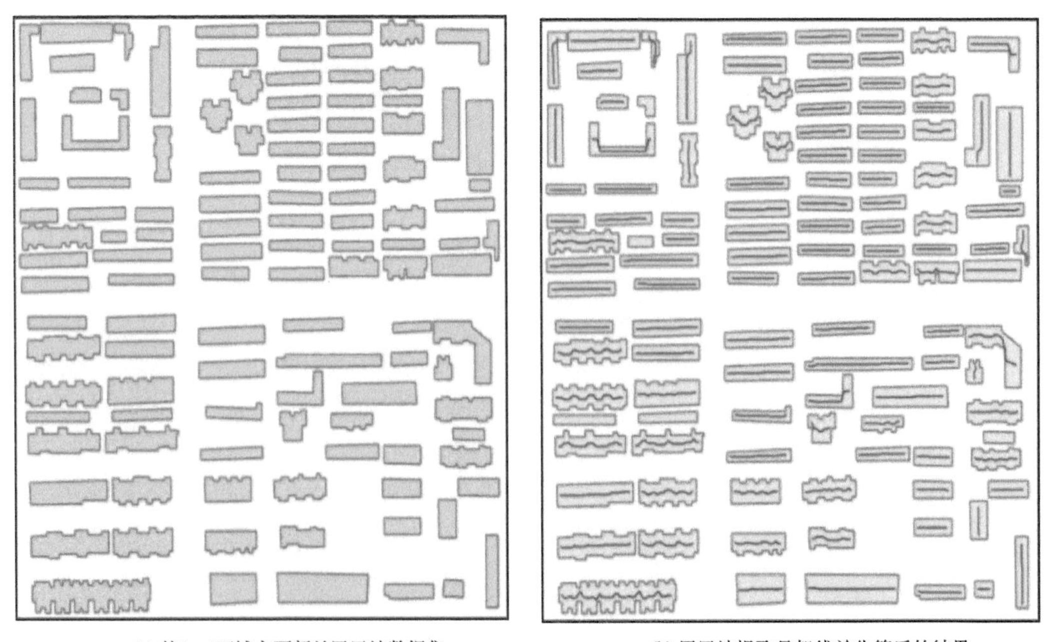

(a) 某1：1万城市更新前居民地数据集　　(b) 居民地提取骨架线并化简后的结果

图 3.16　对更新前居民地提取骨架线并化简后的结果图

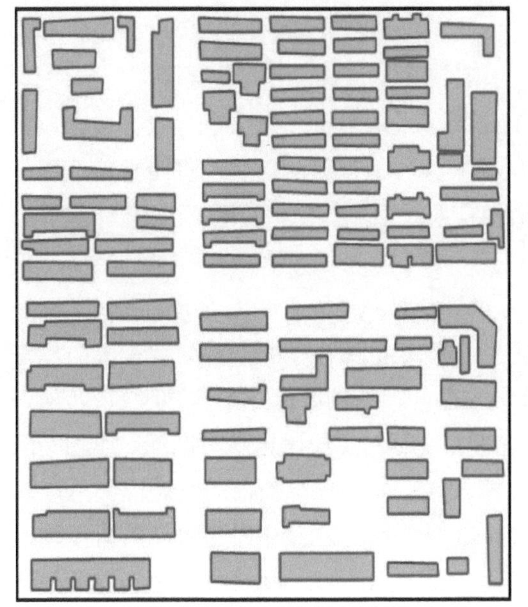

(a) 某1：1万更新后城市居民地图

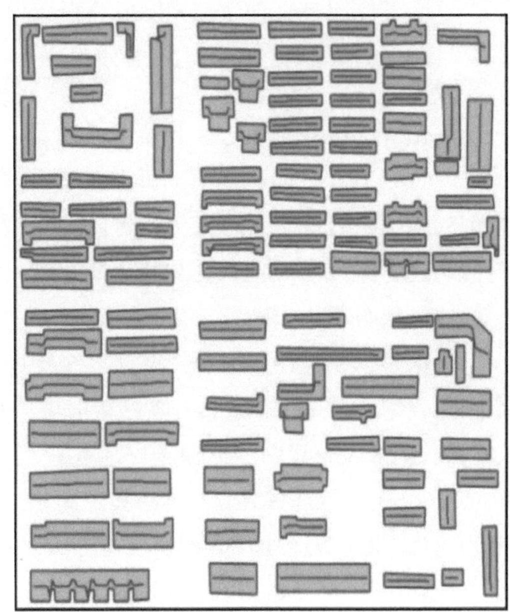

(b) 居民地提取骨架线并化简后的结果

图 3.17　对更新后居民地提取骨架线并化简后的结果图

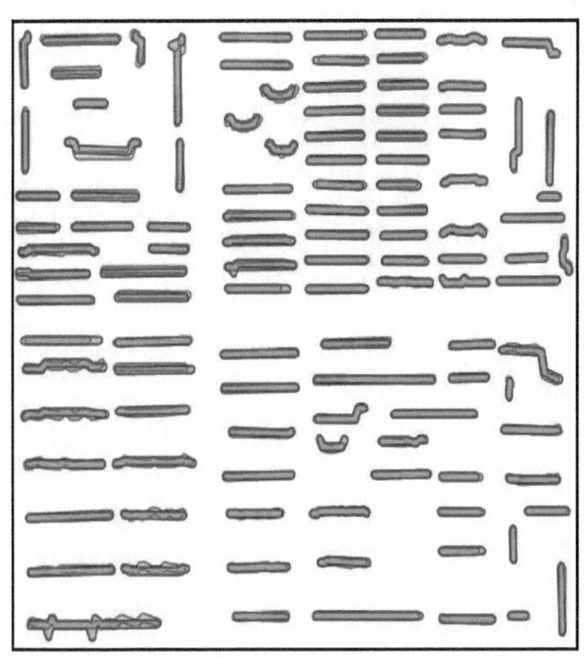

图 3.18　对更新前和更新后居民地骨架线构建缓冲区图

3) 骨架线几何形态描述

对通过骨架线缓冲区分析的待匹配双方骨架线分别进行骨架线几何形态特征描述，得到骨架线几何形态特征点，并采用三次样条插值法进行插值计算，为后续骨架线匹配分析做好数据准备。

4）骨架线匹配分析

根据骨架线几何形态数据点插值计算后的结果，采用最小二乘法进行数据拟合，然后进行骨架线积分面积差值率计算。得到骨架线积分面积差值率以后，将面积差值率与指定的阈值进行比较，若大于指定阈值，则认为骨架线不能匹配，否则，认为匹配成功，进而认定骨架线所对应的居民地能够匹配。

5）结果分析

根据多次实验统计分析，将骨架线缓冲区重叠率阈值设定为0.5，骨架线积分面积差率阈值设定为0.6，共有117块更新前居民地参与匹配，成功匹配居民地99块，匹配失败居民地18块，其中已拆除居民地5块；共有116块更新后居民地参与匹配，成功匹配99块，匹配失败居民地17块，其中新增居民地4块；相对于更新前居民地匹配总成功率为84.62%(99/117)，实际参与匹配成功率为88.4%(99/112)；相对于更新后居民地匹配总成功率为85.34%(99/116)，实际参与匹配成功率为88.4%(99/112)。更新前居民地与更新后居民地之间的匹配关系，如表3.4所示。

表3.4　更新前居民地和更新后居民地匹配结果(部分)

更新前居民地标识号	更新后居民地标识号	面积重叠率	缓冲区面积重叠率	积分面积差值率	匹配结果
5592	134	0.758013	0.895786	0.011857	成功
5598	128	0.218165	0.869011	0.007069	成功
5599	129	0.284001	0.718757	0.012186	成功
5600	131	0.048524	0.924018	0.017665	成功
5602	104	0.036317	0.908739	0.013255	成功
5603	105	0.231496	0.652672	0.005094	成功
5604	106	0.350759	0.630599	0.002665	成功
5591	133	0.088382	0.775303	0.726813	失败
5594	127	0.032508	0.868337	0.999188	失败
5605	108	0.175802	0.640348	0.004691	成功
6511	171	0.012283	0.963711	0.007628	成功
6513	173	0.089121	0.887488	0.001216	成功
6514	174	0.100725	0.839704	0.001950	成功
6517	179	0.002447	0.905311	0.003932	成功
6678	201	0.094332	0.826987	0.610525	失败
⋮	⋮	⋮	⋮	⋮	⋮

相对于骨架线缓冲区法，本方法在继承其优点的基础上，能够反映出骨架线几何形态差异程度的大小，在一定程度上提高了居民地匹配成功率，但是其对骨架线几何形态

细节识别和描述能力还不够强，匹配成功率有待进一步提高。

3.1.5　基于骨架线傅里叶变换的居民地匹配方法

上节在对骨架线几何形态描述的基础上，采用积分面积差值率作为匹配判断依据，相对于骨架线缓冲区法在一定程度上提高了匹配成功率，但是该方法对于骨架线细节特征识别能力仍旧欠佳。傅里叶变换作为线要素匹配中较为成熟的常见算法之一，其变换系数可较好描述线状要素的形态特征，并将形态信息从空间域转化到频率域，特别对几何形态相似性判断具备很强的识别和区分能力，同时借助骨架线平均距离对其空间位置相近程度进行衡量，取得了较好的实验成果。

1. 骨架线平均距离

线与线之间平均距离的计算方式有许多种，本节中介绍的是一种计算平均距离的新方法，其基本思想是通过骨架线的首末端点坐标首先求取过这两点的直线方程，然后计算另一条骨架线上所有结点至该直线的垂直距离，最后求取所有垂直距离的平均值。该距离可以有效反映出待匹配双方骨架线在空间位置上的相近程度。以图 3.19 所示骨架线为例进行分析。

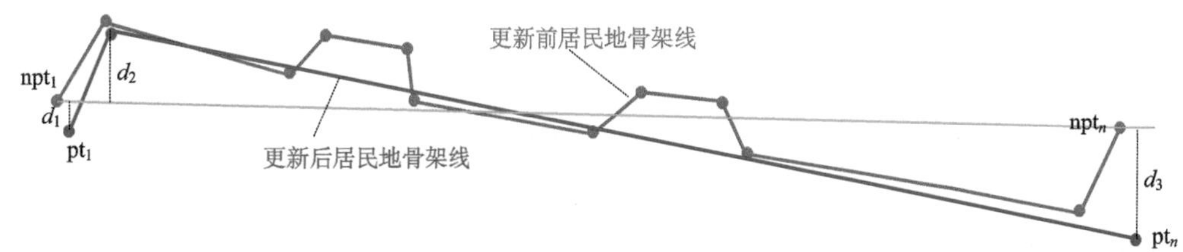

图 3.19　骨架线间的平均距离示意图

由于居民地骨架线多为折线，计算时比较麻烦，在进行距离计算时，只计算特征点到另外一条骨架线首末端点连线之间的平均距离，所以求得的平均距离只是真实平均距离的近似。为表述方便，此处中将提取特征点的骨架线称为分析骨架线，另一条骨架线称为基准骨架线，平均距离计算方法及公式如下：

首先，根据基准骨架线首端点 (x_1, y_1) 和末端点 (x_n, y_n) 的几何坐标，求得过两点的一般直线方程：

$$y - \frac{y_n - y_1}{x_n - x_1}x - y_1 + \frac{y_n - y_1}{x_n - x_1}x_1 = 0 \tag{3.21}$$

令

$$b = -\frac{y_n - y_1}{x_n - x_1}，\quad c = \frac{y_n - y_1}{x_n - x_1}x_1 - y_1$$

将上述方程式简化为

$$y + bx + c = 0 \tag{3.22}$$

其次，求取分析骨架线上各特征点 (x_i, y_i) 到上述直线方程间的平均距离：

$$d_{平均1} = \frac{1}{n}\sum_{i=1}^{n}\left|\frac{x_i + by_i + c}{\sqrt{1+b^2}}\right| \tag{3.23}$$

最后，将分析的两条骨架线进行角色对换，同理可计算出 $d_{平均2}$，然后求得两者的平均值：

$$d_{平均} = \frac{1}{2}\left(d_{平均1} + d_{平均2}\right) \tag{3.24}$$

2. 骨架线离散傅里叶分析

在骨架线几何形态描述的基础上，对骨架线的几何形态数据进行离散傅里叶变换，其主要变换过程(何光愈，2002)如下。

令 $\omega_n = \mathrm{e}^{-i2\pi/n}$，对于 N 个离散数据点 x_k (k=0,1,⋯,N–1)，进行如下变换：

$$y_m = \sum_{k=1}^{n-1} x_k \omega_n{}^{mk} \tag{3.25}$$

经过离散傅里叶变换，将各个离散数据点 x_k 分解为它的基本频率的组合，也就是变换之后的 y 的各个分量。

为提高算法的计算效率，本节中采取离散傅里叶变换中的快速傅里叶变换，其变换过程为

$$y(m) = \sum_{i=1}^{N} x(k)\mathrm{e}^{-i2\pi(m)\left(\frac{k}{N}\right)} \tag{3.26}$$

骨架线几何形态数据经过离散傅里叶变换后，所得到结果主要由两个部分组成，即实数部分和虚数部分，以图 3.14 中所示的骨架线几何形态数据为例，经过离散傅里叶变换后，其数据可视化结果如图 3.20 和图 3.21 所示。

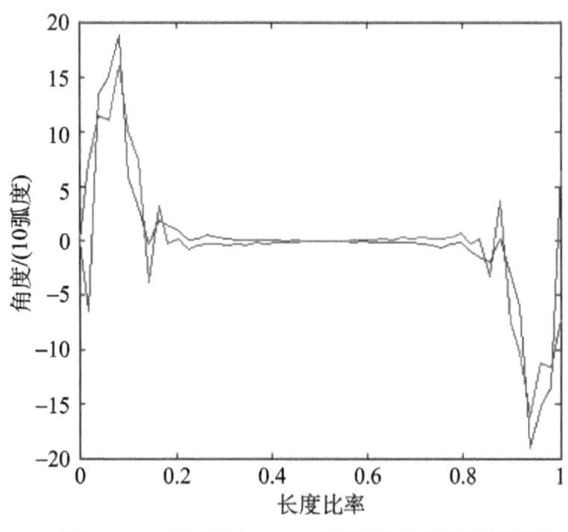

图 3.20 骨架线 DFT 变换后实部数据图像

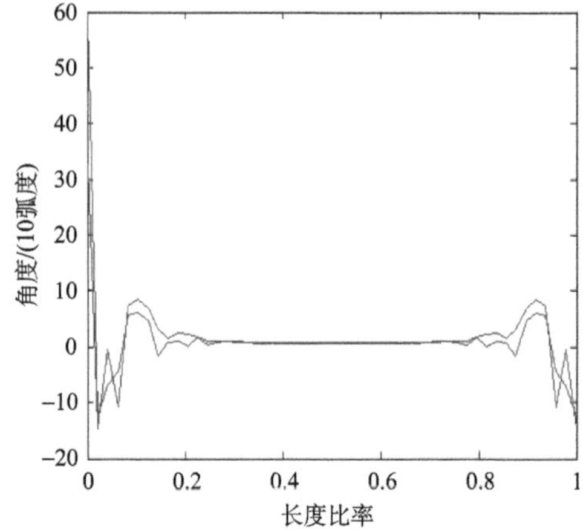

图 3.21 骨架线 DFT 变换后虚部数据图像

将图 3.14 与图 3.20、图 3.21 所示的图形相对比可发现，经过傅里叶变换后，骨架线的几何形态特征得到了更加详细的描述，尤其是骨架线之间的几何特征差别可更加细致准确体现。

3. 骨架线相关系数计算

为便于对待匹配双方骨架线进行匹配判断，需要将相似性分析的结果进行量化表示，本节采用相关系数法对离散傅里叶变换之后的骨架线几何形态特征进行量化描述。离散相关系数的定义(徐建华，2002)如下文评述。

设$\{g_k\}$和$\{h_k\}$为两个未经傅里叶变换的离散数组，$k=1,2,\cdots,n$，则$\{g_k\}$与$\{h_k\}$的离散相关系数 C_{gh} 的一般计算公式为

$$C_{\mathrm{gh}}=\frac{\sum_{i=1}^{n}(g_i-\overline{g})(h_i-\overline{h})}{\sqrt{\sum_{i=1}^{n}(g_i-\overline{g})^2}\sqrt{\sum_{i=1}^{n}(h_i-\overline{h})^2}} \tag{3.27}$$

其中，$\overline{g}$ 和 $\overline{h}$ 分别为$\{g_k\}$和$\{h_k\}$的平均值，其计算公式分别为

$$\overline{g}=\frac{1}{n}\sum_{i=1}^{n}g_i\,,\qquad \overline{h}=\frac{1}{n}\sum_{i=1}^{n}h_i$$

本节在离散傅里叶变换的基础上求取相关系数，根据相关离散定理(何光愈，2002)，如果$\{g_k\}$和$\{h_k\}$经过离散傅里叶变换后分别为$\{G_k\},\{H_k\}$，则 C_{gh} 等于$\{G_k\}\cdot\{H_k\}^*$的逆离散傅里叶变换，其中星号表示复共轭。其中，逆离散傅里叶变换的一般过程为

$$x_k=\frac{1}{n}\sum_{k=1}^{n}y_m\omega_n^{-mk}\quad(k=1,2,\cdots,n) \tag{3.28}$$

根据上述分析结果，设未经傅里叶变换之前的待匹配双方骨架线的几何形态描述数据分别为$\{g_k\}$和$\{h_k\}$，对其进行离散傅里叶变换的结果分别为$\{G_k\},\{H_k\}$。令 DFT 和 DFT^{-1} 分别代表离散傅里叶变换和逆离散傅里叶变换，则

$$\{G_k\}=\mathrm{DFT}(g_k)$$
$$\{H_k\}=\mathrm{DFT}(h_k)$$

令 $Z=\{G\}\cdot\{H\}^*$，其中$\{H\}^*$为表示$\{H\}$的复共轭，对 Z 进行逆傅里叶变换，其结果即为离散相关系数，相关计算公式为

$$C_{\mathrm{gh}}=\mathrm{DFT}^{-1}\{Z\}=\mathrm{DFT}^{-1}\{\{G\}\bullet\{H\}^*\}=\mathrm{DFT}^{-1}\{\{\mathrm{DFT}(g_k)\}\bullet\{\mathrm{DFT}(h_k)\}^*\} \tag{3.29}$$

相关系数的值域为[−1,1]区间，当 $C_{\mathrm{gh}}>0$ 时，表示两要素同向相关，否则，表示异向相关，C_{gh} 的绝对值越接近 1，表示两数组的相似性越高；越接近 0，表示两数组的相似性越低。本节中，由于在进行骨架线几何形态描述时，统一了骨架线描述的起始点，从而保证了待匹配双方骨架线的几何形态描述数据的同向性，所以本节中离散相关系数的

取值区间为[0,1]。

待匹配双方骨架线几何特征的相关系数，是相似性分析的结果，也是进行匹配判断的依据，将其与指定阈值进行比较，若大于阈值，则认为骨架线匹配成功，否则，认为匹配失败。

4. 基于骨架线傅里叶变换的居民地匹配实验

有两幅同一区域的异源大比例尺城市居民地数据，第一，对其进行匹配前的数据预处理，并提取骨架线；第二，对原始居民地、待匹配居民地进行面积重叠率分析和骨架线平均距离计算，过滤出新增居民地和已删除居民地，并把符合匹配要求的居民地提取出来；第三，进行骨架线几何形态描述和几何形态数据插值计算；第四，对几何形态数据进行离散傅里叶变换；最后求取匹配双方骨架线的离散相关系数，并根据其进行匹配判断，求取匹配结果。详细匹配流程如图 3.22 所示。

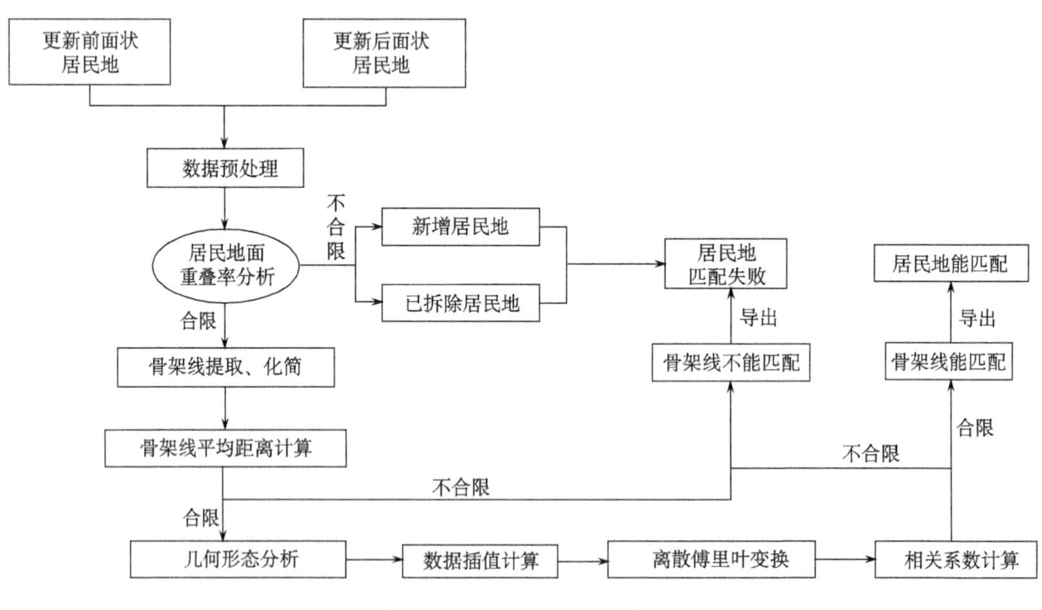

图 3.22　基于骨架线傅里叶变换的居民地匹配流程图

1) 骨架线提取和化简

对通过面积重叠率分析的更新前居民地集和更新后居民地集，分别进行骨架线的提取和化简操作。图 3.23(a)为某 1∶1 万的城市更新前居民地数据集，图 3.23(b)为对图 3.23 (a)中的居民地进行骨架线提取，并化简后的结果，同理，图 3.24(a)为更新后居民地数据集，图 3.24 (b)为对图 3.24 (a)中居民地进行骨架线提取，并化简后的结果。

2) 插值计算

对通过平均距离分析的骨架线首先进行几何形态描述，然后根据得到的几何形态数据点进行插值计算，本实验采用三次样条插值法进行计算。

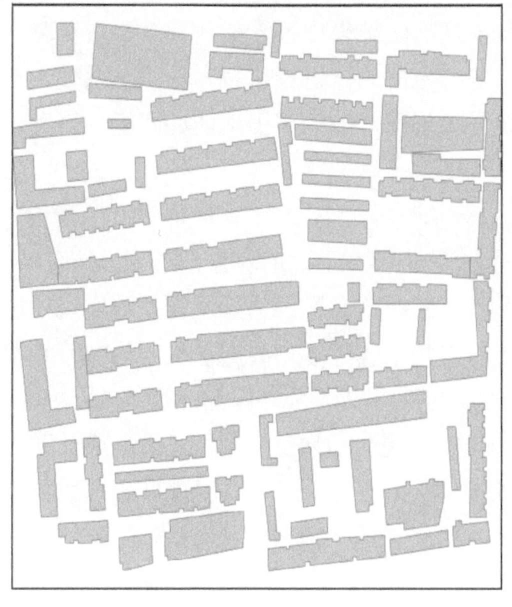

(a) 某1：1万城市更新前居民地数据集

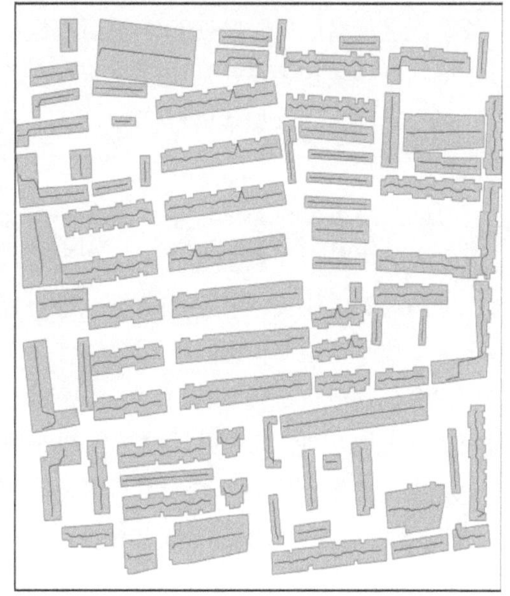

(b) 居民地提取骨架线并化简后的结果

图 3.23　对更新前居民地提取骨架线并化简后的结果图

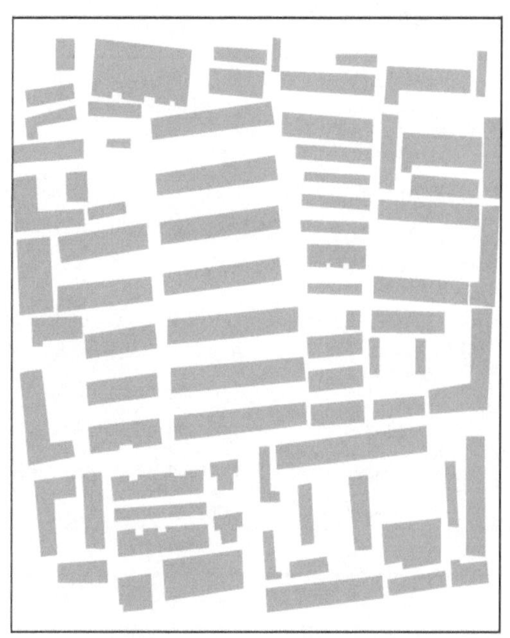

(a) 某1：1万城市更新后居民地数据集

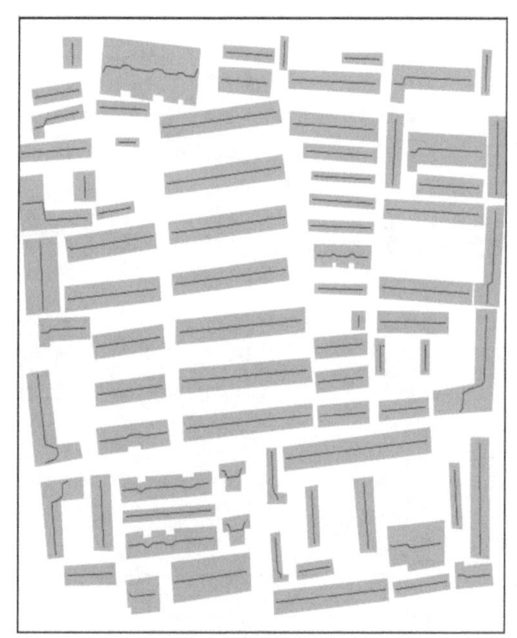

(b) 居民地提取骨架线并化简后的结果

图 3.24　对更新后居民地提取骨架线并化简后的结果图

3) 傅里叶变换及相关系数计算

根据上述三次样条插值结果，分别对更新前骨架线的相关数据和更新后骨架线的相关数据，进行离散傅里叶变换，然后再根据数据变换的结果进行骨架线相关系数计算。

得到骨架线相关系数后，首先将相关系数与指定的阈值进行比较，若相关系数大于指定阈值，则认为骨架线能够匹配，进而认定骨架线所对应的居民地能够匹配，否则，认为匹配失败。

4)匹配结果分析

本实验中将面积重叠率阈值设定为 0，即只要面积存在重叠的对象都进行匹配分析，旨在过滤掉新增居民地和已删除居民地，保证了匹配的全面性。另外，在算法实现中借鉴了骨架线平均距离指标，根据多次实验分析，将骨架线平均距离阈值设定为 3，骨架线相关系数阈值设定为 0.6，有 81 块更新前居民地参与匹配，成功匹配居民地 72 块，匹配失败居民地 9 块，其中已拆除居民地 5 块；有 77 块更新后居民地参与匹配，成功匹配 72 块，匹配失败居民地 5 块，其中新增居民地 1 块；相对于更新前居民地匹配总成功率为 88.89%，实际参与匹配成功率为 94.74%；相对于更新后居民地匹配总成功率为 93.51%，实际参与匹配成功率为 94.74%。居民地匹配关联关系如表 3.5 所示。

表 3.5　更新前居民地和更新后居民地匹配关系(部分)

更新前居民地标识号	更新后居民地标识号	面积重叠率	骨架线平均距离	骨架线相关系数	匹配结果
6992	14675	0.102925	0.554575	1.000000	成功
6995	14669	0.028751	0.252993	1.000000	成功
6996	14668	0.164594	0.963280	1.000000	成功
7002	14620	0.051898	0.612001	1.000000	成功
7003	14623	0.079020	0.492520	1.000000	成功
7006	14658	0.109018	0.954308	1.000000	成功
7008	14657	0.218255	0.523051	1.000000	成功
7012	14628	0.041869	0.359458	0.546316	失败
11676	14645	0.039055	0.517171	1.000000	成功
11677	14644	0.116173	0.811570	1.000000	成功
11679	14652	0.100874	0.428561	1.000000	成功
14456	14612	0.971169	3.675674	0.708623	失败
⋮	⋮	⋮	⋮	⋮	⋮

本算法除具备降维技术的一般优点外，傅里叶变换系数可较好描述线状要素的几何形态特征，并将形态信息从空间域转化到频率域，特别对几何形态相似性判断具备很强的识别和区分能力，取得了较好的实验效果。

3.2　基于城市骨架线网眼的居民地一对多匹配模式分析

目前，对于大比例尺城市居民地的匹配研究，大多数算法是针对单个居民地图形进行相似性分析，而不同居民地相互之间并非孤立的。考虑到居民地及其相互关系，这种相互关系可以通过空白区域来表达，空白区域又可以用其骨架线来表达，可通过空白区域骨架线网眼匹配实现居民地匹配。城市空白区域骨架线网眼与面状居民地相比，有效扩展居民地的匹配范围，使分散居民地匹配转化为相邻骨架线网眼匹配，可有效降低匹配过程中的不确定性。本节基于城市骨架线网眼提出一种大比例尺城市面状居民地一对多匹配方法，该方法通过网眼的匹配来实现面状居民地一对多模式的匹配。

3.2.1　城市骨架线网眼与居民地关联关系分析

城市骨架线网眼是居民地、道路以及空白区域三者相互关联的产物，集中体现了三者的空间形态特征和方位关系。其特征有以下几点：

(1) 在对空白区域骨架线提取时，将道路网融入了进来，在道路存在的空白区域，其骨架线用道路代替，从而使道路网成为空白区域骨架线的一部分，使得道路网匹配可以有效约束居民地匹配。

(2) 空白区域骨架线网的每个网眼内包含居民地的数量包括两种情况，一种是一个骨架线网眼内唯一包含一块居民地，另一种是一个骨架线网眼内包含多块相邻居民地。后一种情况可以很方便地将相邻居民地中一对多和多对多的匹配模式转化为一对一匹配模式，如图 3.25 和图 3.26 所示，其中最外围边框为空白区域骨架线网眼。

图 3.25　相邻居民地一对多匹配模式转化示意图　　图 3.26　相邻居民地多对多匹配模式转化示意图

(3) 空白区域骨架线网眼的轮廓不但能够反映所包含居民地的轮廓特征，同时也兼顾了周围其他居民地的轮廓特征。

(4) 空白区域网眼不但涵盖了所包含的居民地范围，也有机分割了居民地之间的空白区域，比所包含的居民地范围更为广泛，匹配的包容性更强。

(5) 空白区域网眼之间是无缝连接的，空间关系探测十分方便，能很方便地解决骨架线网眼匹配中出现的一对多匹配情况。

综上分析，对城市骨架线网眼实施匹配，是有效解决居民地匹配的一种便捷途径。

3.2.2 基于城市骨架线网眼的居民地一对多匹配模式

城市骨架线网眼之间是无缝连接，相对于普通面要素匹配，具备十分明显的优势，如能方便地构建面要素之间的空间拓扑关系，可以很好地解决面要素匹配中的一对多匹配情况。

1. 骨架线网眼匹配模式分析

骨架线网眼匹配模式同一般面要素匹配模式相同，可分为 1∶0 模式、1∶1 模式、1∶*N* 模式、*N*∶*M* 模式。由于在提取城市骨架线网之前，对待匹配双方空间数据集进行了面积重叠率分析，将新增居民地和已拆除居民地进行了过滤，所以对于骨架线网眼的匹配模式分析中暂不考虑 1∶0 匹配模式。重点对 1∶1 匹配模式(其中包括相邻居民地的一对多模式和多对多模式)、1∶*N* 匹配模式进行匹配分析。对于 *N*∶*M* 匹配模式，可通过分层次匹配来实现，即依据网眼之间的无缝连接，先对 1∶1 和 1∶*N* 匹配模式的网眼进行匹配，而后通过已匹配网眼的拓扑约束完成 *N*∶*M* 匹配模式的网眼。*N*∶*M* 关系匹配，暂不在此处讨论。在进行匹配操作之前，需首先将 1∶*N* 匹配模式进行模式转换，使匹配模式统一为 1∶1 匹配模式。

2. 一对多匹配模式转换

对于骨架线网眼中存在的 1∶*N* 匹配模式，本节采用模式转换的方法将其转换到 1∶1 匹配模式下再进行匹配分析。通过面积重叠率分析，将面积重叠率大于指定阈值的面对象加入到候选匹配目标集合中，然后对集合中的任意两个骨架线网眼进行面合并操作，将新合并的面对象再进行面积重叠率分析，如果面积重叠率大于指定阈值，则将新合并面对象与集合中的下一个面对象进行合并，否则，取消合并操作，重新选取下一对待匹配面对像进行分析，以次迭代，直至完成候选匹配集中所有对象完成匹配。上述流程如图 3.27 如示。

在一对多匹配模式转换过程中，公共边检测以及网眼合并是算法实现的关键点。在公共边检测时，首先提取下面重点对其进行介绍分析。

1) 骨架线网眼公共边判断

从候选匹配目标集合中提取的两个网眼可能不是相邻的，若对其进行了合并操作，则势必影响到后续网眼的分析，如图 3.28 所示。

如果将提取到的网眼 *A* 和网眼 *D* 进行了面合并操作，则新合成的骨架线网眼对网眼 *B* 和网眼 *C* 造成了压盖，直接影响到其后续分析，有可能造成网眼分析的错误或者遗漏。所以在进行面要素合并操作之前，首先判断提取得到的两个网眼是否存在公共边，只有

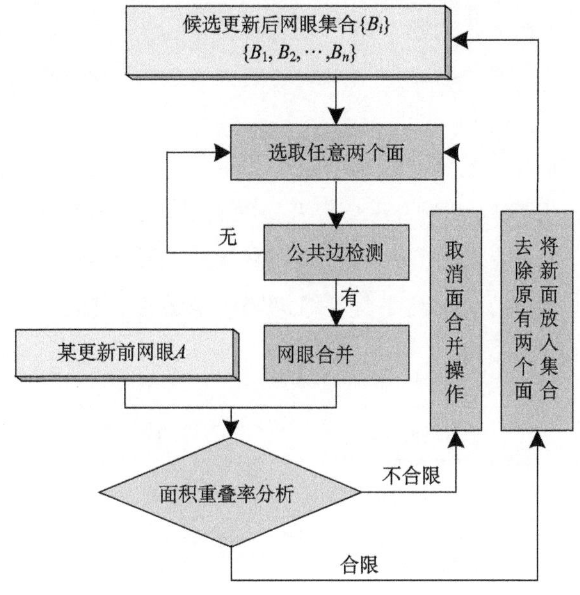

图 3.27　一对多匹配模式转换流程图

两个网眼存在公共边，才存在合并的可能，从而保证实施合并操作的两个网眼为相邻的网眼。

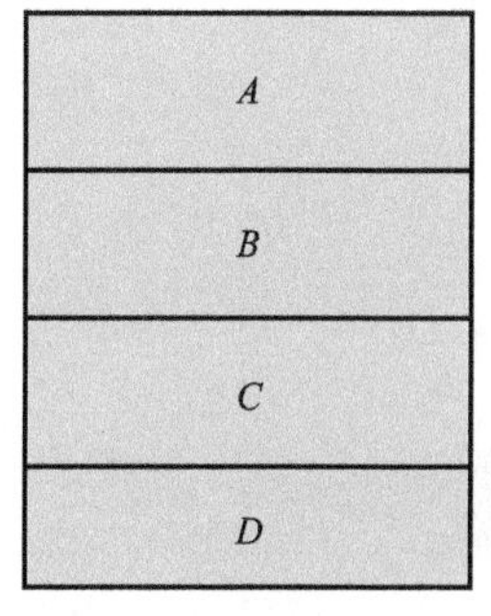

图 3.28　相邻网眼示意图

需要注意的是，当骨架线眼面轮廓多边形的起始点不在公共边上时，通过对相邻的网眼进行相同点检测，可以很方便地提取到网眼的公共边，但是，当骨架线网眼轮廓多边形的起始点在公共边上时，一定要对提取到的所有公共边进行重新排序，否则画出的公共边会出现异常。以图 3.29 所示相邻骨架线网眼为例，骨架线网眼 A 的起始点 P_0 在公共边上，其公共点排序前后的公共边如图 3.30 所示。

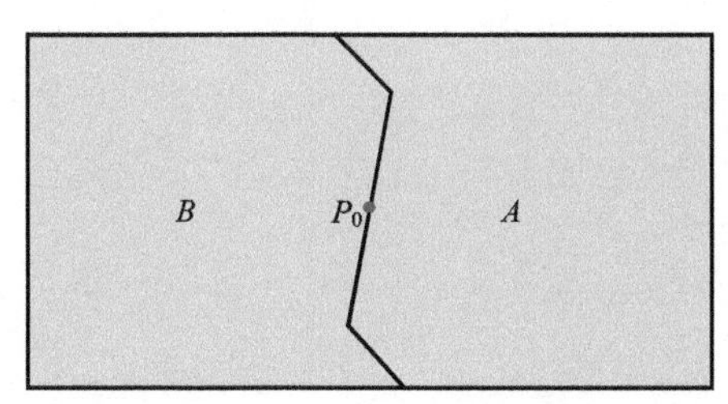

图 3.29　起始点在公共边上相邻网眼示意图

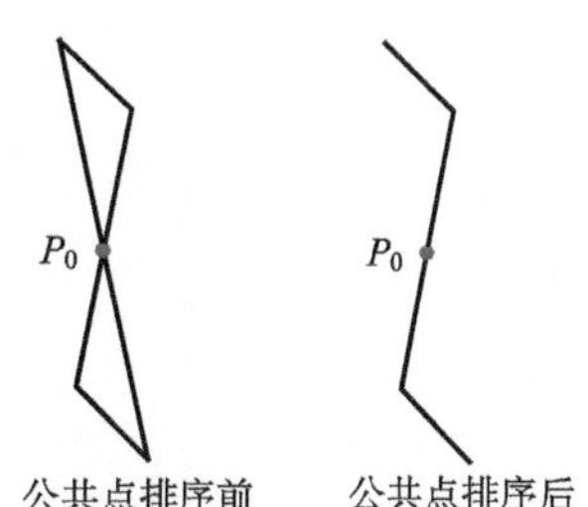

图 3.30　公共点排序前后公共边示意图

得到相邻网眼的公共边后，将其与更新前网眼进行位置关系判断，如果公共边全部或者大部分落在更新前骨架线网眼内，则将两个更新后骨架线网眼进行合并。对于公共边与更新前骨架线网眼的位置判断，本节采用对公共边进行缓冲区构造，然后计算缓冲区与更新前骨架线网眼的重叠率，依据重叠率的大小进行位置判断。

2) 网眼合并

骨架线网眼合并作为匹配模式转换中最为关键的一步，其合并形式与制图综合中的面合并稍有不同，首先参与合并的两个骨架线网眼必须为相邻面要素，其次，骨架线网眼之间是无缝连接，这就要求合并后的骨架线网眼外围轮廓要保持不变。本节对于骨架线网眼的合并方法采用的是一种基于骨架线网眼轮廓结点下标进行合并的方法。算法流程如图 3.31 所示。

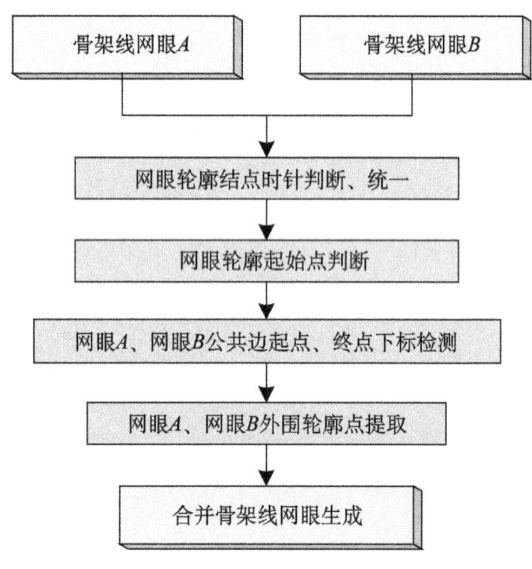

图 3.31　骨架线网眼合并流程图

该算法的核心在于骨架线网眼轮廓的起始点判断、公共边的起点及终点下标判读以及轮廓点的提取存储的顺序。以图 3.32 所示相邻骨架线网眼 A、B 为例进行详细分析。

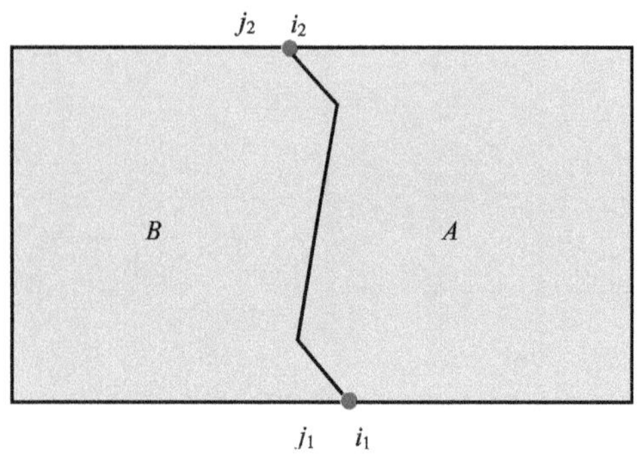

图 3.32　相邻骨架线网眼合并示意图

本书将骨架线网眼 A、网眼 B 轮廓结点的时针顺序统一为逆时针方向。假设骨架线网眼 A 轮廓多边形共有 N 个结点，其公共边的起始点和终点的下标分别为 i_1、i_2，骨架线网眼 B 轮廓多边形共有 M 个结点，其公共边的起始点和终点的下标分别为 j_1、j_2。

如果网眼 A、网眼 B 轮廓的起始点均在公共边上，则 $i_1 < i_2$，$j_1 > j_2$，且 $i_2 - i_1 > N/2$，$j_1 - j_2 > M/2$，将网眼 A 轮廓结点从下标 i_1 至 i_2 的顺序，逐个提取并保存，然后再按从 j_2 至 j_1 的顺序逐个提取网眼 B 轮廓结点并保存。

如果网眼 A 轮廓的起始点在公共边上，网眼 B 轮廓的起始点不在公共边上，则 $i_1 < i_2$，$j_1 < j_2$，$i_2 - i_1 > N/2$，$j_2 - j_1 < M/2$，将网眼 A 轮廓结结从下标 i_1 至 i_2 的顺序，逐个提取并保存，然后再按从 j_2 至 M–1，0 至 j_1 的顺序逐个提取网眼 B 轮廓结点并保存。

如果网眼 A 轮廓的起始点不在公共边上，网眼 B 轮廓的起始点在公共边上，则 $i_1 > i_2$，$j_1 > j_2$，$i_1 - i_2 < N/2$，$j_1 - j_2 > M/2$，将网眼 A 轮廓结点从下标 0 至 i_2 的顺序，逐个提取并保存，然后按从 j_2 至 j_1 的顺序逐个提取网眼 B 轮廓结点并保存，最后按从 i_1 至 N–1 的顺序逐个提取网眼 A 轮廓结点并保存。

如果网眼 A、网眼 B 轮廓的起始点均不在公共边上，则 $i_1 > i_2$，$j_1 < j_2$，$i_1 - i_2 < N/2$，$j_2 - j_1 < M/2$，将网眼 A 轮廓结点从下标 i_1 至 N–1，0 至 i_2 的顺序逐个提取并保存，然后再按从下标 j_2 至 M–1，0 至 j_1 的顺序逐个提取网眼 B 轮廓结点并保存。

最后，将获得骨架线网眼的外围轮廓结点集合生成新的面要素，即是所求的合并后的骨架线网眼。

经过骨架线网眼匹配模式判断和匹配模式统一后，城市骨架线网眼匹配模式统一为 1∶1 匹配。

3.2.3　基于城市骨架线网眼的居民地一对多匹配实验

将两幅同一区域的异源相近或相同比例尺城市数据集，更新前城市数据集和更新后城市数据集，首先进行匹配前的数据预处理，然后对更新前、后城市数据集中的面状居民地图形进行面积重叠率分析，过滤出新增居民地和已拆除居民地，然后提取城市骨架线网进行匹配操作。具体匹配流程如图 3.33 所示。

1. 城市骨架线网提取

对某城市 1∶10000 更新前空间数据集和更新后空间数据集进行数据预处理和面积重叠率分析后，如图 3.34 和图 3.35 所示，分别进行城市骨架线网提取，结果如图 3.36 和图 3.37 所示。

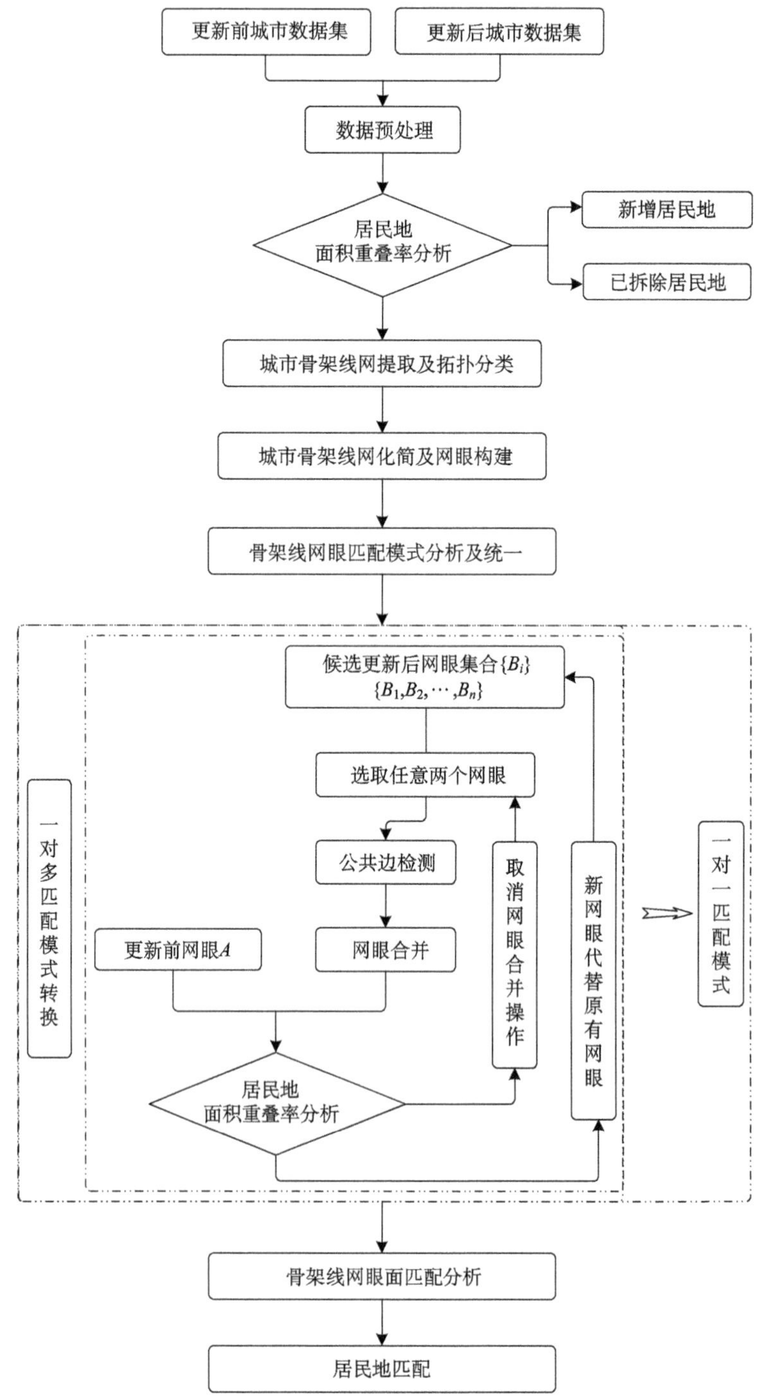

图 3.33　约束城市骨架线网匹配流程图

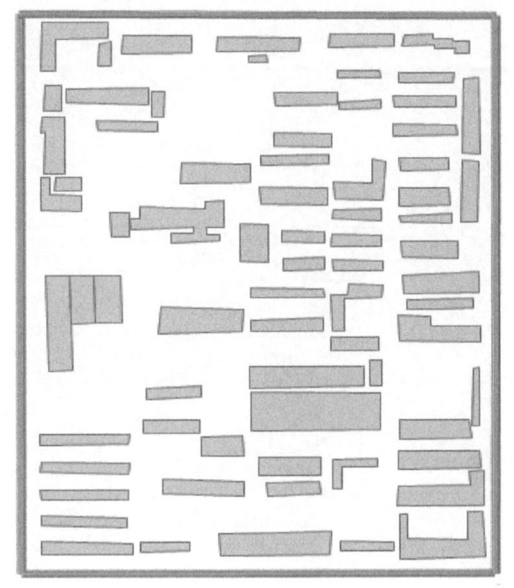

图 3.34　某城市 1∶10000 更新前空间数据集

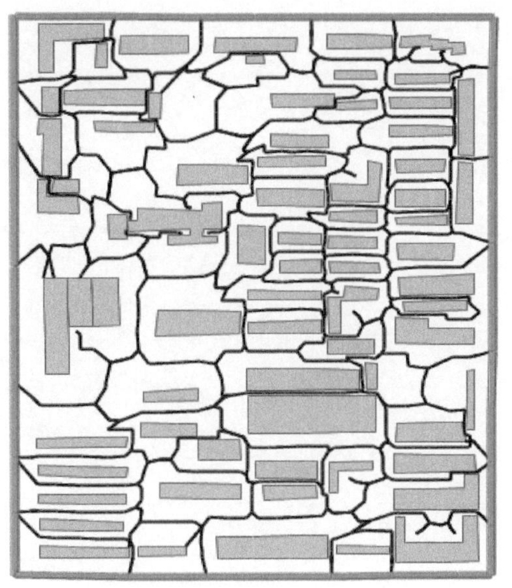

图 3.35　更新前空间数据骨架线网

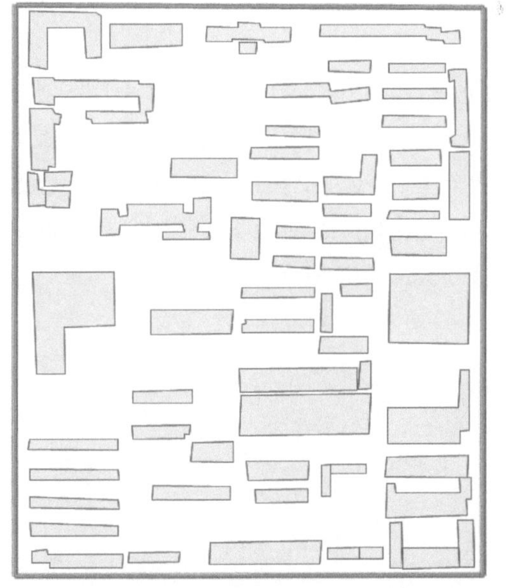

图 3.36　某城市 1∶10000 更新后空间数据集

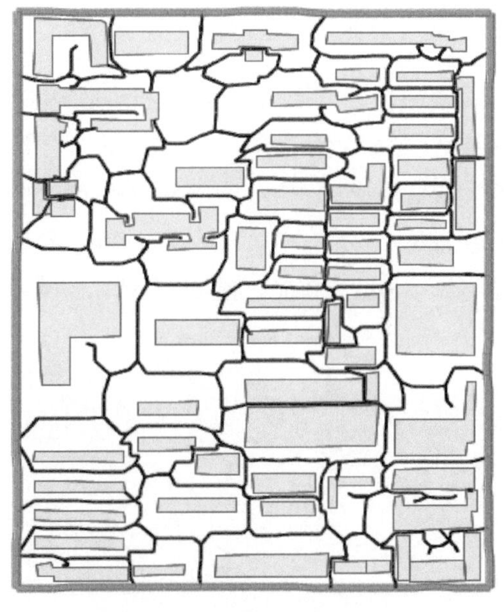

图 3.37　更新后空间数据骨架线网

2. 骨架线网眼构建

在构建骨架线网眼之前，首先对骨架线进行拓扑判断，然后根据每条骨架线的拓扑属性对其进行化简，最后构建城市骨架线网眼，更新前城市骨架线网眼如图 3.38 所示，更新后城市骨架线网眼如图 3.39 所示。

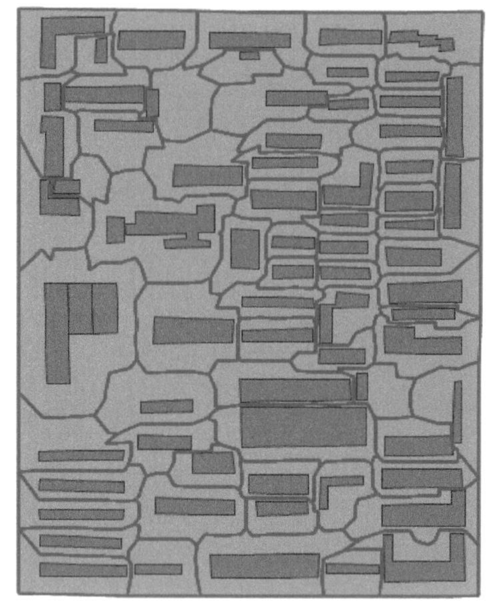
图 3.38　更新前城市骨架线网眼

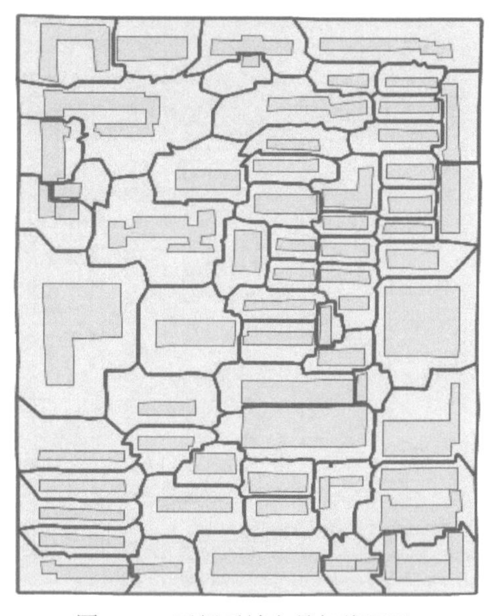
图 3.39　更新后城市骨架线网眼

3. 骨架线网眼匹配模式统一

根据骨架线网眼的面积重叠率确定待匹配对象集合，对待匹配对象集合中的网眼进行公共边检测，对存在公共边的网眼进行合并，对新合并的网眼进行面积重叠率分析，若大于指定阈值则予以保留，并用新合并网眼代替原有两个网眼，否则，撤销面合并操作，以此迭代，直至完成集合中所有对象的分析，将 1∶*N* 匹配模式统一到 1∶1 匹配模式。经过匹配模式统一后的更新前、后城市骨架线网眼分别如图 3.40 和图 3.41 所示。

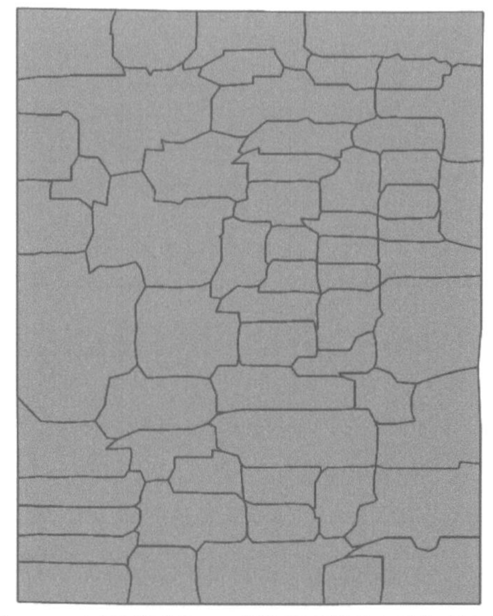
图 3.40　匹配模式统一后的更新前城市骨架线网眼

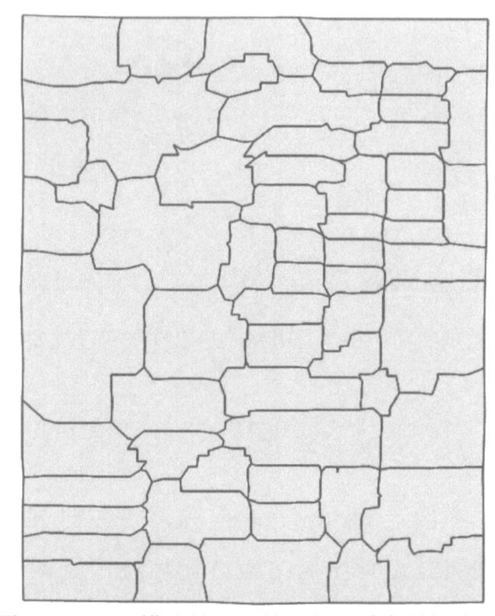
图 3.41　匹配模式统一后的更新后城市骨架线网眼

4. 网眼匹配分析

经过匹配模式统一后，共有 60 块待匹配骨架线网眼参与匹配，在此采用基于傅里叶变换法对 1∶1 模式的网眼进行匹配分析。完成骨架线网眼匹配后，将网眼与居民地相关联，得出最终居民地匹配结果，如表 3.6 所示。

表 3.6　基于城市骨架线网眼的居民地匹配结果(部分)

更新前居民地标识号	更新后居民地标识号	网眼面积重叠率	网眼骨架线平均距离	网眼骨架线相关系数	匹配结果
1	1	0.920170	1.190161	0.739486	成功
3		0.920170	1.190161	0.739486	成功
2	2	0.915178	2.422085	0.922197	成功
4	6	0.942648	2.804013	0.608128	成功
5		0.942648	2.804013	0.608128	成功
6		0.942648	2.804013	0.608128	成功
7		0.942648	2.804013	0.608128	成功
13	8	0.949847	4.178271	0.246618	失败
14	85	0.971024	2.894072	0.921100	成功
70	74	0.915021	1.187462	0.798424	成功
	76	0.915021	1.187462	0.798424	成功
	80	0.915021	1.187462	0.798424	成功
⋮	⋮	⋮	⋮	⋮	⋮

根据表 3.6 中匹配结果统计得到，有 73 块更新前居民地参与匹配，成功匹配 70 块，其中有两组相邻居民地(一组三块相邻，一组两块相邻)，成功率 95.89%(70/73)；有 67 块更新后居民地参与匹配，成功匹配 64 块，其中五组相邻居民地(一组三块相邻，四组两块相邻)，1∶N 模式匹配，匹配成功率为 95.52%(64/67)。实验验证了本算法的可行性和科学性。

3.3　基于对偶图理论和骨架线网眼的居民地匹配方法

多源居民地数据间往往存在一定的位置偏差，这种偏差即使通过系统误差改正也可能无法完全消除。位置偏差使得一些常用的较为依赖位置邻近度的面状要素匹配方法的匹配正确率受到了较大影响。因此，需要对存在位置偏差的居民地要素匹配进行单独讨论，本节提出一种基于对偶图理论和骨架线网眼的居民地匹配方法，详细阐述了该方法的实现过程，并通过对比实验验证了本方法的有效性和正确性。

3.3.1　居民地匹配转化为骨架线网眼匹配

对居民地数据构建相应的城市骨架线网并提取对应的骨架线网眼，根据“每个骨架线网眼中有且只包含一个居民地”这一特点可以将居民地匹配转化为骨架线网眼匹配，因为这种对应关系确保了两个互相匹配的居民地其所包含于的骨架线网眼之间也一定互相匹配，反之，两个互相匹配的骨架线网眼，其内部包含的居民地也一定互相匹配。因此，匹配转化能够确保匹配结果的正确性。通过匹配转化，能够避开对存在位置偏差的居民地要素直接进行匹配，由于骨架线网眼间的位置偏差得到了一定程度的削弱，所以骨架线网眼间的匹配更有保证。

将居民地匹配转化为骨架线网眼匹配方法是：建立骨架线网眼和其包含的居民地之间的一一映射关系，具体通过建立骨架线网眼 ID 号与其包含的居民地 ID 号之间的关联关系来实现。如图 3.42(a)所示，每个骨架线网眼中均只包含一个居民地要素，所以对其 ID 号进行关联，得到图 3.42(b)所示的映射关系，该映射关系十分重要，它是由骨架线网眼匹配结果转化得到居民地匹配结果的重要依据。

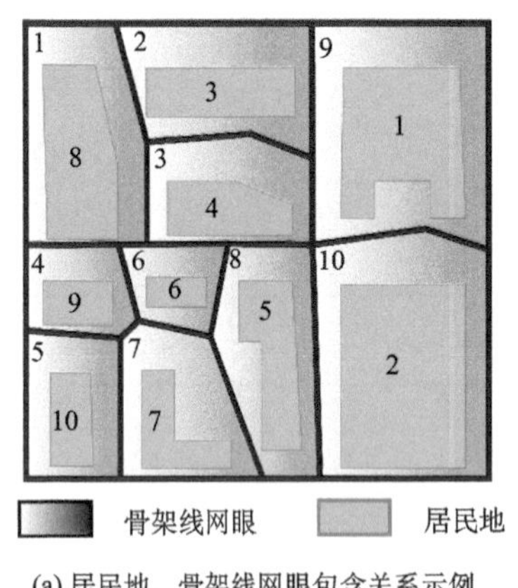

(a) 居民地、骨架线网眼包含关系示例

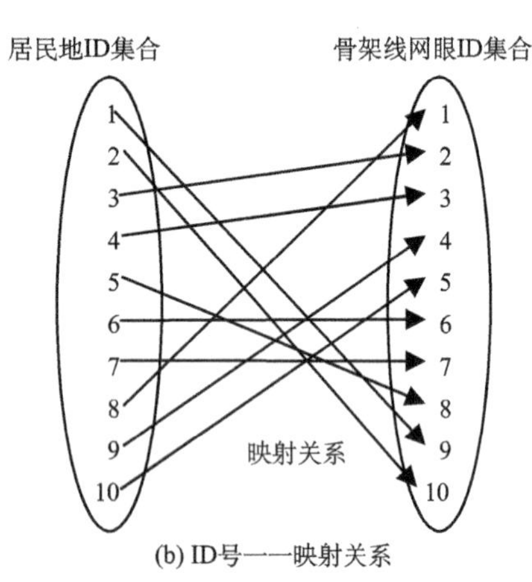

(b) ID号一一映射关系

图 3.42　居民地和骨架线网眼一一映射关系建立

对匹配对象进行转化后，匹配过程不直接对居民地匹配，而是对骨架线网眼进行匹配，一一映射关系决定了两个互相匹配的骨架线网眼中所包含的两个居民地也一定互相匹配，从而可将骨架线网眼匹配结果按照映射关系进行传递，最终得到居民地匹配结果。如图 3.43 所示，数据源 A 中 ID=1 的骨架线网眼包含 ID=1 的居民地，而数据源 B 中 ID=2 的骨架线网眼中包含 ID=2 的居民地，分别建立两数据源骨架线网眼和居民地间的映射关系。匹配转化后，得到 A 中 1 号骨架线网眼与 B 中 2 号骨架线网眼互相匹配(假设匹配结果正确无误)，从而根据映射关系可以断定，A 中 1 号居民地一定与 B 中 2 号居民地互相匹配。

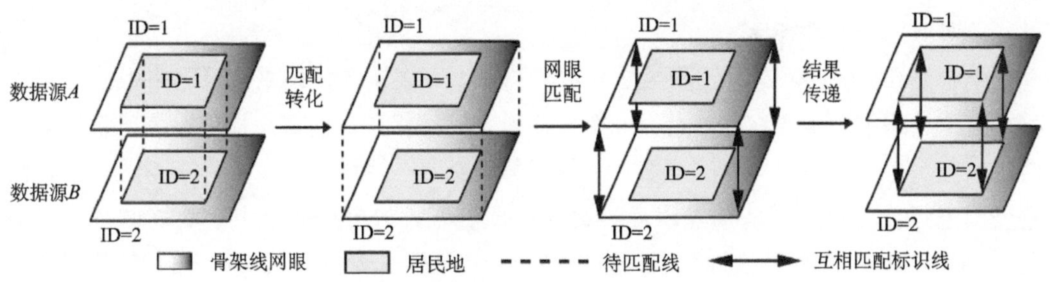

图 3.43　匹配转化及匹配结果传递过程

将居民地匹配转化为骨架线网眼匹配的优势在于：能够利用骨架线网眼间的相接拓扑关系这一特点，构建其对应的对偶图，从而利用对偶图理论对骨架线网眼拓扑关系进行描述，得到骨架线网眼对偶图结点的各项中心性指标数值，通过衡量中心性指标的相似度来进行匹配。因为对偶图中心性指标主要依据结点间的相对位置进行计算，虽然不同来源数据间存在绝对位置偏差，但是要素之间的相对位置一般不会存在较大差异，即不同来源数据中同名骨架线网眼的对偶图结点中心性指标应相同或极为相似。因此将匹配对象进行转化并利用中心性指标相似度作为匹配的判断依据能够降低匹配过程对绝对位置邻近度的依赖，有效解决存在位置偏差的居民地数据间的匹配问题。下面介绍对偶图相关理论知识与应用。

3.3.2　对偶图理论及其在拓扑关系表达中的应用

1. 对偶图相关理论

1) 对偶图概述

对偶图是图论中的概念，图论是研究事物及其相互关系的学科，任何一个能用二元关系描述的系统，都可以用图提供数学模型，图论是空间分析中的网络分析的基本工具。一个对偶图 G 是由 p 个顶点的非空有限集合 $V=V(G)$ 和预先给定的由 V 中不同顶点的 q 个无序对构成的集合 $E=E(G)$ 组成，记作 $G=(V, E)$。E 中的每个顶点对 (u, v) 称为 G 的边，如果用 e 表示这条边，则记 $e=(u, v)$，称 u, v 是边 e 的端点，且称 u 和 v 是邻接的顶点，没有边相邻的顶点称为孤立点。图 3.44 为一对偶图示例。

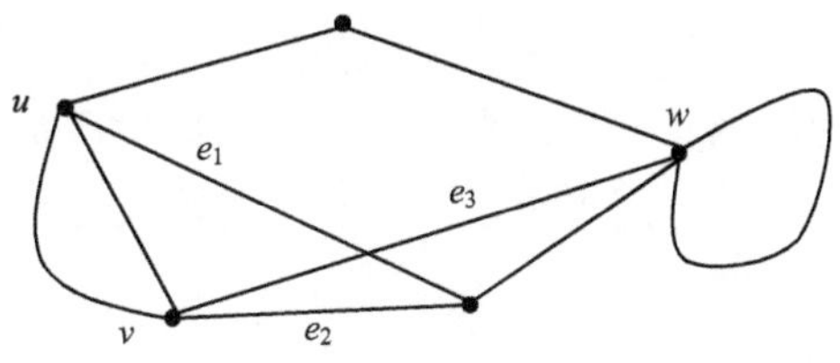

图 3.44　对偶图示例

2）对偶图中心性指标

中心性（centrality）是对偶图网络分析中的一个重要概念，用来衡量网络中的结点在整个网络结构中的重要程度。对于一个规模巨大的网络拓扑而言，很难快速地获得全局信息，但是由于网络中结点的异质性，使得每个结点在网络中的重要程度不同。中心性测度用来量化网络中某些顶点或者边比其他顶点或者边更加处于中心地位这一直观感受。关于中心性一般就是通过为点或边指定一个实数值来表示顶点或者边的重要性（陈国强等，2011）。基于对偶图的网络中心性特征指标在数学表达上可分为度中心性、接近中心性和中介中心性（栾学晨等，2012）。图 3.45 所示为对偶图中 3 个中心性指标最大的结点示意图。

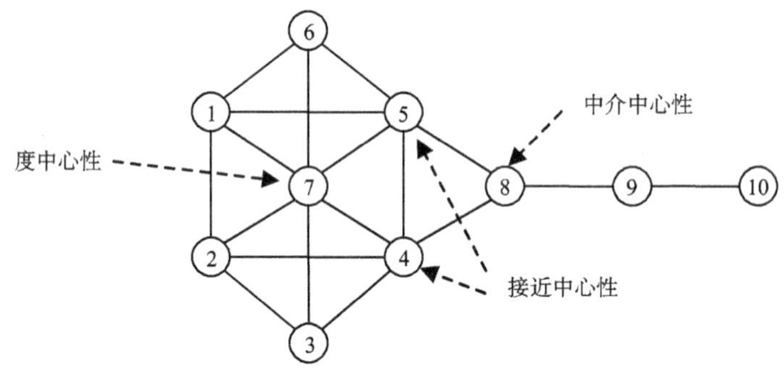

图 3.45　中心性指标最大值示意图

下面对每个中心性指标进行详细的介绍。

（1）度中心性。度中心性（degree centrality）是指在对偶图网络中与某一结点直接相连的其他结点数量，可用来衡量结点对其邻居结点的平均影响力，其计算公式为

$$C_i^D = \sum_{j=1}^{n} \delta_{ij} \tag{3.30}$$

式中，δ_{ij} 表示结点 j 是否与结点 i 具有连接关系。如果具有连接关系，则 $\delta_{ij}=1$，否则为 0。在对偶图中，一个结点的度中心性越大，其连接的结点越多，连通性越强，在整个对偶图中的重要程度越大。

（2）接近中心性。接近中心性（closeness centrality）是指对偶图网络中一个结点到其他所有结点的最短路径之和的倒数。这里的最短路径主要表达的是在拓扑意义上的距离，而不是实际距离，可以理解为从一个结点到另一个结点所需要的转换次数，所以规定两个相邻的结点之间距离为 1，可用来衡量当前结点对其他结点的间接影响力或者信息从该结点传播到其他结点的距离，计算公式为

$$C_i^C = \frac{1}{\sum_{j=1, j\neq i}^{n} n_{ij}} \tag{3.31}$$

式中，n_{ij} 是结点 j 到结点 i 所经过最短路径的距离数值。接近中心性是一个全局测度，能够揭示对偶图网络的中心。与度中心性相比，接近中心性指标可进一步描述结点与非直接连接结点的接近程度，指标值越大，表明该结点的影响及服务范围越广。

(3) 中介中心性。中介中心性(betweenness centrality)，可衡量结点在网络结构中所处位置的重要性，某结点中介中心性越大，表明对偶图网络中信息流动时经过该结点的信息量越大，即该结点在信息传播过程中的影响力越大，计算公式为

$$C_i^B = \frac{\sum\limits_{j \neq k \neq i}^{n} n_{jk}(i)}{n_{jk}} \tag{3.32}$$

式中，n_{jk} 表示结点 j 与 k 之间最短路径的数量；$n_{jk}(i)$ 表示其中经过结点 i 的数量。中介中心性越强的结点，表明最短路径通过的次数越多，在整个对偶图网络中的桥梁以及枢纽转换作用也就越明显，具有越强的影响力和控制力，也就越重要。

2. 对偶图在道路网拓扑关系描述中的应用

在地理信息科学领域，对偶图相关理论和方法在处理道路网拓扑关系问题上应用的最为成熟和有效。道路网是城市的基础设施，其结构布局体现了城市中各种地理要素的分布特征，具有复杂网络系统的等级结构特性(栾学晨等，2012)。在 GIS 领域，通常直接将实际道路网抽象为网络拓扑结构，即将道路视为边，道路交叉口视为结点，建立广义的道路网拓扑结构(Barhelemy，2011)。利用对偶拓扑方法将道路按照路名映射为结点，道路交叉口映射为边，可以建立道路网的对偶图。

如图 3.46 所示，图 3.46(a)为实际路网，图 3.46(b)为广义路网拓扑，图 3.46(c)为基于广义路网拓扑的对偶图。对偶图中的结点代表了原图中的边，并保持了原图中边的所有特性，对偶图中的边代表了原图中的连通性，采用对偶图对路网拓扑关系进行描述，能够更加深入地分析路网结构及其对路网功能的影响，进一步分析道路之间的连接关系、路网的连通性、可靠性以及道路在整个路网中的重要程度(刘刚等，2014)。除此之外，

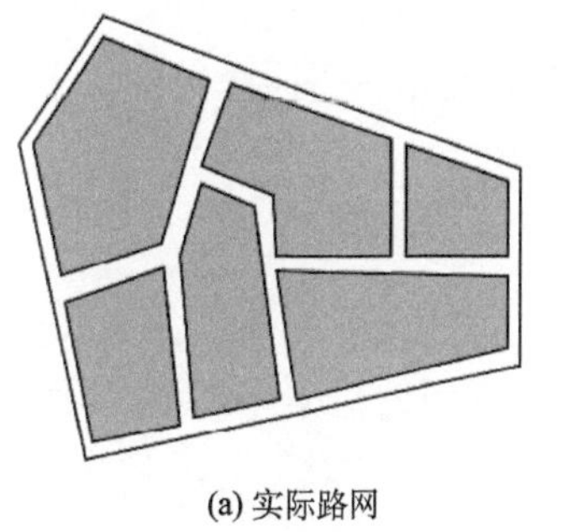
(a) 实际路网

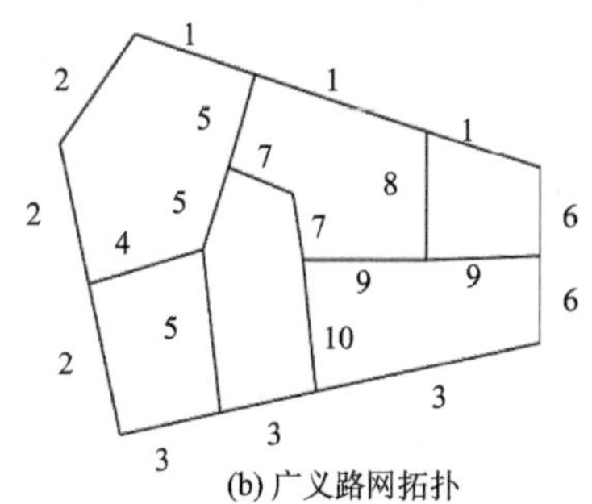

(b) 广义路网拓扑

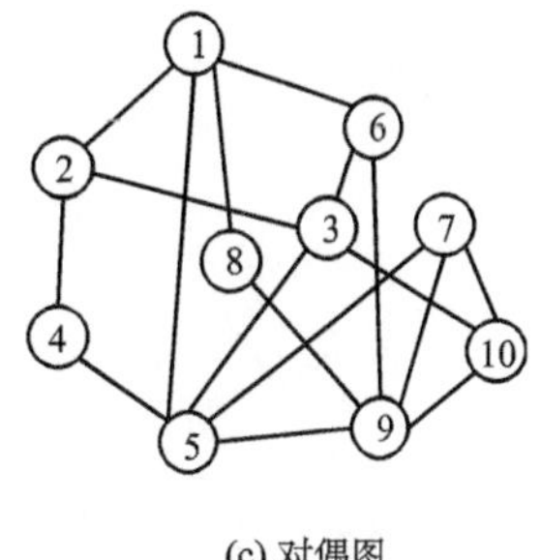

(c) 对偶图

图 3.46 道路网络拓扑结构

利用对偶图描述拓扑关系的优势在于能够进行复杂网络结构指标的计算，从而定量描述单个弧段在网络中的连通程度、中心程度等指标(段滢滢和陆锋，2013)，实现拓扑关系的量化表达。

利用对偶图结构来表达道路网(Porta et al.，2006)，可定义为

$$G=(N, E) \tag{3.33}$$

式中，N 为对偶图 G 中所有结点组成的集合；E 为 N 中所有结点之间存在的连接边的集合。对于道路网，结点集 N 表示路网中的道路要素集合，包括路段、路链和社区 3 种不同的表达粒度，而 E 为道路要素之间存在的连接关系(段滢滢等，2013)，下面对这三种表达粒度的对偶图进行详细说明。

1)基于路段的道路网对偶图

路段(road segment)指的是道路网中两个交叉口之间的道路弧段，是道路网的最基本组成单元。由图 3.47 中可以看出，对偶图以路段为核心，能够更好地展现路段之间的连接关系。

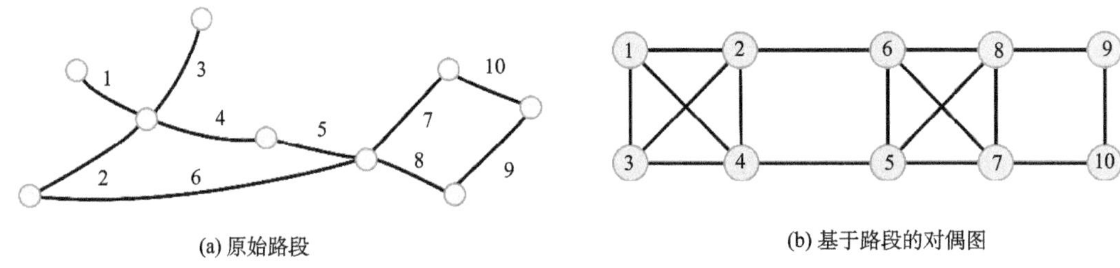

图 3.47　基于路段的道路网对偶图

2)基于路链的道路网对偶图

路链(road stroke)是由路段根据其几何形态组成的道路实体链(Thomson，2003)。通过生成方法中的自组织路链生成法(Jiang et al.，2008)，根据自组织中的局部最优原则，将夹角较小的道路段组合成较长的路链，从而生成基于路链的路网对偶图。如图 3.48(a)所示，符合自组织原则的路段被连接成为同一条路链，图 3.48(b)为以路链为结点，路链之间的连接关系为边的对偶图，从中看出，路段与路链的对偶图结构差别很大。

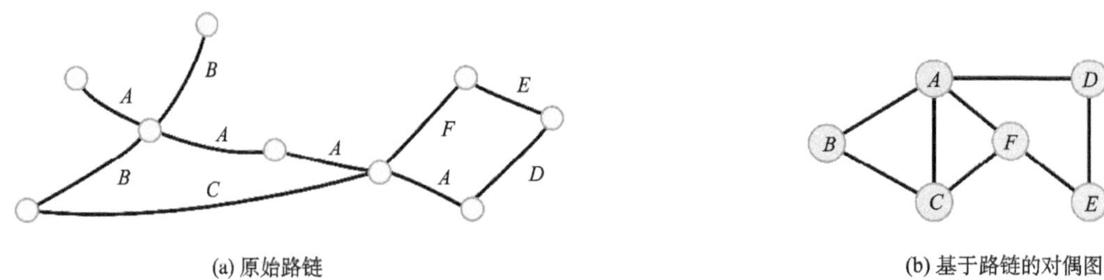

图 3.48　基于路链的道路网对偶图

3) 基于社区的道路网对偶图

社区(community)是指复杂网络中若干联系紧密的结点集聚在一起形成的空间集合(Gullbachce and Lehmann，2008)。社区可在中观尺度上刻画网络的结构特征。道路网中的社区类似于小区或商圈，每个社区包含了若干连接较为紧密的路段。通过一些社区识别方法，如基于标签的社区识别方法(Raghavan et al.，2007)，能够根据拓扑关系紧密性对路段进行聚类，将道路网分为一些内部连接紧密，外部连接稀疏的社区，以每个社区为结点，社区之间的连接关系为边，从而生成基于社区的道路网对偶图，如图 3.49 所示。

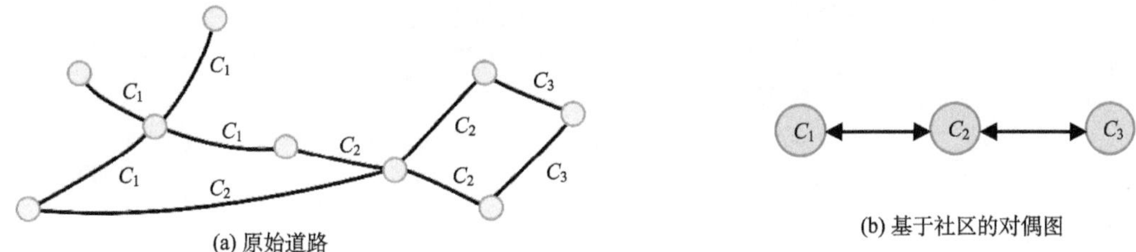

图 3.49　基于社区的道路网对偶图

3.3.3　基于骨架线网眼的居民地匹配模型构建

基于骨架线网眼的面状居民地匹配方法主要通过匹配转化将居民地匹配转化为骨架线网眼匹配，从而通过对骨架线网眼对偶图结点的中心性指标相似度进行衡量确定匹配结果，然后再将匹配结果进行传递最终得到居民地匹配结果，具体共分四步：①将居民地匹配转化为骨架线网眼匹配；②计算骨架线网眼对偶图结点中心性指标相似度；③利用极化变换法确定骨架线网眼候选匹配集；④将骨架线网眼匹配结果依据映射关系进行传递，得到居民地匹配结果。下面主要对后面三个步骤进行详细介绍。

1. 骨架线网眼拓扑关系的对偶图表达

1) 面要素拓扑关系综述

两个面状要素之间的拓扑关系类型比线要素要复杂得多，为此，邓敏建立了新的 4 交差模型(4-intersection-difference model，4ID)对面状要素间的拓扑关系类型进行描述(邓敏等，2005)。该模型是由两个面要素 A 的内部与 B 的内部的交集($A^0\cap B^0$)、A 的边界与 B 的边界的交集($\partial A\cap\partial B$)、A 与 B 的差集($A-B$)以及 B 与 A 的差集($B-A$)四个部分组成，其形式化表达为

$$\gamma(A,B)=\begin{bmatrix} A^0\cap B^0 & A-B \\ B-A & \partial A\cap\partial B \end{bmatrix} \tag{3.34}$$

或等价表达为一个四元组形式，即

$$\gamma(A,B)=[A^0\cap B^0, A-B, B-A, \partial A\cap\partial B] \tag{3.35}$$

如果上述二式中各元素取值为空（Φ）与非空（$\neg\Phi$）时，则有 2^4=16 种可能取值，即 4 交差模型能够区分出 16 种面要素拓扑情况。由于简单面要素几何构成的特殊性(其具有连续的内部和外部)，所以使得其仅有 8 种具有意义的拓扑关系，这 8 种拓扑关系在 4 个交差模型下均可进行区分，分别为：相离(disjoint)、相接(meet)、相交(overlap)、覆盖(covers)、覆盖于(covered by)、包含(contains)、包含于(inside)、相等(equal)，如图 3.50 所示。

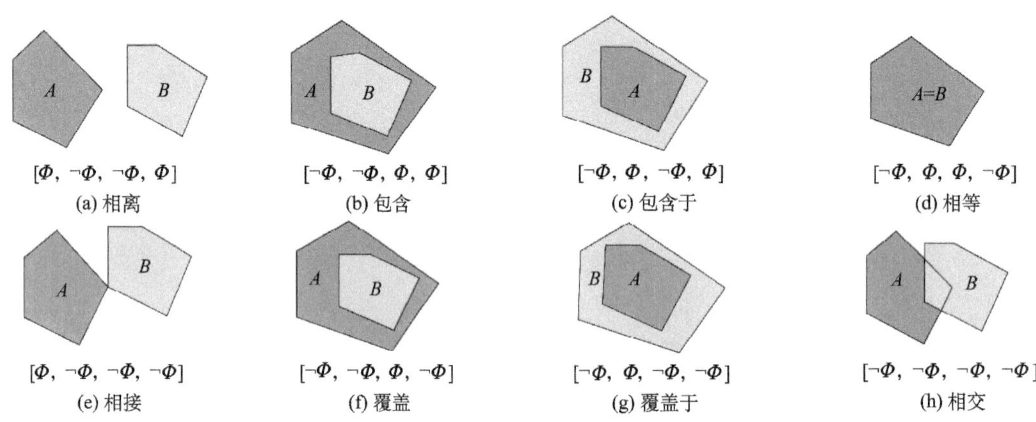

图 3.50　交差模型下的 8 型面/面关系

2) 骨架线网眼拓扑关系的对偶图表达方法

不同于线状要素，面状要素的拓扑关系类型较多，从道路网对偶图表达方法中可以总结出：利用对偶图描述要素间拓扑关系的前提是相邻要素之间互为相接拓扑关系。对于互相之间为相接拓扑关系的面状要素，可以参考线要素对偶图的构建方法，对其进行对偶图构建，从而能够计算面要素在对偶图中的各项中心性指标值。

在大比例尺城市地图中，面状居民地之间的拓扑关系普遍为相离关系，只有少量的相接和包含关系，所以较难构建其对偶图。相比之下，对于骨架线网眼这一类面状要素，如前文所述，相邻骨架线网眼之间均为无缝连接，所以其均为相接拓扑关系，满足构建对偶图的条件，故可参考线要素对偶图的构建方法对骨架线网眼进行对偶图构建。

构建骨架线网眼对偶图时需特别说明的是：由于骨架线网眼为面状要素，面状要素为二维实体，所以其拓扑关系中的相接关系较线要素更为复杂，具体分为公共结点相接和公共边相接两种情况。

如图 3.51(a)所示，公共结点相接是指两个面要素仅具有相同的公共结点，不具有公共边，这其中又包含两种情况，分别是公共结点数量只有一个以及公共结点数量多于一个；如图 3.51(b)所示，公共边相接则指两个面要素具有公共边，公共边相接中也包含两种情况。本节在构建面要素对偶图时规定：只将两个面要素之间存在公共边的情况视为相接，其对应的对偶图结点之间具有连通关系线。据此将骨架线网眼对偶图的构建方法

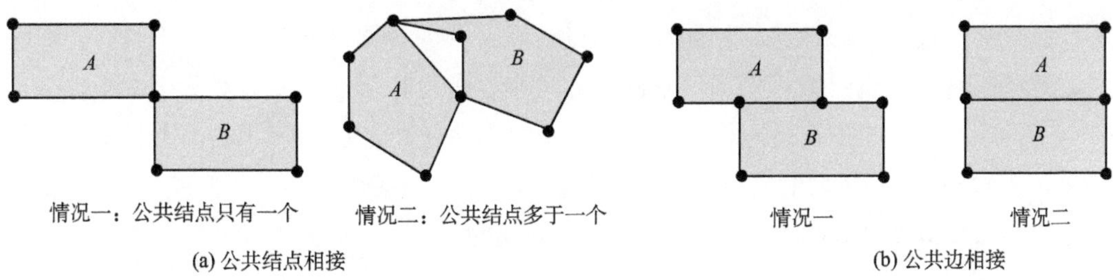

图 3.51　面要素相接拓扑关系分类

定义为

$$G_{\text{mesh}} = (N, E) \tag{3.36}$$

式中，N 为对偶图 G_{mesh} 中所有结点组成的集合；E 为 N 中所有结点之间存在的连接边的集合，其中将每个骨架线网眼视为对偶图中的结点，具有公共边的两骨架线网眼在对偶图中对应结点之间具有连接边，所以结点集 N 就表示全部骨架线网眼的集合，E 为骨架线网眼之间存在的公共边的集合。图 3.52(a)所示的骨架线网眼的对偶图为图 3.52(b)所示，从而可根据对偶图计算各骨架线网眼对应的对偶图结点的各项中心性指标值。

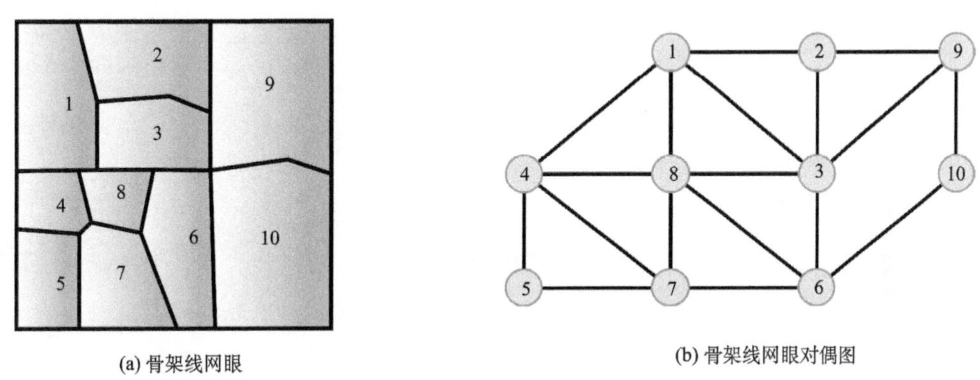

图 3.52　骨架线网眼对偶图构建

2. 骨架线网眼对偶图结点中心性指标相似度计算

1) 中心性指标相似度计算模型

由前文介绍的对偶图结点中心性指标可知，不同的中心性指标反映了不同的侧重方向。对于骨架线网眼对偶图结点，度中心性为局部指标，能够反映骨架线网眼与其周围网眼的连接情况，度中心性越大则表明与该骨架线网眼相接的其他骨架线网眼数量越多；接近中心性和中介中心性为全局指标，能够反映某个骨架线网眼在全部骨架线网眼中的相对位置。

在匹配过程中，匹配关系建立的依据是：两个互相匹配的骨架线网眼应具有相同或相近的各项中心性指标值，两个网眼的中心性指标越接近，其互相匹配的概率越大；反之，若两个网眼的中心性指标相差较大，则一般可认为其不是同名实体，不具有匹配关系。所以需对骨架线网眼对偶图结点的中心性指标进行相似度计算，对于度中心性分别 C_1^D、C_2^D，接近中心性分别为 C_1^C、C_2^C，中介中心性分别为 C_1^B、C_2^B 的两个骨架线网眼 Mesh_1 和 Mesh_2，定义它们的度中心性相似度为 S_{Degree}、接近中心性相似度为 $S_{\text{Closeness}}$、中介中心性相似度为 $S_{\text{Betweenness}}$，其计算公式分别为

$$S_{\text{Degree}} = 1 - \frac{\left|C_1^D - C_2^D\right|}{\text{Max}(C_1^D, C_2^D)} \tag{3.37}$$

$$S_{\text{Closeness}} = 1 - \frac{\left|C_1^C - C_2^C\right|}{\text{Max}(C_1^C, C_2^C)} \tag{3.38}$$

$$S_{\text{Betweenness}} = 1 - \frac{\left|C_1^B - C_2^B\right|}{\text{Max}(C_1^B, C_2^B)} \tag{3.39}$$

在评判结点的中心性指标相似度时，若只从上述某一个方面进行相似度衡量很可能得到错误的结果，例如，两个骨架线网眼的对偶图结点具有相同的度中心性，即其度中心性相似度为 1，而接近中心性和中介中心性则相差很大，若只比较其度中心性相似度，则其肯定互相匹配，但是实际情况可能并不匹配。所以为了尽量避免上述由于评判指标过于片面单一而造成的错误情况，应综合考虑上述三个中心性指标的相似度信息，通过评判结点的中心性指标综合相似度进行匹配对象的判断。这里定义中心性指标总体相似度 S，则其计算公式为

$$S = S_{\text{Degree}} \cdot \omega_1 + S_{\text{Closeness}} \cdot \omega_2 + S_{\text{Betweenness}} \cdot \omega_3 \tag{3.40}$$

式中，ω_1、ω_2、ω_3 分别为三个指标在综合相似度中所占的权重。在多个指标的综合值计算时，需解决每个指标权重的设置问题，权重的不同反映出不同指标对综合值影响程度的大小。

2）基于层次分析法的相似度权重自动确定方法

上述中心性指标总体相似度计算模型的关键就是权重的确定，权重值的正确与否对总体相似度模型计算结果的正确性具有极大的影响。目前，涉及多指标权重的设置问题时，通过经验对权重进行赋值是最为常用的一种方法，但是该方法具有较大的主观性和随意性，在某种程度上影响了结果的正确性。因此，为了最大限度地减少通过经验设定权值造成的误差，本节采用更为科学的层次分析法确定各指标权重。

20 世纪 70 年代，美国运筹学家 T.L.Saaty 提出 AHP（analytic hierarchy process）决策分析法，即层次分析法，这是一种将定性与定量相结合的决策分析法，将决策者对复杂系统的决策思维过程模型化、数量化的过程。通过这种方法，决策者将复杂问题分解为不同的层次和因素，在各因素间进行简单的比较和计算，得出不同方案重要性程度的权重，为最佳方案的选择提供依据。该方法的特点是：①思路简单明了，将决策者的思维

过程条理化、数量化，便于计算，易于被人接受；②所需要的定量化数据较少，但对问题的本质，问题所涉及的因素及其内在关系分析得比较透彻。层次分析法常用来解决多目标、多准则、多要素、多层次的非结构化复杂地理决策问题，具有十分广泛的实用性（徐建华，2002）。

层次分析法的基本思想是：对于无法确定互相之间重要性大小的一组指标，可通过比较它们两两之间的相互重要性，得到每对指标间重要性的比值，从而构成判断矩阵，通过求解判断矩阵的最大特征值和它对应的特征向量，就可以得出这一组指标的相对重要性。根据这一思想，层次分析法的基本计算过程包括：建立层次结构模型、构造判断矩阵、计算权重和一致性检验。

(1) 建立层次结构模型。该步骤是对所解决的问题中包含的要素进行分组，把每一组作为一个层次，按照最高层（目标层）、若干中间层（准则层）以及最低层（措施层）的形式排列起来，这种层次结构模型常用结构图来表示，如图 3.53。

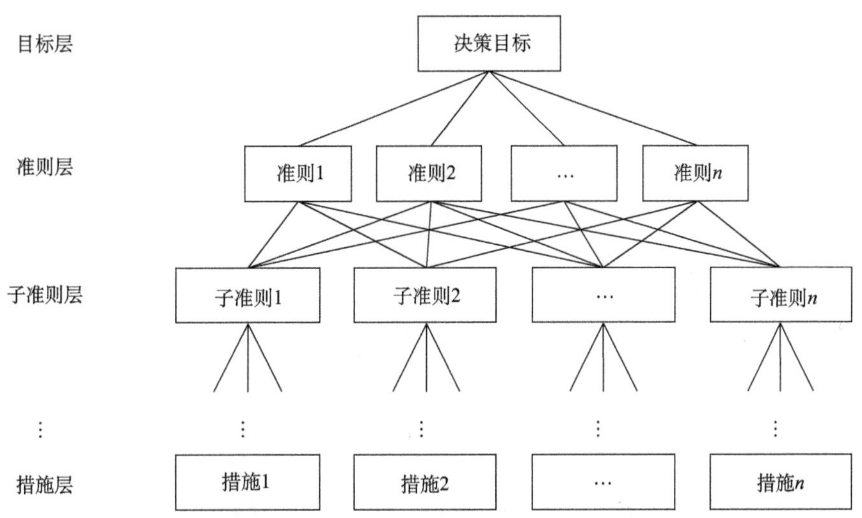

图 3.53　AHP 决策分析法层次结构示意图

对于上述需求解的中心性指标总体相似度 S，利用层次分析法可以构建如图 3.54 所示的层次结构模型，由于涉及的指标相对较少，所以该层次结构模型较为简单。

(2) 构造判断矩阵。该步骤是层次分析法的关键步骤，判断矩阵表示针对上一层次中的某元素而言，评定该层次中各有关元素相对重要性的状况。假设目标层 A 中的元素与准则层 B 中的元素 B_1，B_2，…，B_n 有联系，则判断矩阵可构造为如表 3.7 所示形式。

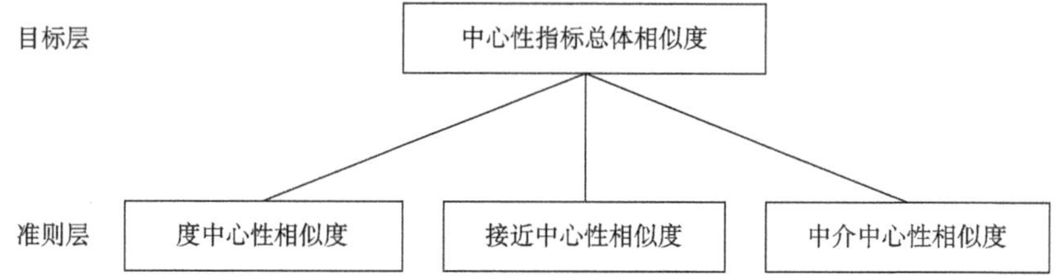

图 3.54　中心性指标总体相似度层次结构模型

表 3.7　判断矩阵

A_k	B_1	B_2	…	B_n
B_1	b_{11}	b_{12}	…	b_{1n}
B_2	b_{21}	b_{22}	…	b_{2n}
⋮	⋮	⋮	⋮	⋮
B_n	b_{n1}	b_{n2}	…	b_{nn}

其中，b_{ii} 为对于 A 而言，元素 B_i 对 B_j 的相对重要性的判断值，具体数值通常取 1～9 及其对应的倒数，不同数值的意义如表 3.8 所示。

表 3.8　1～9 级判断矩阵标准度

标度	含义
1	表示两个元素相比，具有同样的重要性
3	表示两个元素相比，前者比后者稍重要
5	表示两个元素相比，前者比后者明显重要
7	表示两个元素相比，前者比后者强烈重要
9	表示两个元素相比，前者比后者极端重要
2,4,6,8	表示上述相邻判断的中间值
倒数	若元素 i 与元素 j 的重要性之比为 A_i，那么元素 j 与元素 i 重要性之比为 A_j=1/A_i

一般而言，判断矩阵的数值是根据数据资料、专家意见和分析者的认识加以平衡后给出的。在骨架线网眼对偶图描述骨架线网眼拓扑关系时，度中心性、接近中心性以及中介中心性三者之间的重要性程度为：度中心性比接近中心性稍重要，故取值为 3；度中心性比中介中心性明显重要，故取值为 5；接近中心性比中介中心性稍重要，故取值为 3，由此得到中心性总相似度的判断矩阵为

$$B = \begin{pmatrix} 1 & 3 & 5 \\ 1/3 & 1 & 3 \\ 1/5 & 1/3 & 1 \end{pmatrix} \tag{3.41}$$

(3) 计算权重。对于判断矩阵 B，计算满足 $Bx = \lambda_{\max} x$ 的特征值和特征向量，$\lambda_{\max}$ 为

B 的最大特征值，x 的分量即为相应的单排序权值。权重值的大小，反映了每一相似特征指标对系统相似度影响的重要性程度，根据上述判断矩阵，利用和积法计算各权重值，具体步骤为

Ⅰ. 对判断矩阵中每列元素进行归一化处理：

$$\bar{b}_{ij} = \frac{b_{ij}}{\sum_{k=1}^{n} b_{kj}} \quad (i = 1, 2, \cdots, n) \tag{3.42}$$

Ⅱ. 对归一化处理后的判断矩阵，再按行求和：

$$\overline{W}_i = \sum_{j=1}^{n} \bar{b}_{ij} \quad (i = 1, 2, \cdots, n) \tag{3.43}$$

Ⅲ. 将向量 $\overline{W} = [\overline{W}_1, \overline{W}_2, \cdots, \overline{W}_n]^{\mathrm{T}}$ 进行归一化处理：

$$W_i = \frac{\overline{W}_i}{\sum_{i=1}^{n} \overline{W}_i} \quad (i = 1, 2, \cdots, n) \tag{3.44}$$

则 $W = [W_1, W_2, \cdots, W_n]^{\mathrm{T}}$ 即为所求的特征向量。

Ⅳ. 计算最大特征根

$$\lambda_{\max} = \sum_{i=1}^{n} \frac{(AW)_i}{nW_i} \tag{3.45}$$

式(3.45)中，$(AW)_i$ 表示向量 AW 的第 i 个分量。

按照上述步骤对式(3.45)中的判断矩阵进行求解得到特征向量 $\omega = (0.9161, 0.3715, 0.1506)$，最大特征值 $\lambda_{\max} = 3.0385$。

(4) 一致性检验。从理论上分析，任何判断矩阵都应满足完全一致性，但是由于客观事物的复杂性和人们认识上的多样性，可能会产生片面性，因此要求每一个判断矩阵都满足完全一致性显然是不可能的。为了考察层次分析法得到的结果是否基本合理，需要对判断矩阵进行一致性检验。

当判断矩阵具有完全一致性时，$\lambda_{\max} = n$，但一般情况下是不可能的。为了检验判断矩阵的一致性，需计算其一致性指标

$$\mathrm{CI} = \frac{\lambda_{\max} - n}{n - 1} \tag{3.46}$$

式(3.46)中，当 CI=0 时，判断矩阵具有完全一致性，反之，CI 越大，则判断矩阵的一致性就越差。为了检验判断矩阵是否具有令人满意的一致性，需要将 CI 与平均随机一致性指标 RI(表 3.9)进行比较。一般而言，1 或 2 阶判断矩阵总是具有完全一致性，对于 2 阶以上的判断矩阵，其一致性指标 CI 与同阶的平均随机一致性指标 RI 之比，称为判断矩阵的随机一致性比例，记为 CR。一般的，当

$$\mathrm{CR}=\frac{\mathrm{CI}}{\mathrm{RI}}<0.1 \tag{3.47}$$

时，就认为判断矩阵具有令人满意的一致性；否则，就需要调整判断矩阵，直到满意为止。

表 3.9 平均随机一致性指标

阶数	1	2	3	4	5	6	7	8	9	10	11	12	13	14	15
RI	0	0	0.58	0.90	1.12	1.24	1.32	1.41	1.45	1.49	1.52	1.54	1.56	1.58	1.59

根据步骤(3)中的计算结果，求得一致性指标为 0.033<0.1，判断矩阵满足一致性要求，所以该判断矩阵设置较为合理。对特征向量进行归一化处理得到各中心性相似性指标的权重分别为$\omega_1=0.637$、$\omega_2=0.258$、$\omega_3=0.105$。

通过层次分析法，较为科学合理地得到了骨架线网眼对偶图结点各中心性指标相似性的权值，所以中心性指标总体相似度的计算公式可表达为

$$S=0.637S_{\mathrm{Degree}}+0.258S_{\mathrm{Closeness}}+0.105S_{\mathrm{Betweenness}} \tag{3.48}$$

3. 极化变换确定候选匹配集

在骨架线网眼对偶图中，每个结点均对应一组中心性指标值，如果只单纯按照“中心性指标越相似，匹配的可能性就越大”这一原则进行匹配，则可能会造成错误匹配情况的出现。因为在空间上距离较远的两个骨架线网眼，其对偶图结点也可能具有相同或相近的中心性指标值。如图 3.55 所示，结点 1、3、10、12 在空间位置上距离相距较远，但是它们具有完全相同的中心性指标值，所以直接按照中心性指标进行匹配则可能会出现错误。故对待匹配的骨架线网眼，首先需要通过一定的方法进行初步判断，剔除与其距离较远的骨架线网眼，即确定其候选匹配集，进而在候选匹配集中确定其匹配对象。

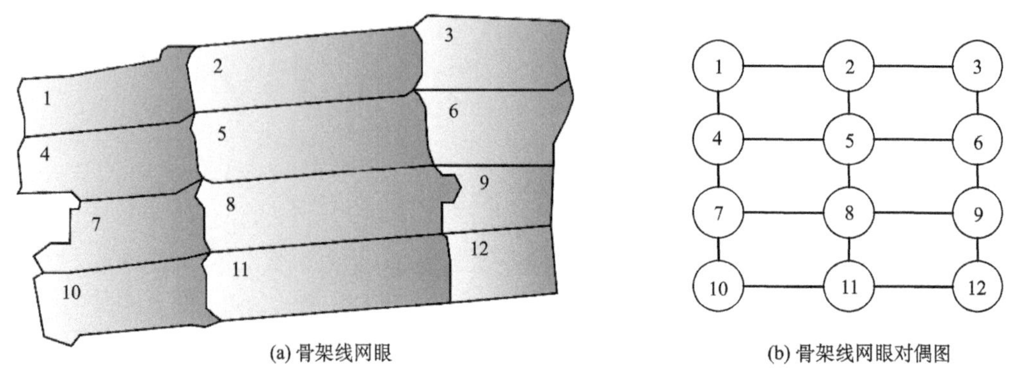

(a) 骨架线网眼　　(b) 骨架线网眼对偶图

图 3.55 骨架线网眼距离较远、中心性指标相同情况示例

本节采用极化变换法来确定待匹配骨架线网眼的候选匹配集。如图 3.56 所示，所谓极化变换是指在有效继承各原有信息的前提下，把离散的点状、线状、面状目标群转化为极化空间中的单根光谱线，从而把对离散目标群的处理转化为对单根光谱线的处理。最终再把处理后的光谱线还原至离散目标群的处理过程(钱海忠等，2010)。对离散目标群进行极化变换，能够有效降低算法的计算量，拓展对离散目标的处理方法，同时能够在对单根光谱线的处理过程中，引入各种约束手段(如聚类、极值等)，有效保留离散目标群的整体特征和局部特征。对骨架线网眼候选匹配集的确定而言，只将骨架线网眼由平面直角坐标转化为极坐标即可，不需对单根光谱线进行处理，只通过判断极坐标的邻近程度确定候选匹配对象。

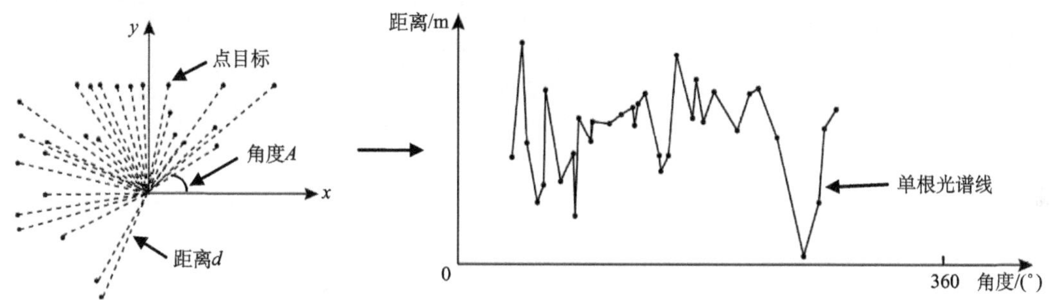

图 3.56　采用极化变换法将离散目标群转化为极化空间中单根光谱线

利用极化变换方法确定骨架线网眼候选匹配集主要包括以下步骤：

(1) 提取骨架线网眼中心点，以该中心点代替骨架线网眼，将中心点坐标作为骨架线网眼的坐标，这里将骨架线网眼的几何中心视为其中心点，如图 3.57(a)所示。

(2) 确定平面直角坐标系原点，通常将地图幅面中心作为坐标原点，如图 3.57(b)所示。

(3) 进行极化变换，主要内容为计算骨架线网眼中心点极坐标，设骨架线网眼中心点到直角坐标系原点的距离为 ρ，骨架线网眼中心点与坐标原点的连线与 X 轴正方向所形成的顺时针夹角为 θ，骨架线网眼 i 的中心点直角坐标为 (x_i, y_i)，则其极坐标计算公式为

$$\rho_i = \sqrt{{x_i}^2 + {y_i}^2} \tag{3.49}$$

$$\theta_i = a\tan\frac{y_i}{x_i} \tag{3.50}$$

其中，θ 的范围为[0, 360°]，图 3.57(d)为极化变换后各骨架线网眼极坐标在极坐标系中的显示结果。

(4) 确定候选匹配集，对待匹配数据源中的某一待匹配骨架线网眼，将匹配数据源中与其极坐标差异在阈值范围内的对象加入候选匹配集。

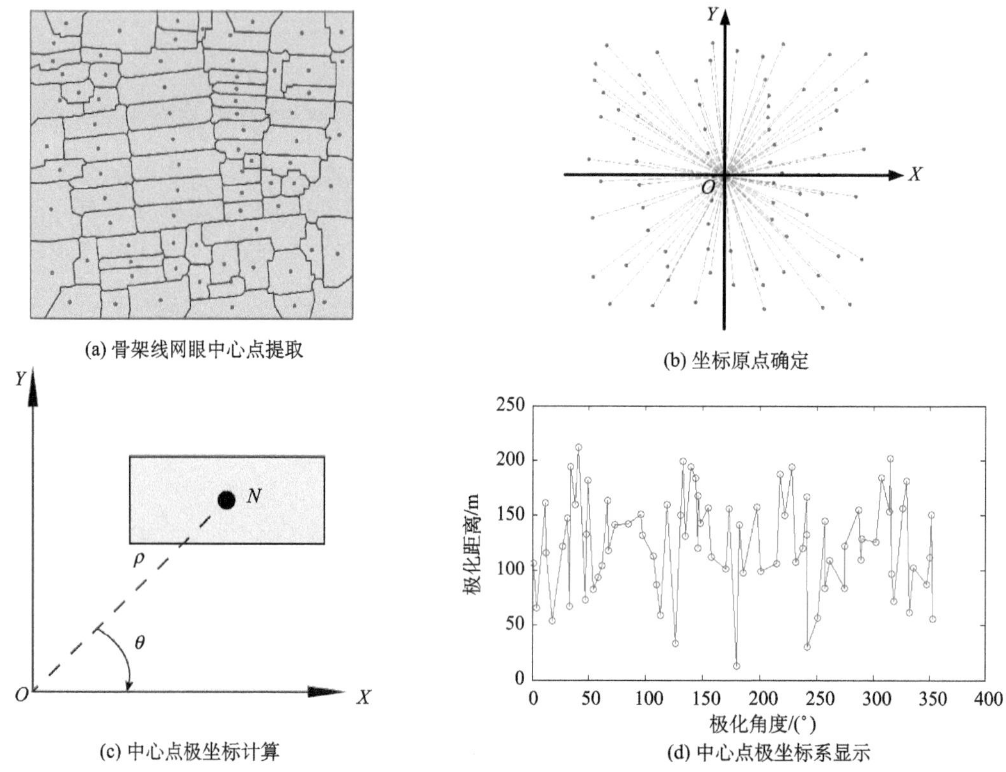

图 3.57　骨架线网眼极化变换

极化变换确定候选匹配集的优势体现在两个方面：一是能够在一定程度上避免上述中心性指标相同但不具有匹配关系的情况；二是极坐标是定量度量实体相对位置的坐标，能够反映每个骨架线网眼在骨架线网眼整体中的相对位置，虽然不同数据源间的绝对位置精度较低，但是这一般不会影响每个骨架线网眼在整体中的相对位置，即互相匹配的两个骨架线网眼应具有较为相似的极坐标数值，通过极化变换方法确定骨架线网眼候选匹配集实际上是利用了相对位置条件判断匹配对象，这为原本缺少位置约束控制的匹配过程增加了位置约束条件，从而在一定程度上弥补了绝对位置精度不足对匹配造成的影响。

4. 匹配结果传递

通过上述匹配转化、候选匹配集确定，中心性指标总体相似度计算这三个过程，能够得到骨架线网眼的匹配结果，根据骨架线网眼与居民地之间建立的一一映射关系，将骨架线网眼匹配结果传递得到居民地数据的匹配结果。

3.3.4　实例验证及对比分析

1. 匹配实验流程

基于骨架线网眼的居民地匹配方法实验的具体流程如图 3.58 所示。

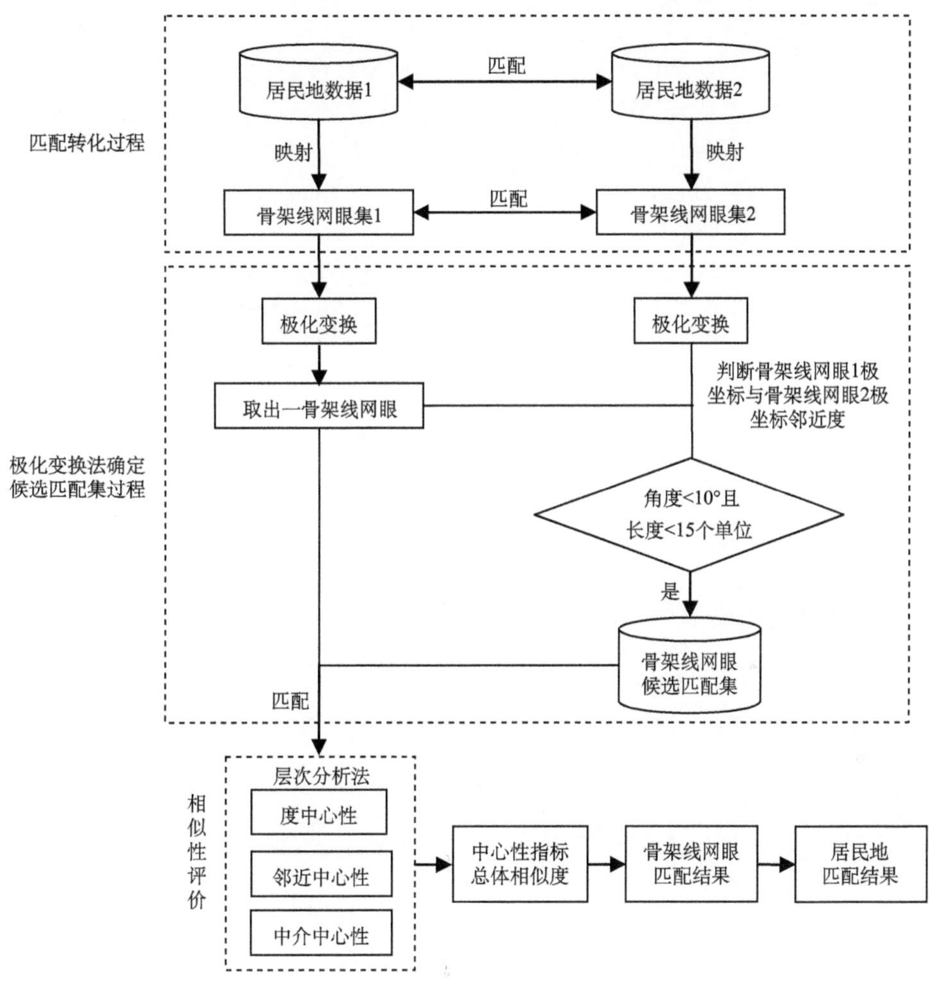

图 3.58　基于骨架线网眼的居民地匹配方法实验流程图

2. 匹配实验

对本章提出的基于骨架线网眼的居民地匹配方法按照上述流程进行实验，图 3.59(a)为不同来源居民地数据叠加显示，两数据反映的是相同比例尺的同一区域情况，从叠加显示效果中可以看出，匹配数据源之间的几何位置精度相对较低；图 3.59(b)和图 3.59 (c)分别为两居民地数据的骨架线网的提取效果；图 3.59(d)为骨架线网眼构建结果，从而居民地匹配转化为骨架线网眼匹配；通过确定候选匹配集，衡量骨架线网眼中心性指标相似度得到骨架线网眼匹配结果，如图 3.59(e)所示，图中短线为匹配关系线；将骨架线网眼匹配结果按照映射关系进行传递得到居民地匹配结果，如图 3.59(f)所示。

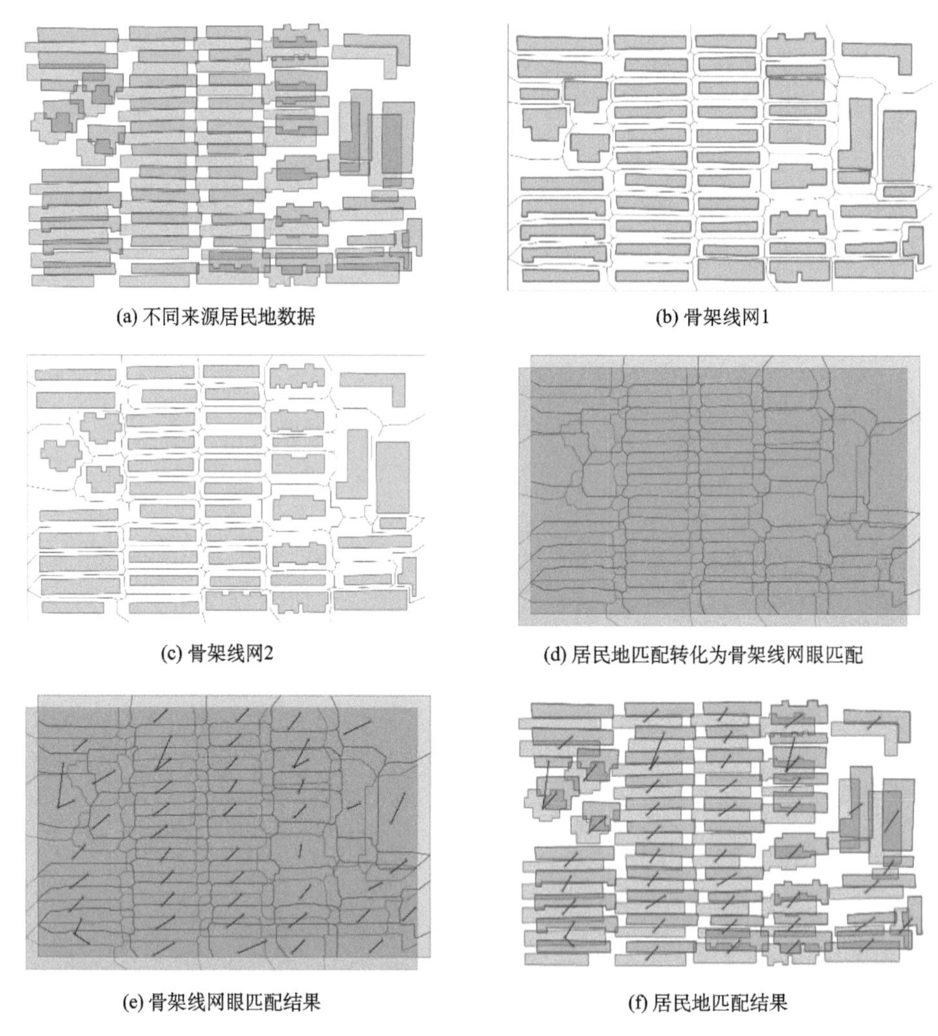

(a) 不同来源居民地数据　(b) 骨架线网1

(c) 骨架线网2　(d) 居民地匹配转化为骨架线网眼匹配

(e) 骨架线网眼匹配结果　(f) 居民地匹配结果

图 3.59　基于骨架线网眼的居民地匹配方法实验

表 3.10 所示为本方法匹配结果各项指标统计，表 3.11 为部分具体匹配结果，从中看出匹配率和匹配正确率均达到了 90%以上，说明本方法能够对几何位置偏差较大的居民地数据得到较好的匹配结果。

表 3.10　匹配结果统计

统计指标	正确匹配数	错误匹配数	误匹配数	正确未匹配数	错误未匹配数	匹配率/%	匹配正确率/%
匹配结果	44	2	2	1	2	95.8	91.7

表 3.11　居民地匹配结果(部分)

骨架线网眼 ID (数据源 1)	匹配骨架线网眼 ID (数据源 2)	映射居民地 ID (数据源 1)	映射匹配的居民地 ID (数据源 2)	匹配结果	正误判断
1	41	204	10504	匹配	正确
2	40	54	13660	匹配	正确
3	20	55	6561	匹配	正确
13	NULL	71	NULL	新增实体	正确
20	NULL	88	NULL	新增实体	错误
⋮	⋮	⋮	⋮	⋮	⋮
47	36	96	6540	匹配	正确
48	34	95	10003	匹配	正确
49	33	94	10004	匹配	正确
50	32	93	10005	匹配	正确
51	32	92	10005	匹配	错误

3. 不同匹配方法实验对比分析

为进一步验证本章方法的科学性，对同一居民地匹配数据采用不同的匹配方法进行对比实验。由于匹配数据源之间几何位置精度较低，所以直接利用最为常用的面积重叠率法会出现大量的无匹配或错误匹配结果，故采用已有研究成果中的缓冲区面积重叠率法进行对比匹配实验。分别选取 6 组不同的缓冲区半径(radius)进行实验，得到如图 3.60 所示的匹配结果，图中黑色短线代表居民地匹配关系线，具体的匹配结果统计情况如表 3.12 所示。

表 3.12　不同缓冲区半径匹配结果统计

缓冲区半径	正确匹配数	错误匹配数	误匹配数	正确未匹配数	错误未匹配数	匹配率/%	匹配正确率/%
1.0	2	4	0	3	42	12.5	50.0
2.5	6	7	0	3	35	27.1	46.1
5.0	26	21	1	2	1	97.9	54.2
7.5	31	17	2	1	0	100.0	62.0
10.0	30	18	2	1	0	100.0	60.0
12.5	29	19	3	0	0	100.0	56.9

从表 3.12 中看出，随着缓冲区半径的增大，匹配率逐步提高，并最终达到 100%。匹配率达到 100%是必然的，因为缓冲区半径的增大必然带来重叠面积的增大，从而所有居民地均能建立匹配关系。但是这一方面可能造成误匹配现象的出现，即居民地自身并不具有匹配对象，但是由于缓冲区半径过大，从而将其周围其他对象误当作其匹配对象；另一方面，随着缓冲区半径的增大，错误匹配数量也在增多，说明匹配正确率并没

有因为匹配率的提高而提高，而是稳定在 60%左右，这表明缓冲区面积重叠率法在处理几何位置偏差较大的居民地数据的匹配问题时无法得到较为理想的匹配结果。

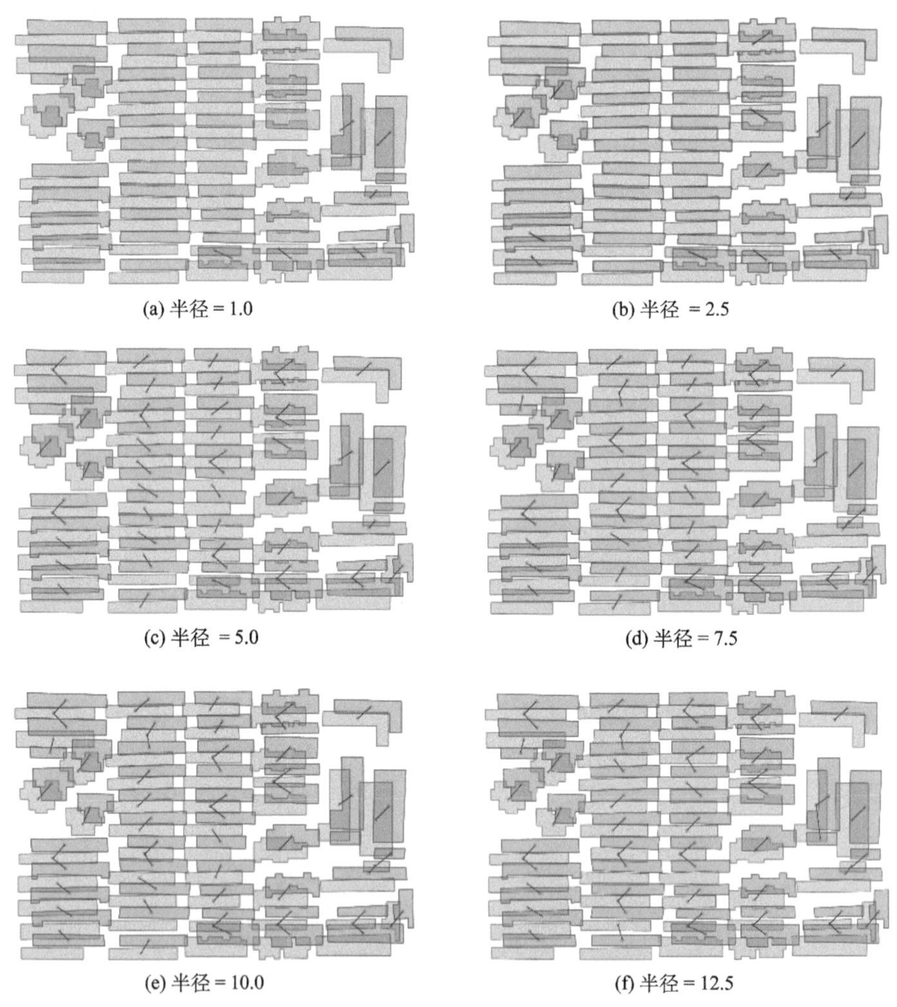

(a) 半径 = 1.0　(b) 半径 = 2.5

(c) 半径 = 5.0　(d) 半径 = 7.5

(e) 半径 = 10.0　(f) 半径 = 12.5

图 3.60　不同缓冲区半径匹配实验结果

选取缓冲区面积重叠率法匹配正确率最高的一组结果(半径=7.5)与本章方法匹配结果进行对比分析，如表 3.13 所示，对比表明针对几何位置偏差较大的居民地数据，本匹配方法效果较好。

表 3.13　本匹配方法与缓冲区匹配方法匹配结果对比

匹配方法	正确匹配数	错误匹配数	误匹配数	正确未匹配数	错误未匹配数	匹配率/%	匹配正确率/%
缓冲区面积重叠率法	31	17	2	1	0	100	62.0
本匹配方法	44	2	2	1	2	95.8	91.7

当多源居民地数据间存在较大位置偏差时，缓冲区面积重叠率法通过增大缓冲区半径能够增加与同名实体之间的重叠，但同时也会增加与周边邻近非同名实体的重叠，对匹配造成干扰。如图 3.61 所示，居民地 *A* 与居民地 *a* 为同名居民地，随着缓冲区半径的增大，居民地 *A* 与非同名实体 *b*、*c*、*d* 的面积重叠率也在增大，特别是非同名实体 *d* 会对匹配造成较强的干扰，从而影响匹配结果。

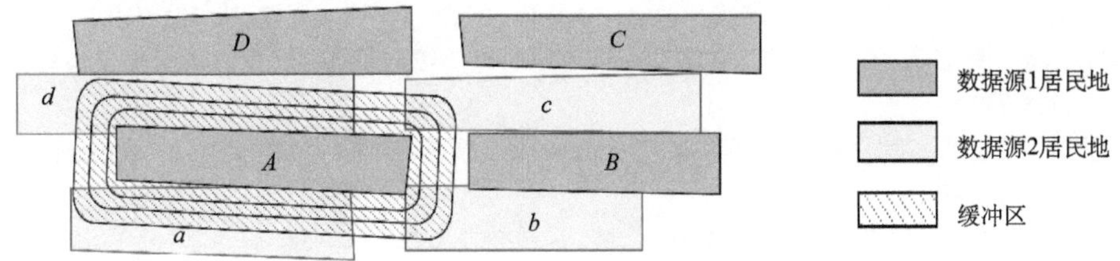

图 3.61　缓冲区法处理较大几何位置精度较低数据匹配时的缺陷

相比之下，本章方法将居民地匹配转化为骨架线网眼匹配，并通过构建骨架线网眼对偶图定量获得匹配过程中的拓扑约束，对骨架线网眼进行极化变换确定候选匹配集则增加了相对位置约束；拓扑约束与相对位置约束是对数据之间几何位置绝对偏差的有效补充，使得匹配结果不会因位置条件的缺失而产生大量错误。

3.3.5　算法优势分析

通过构建城市骨架线网，采用骨架线网眼匹配来代替居民地匹配的思路来解决存在位置偏差的居民地数据间的匹配问题，具有以下优势：

(1) 匹配转化使得骨架线网眼的特点和优势得到了充分的发挥和利用，骨架线网眼具有的无缝连接特性方便对其拓扑关系进行描述，从而利用拓扑关系条件约束弥补了位置偏差对匹配过程造成的影响。

(2) 对偶图理论的应用使得骨架线网眼的相似性能够进行精确的量化评价，使得匹配过程更加准确；利用层次分析法确定骨架线网眼对偶图中心性相似度计算模型使得评价指标权重的计算更为科学合理。

(3) 采用极化变化方法确定骨架线网眼候选匹配集能够进一步缩小匹配范围，一定程度上避免错误情况的出现，其实质是为匹配过程增加了相对位置条件约束，进一步削弱了位置偏差的影响。

参 考 文 献

陈国强, 陈亮. 2011. 一种基于资源分配策略的复杂网络中心性测度[J]. 计算机科学, 38(8): 42-44.

陈杰. 2010. MATLAB 宝典(第二版)[M]. 北京: 电子工业出版社: 139-170.

邓敏, 刘文宝, 冯学智. 2005. GIS 面目标间拓扑关系的形式化模型[J]. 测绘学报, 34(1): 85-90.

段滢滢, 陆锋. 2013. 不同表达粒度对城市路网结构健壮性评价的影响[J]. 中国图象图形学报, 18(9): 1197-1205.

付仲良, 邵世维, 童春芽. 2010. 基于正切空间的多尺度面实体形状匹配[J]. 计算机工程, 36(17): 216-220.

郭仁忠. 2001. 空间分析[M]. 北京: 高等教育出版社: 216-218.

何光愈. 2002. Visual C++常用数值算法集[M]. 北京: 科学出版社: 99-100.

黄智深, 钱海忠, 王骁, 等. 2012. 基于降维技术的面状居民地匹配方法[J]. 测绘科学技术学报, 29(1): 75-78.

刘刚, 李永树, 杨骏, 等. 2014. 对偶图结点重要度的道路网自动选取方法[J]. 测绘学报, 43(1): 97-104.

刘正君. 2009. MATLAB 科学计算与可视化仿真宝典[M]. 北京: 电子工业出版社: 191-210.

栾学晨, 杨必胜, 张云菲. 2012. 城市道路复杂网络结构化等级分析[J]. 武汉大学学报 • 信息科学版, 37(6): 728-732.

钱海忠, 张钊, 翟银凤, 等. 2010. 特征识别、Stroke 与极化变换结合的道路网选取[J]. 测绘科学技术学报, 27(5): 371-374.

徐建华. 2002. 现代地理学中的数学方法[M]. 北京: 高等教育出版社: 37-38.

张桥平, 李德仁, 龚健雅. 2004. 城市地图数据库实体匹配技术[J]. 遥感学报, 8(2): 107-112.

Barhelemy M. 2011. Spatial networks[J]. Physics Reports, 499(1): 1-101.

Gullbachce N, Lehmann S. 2008. The art of community detection[J]. Bioessays, 30(10): 934-938.

Jiang B, Zhao S, Yin J. 2008. Self-organized natural roads for predicting traffic flow: a sensitivity study[J]. Journal of Statistical Mechanics: Theory and Experiment, 7: P07008.

Mantel D, Lipeck U. 2004. Matching Cartographic Objects in Spatial Databases[C]. Istanbul, Turkey: ISPRS Congress, Commission 4.

Porta S, Crucitti P, Latora V. 2006. The network analysis of urban streets: a dual approach[J]. Physica A: Statistical Mechanics and Its Applications, 369(2): 853-866.

Raghavan U N, Albert R, Kumara S. 2007. Near linear time algorithm to detect community structures in large-scale networks[J]. Physical Review E, 76(3): 36106.

Thomson R C. 2003. Bending the Axial Line: Smoothly Continuous Road Centre-line Segments as a Basis for Road Network Analysis[C]. London: The 4th International Space Syntax Symposium.

第 4 章　道路网匹配方法

4.1　道路网层次结构匹配模型

4.1.1　基于空间认知理论的道路网空间模式分析

作为地理信息科学的重要支撑，空间认知理论已受到地理信息科学广大研究工作者的普遍关注，在地理空间信息采集与存储、空间表达、空间分析、界面设计、决策支持等诸多方面应用广泛。将地理空间目标的大小、形状、方位及空间关系等反映人脑中，就形成了地理空间认知，就道路网空间结构而言，其形式化表达是开展地图制图综合研究和多尺度道路匹配更新的基础。

1. 空间认知理论

作为认知科学的一个重要研究领域，空间认知的主要研究对象为人们如何认识自己赖以生存的环境，包括各事物、现象的相关位置、空间分布情况、相互依存，以及它们的变化规律(王家耀和陈毓芬，2001)，它揭示了人脑对现实世界中空间概念模型的建立过程。心象地图即是地理空间目标的本质特性和空间关系等在人脑中的反映，也是空间认知的结果，然而这毕竟是一种虚拟的地图，若将这种人脑的推理与决策过程进行形式化表达，必将对地理空间认知科学的研究工作起到指导性作用。空间认知模式实质上是以人类有关空间的感知和认知经验为基础的，进而为空间结构分析提供一种思路，根据认知方式的差异，空间认知的模式可以分为 3 个层次：空间特征感知、空间对象认知和空间格局认知(鲁学东等，2005)。

空间对象被视觉所感知后形成了视觉思维，而人类对空间世界的思考和判断是通过视觉思维进行的，因此，视觉感知是空间认知的基础。空间数据的“形”是视觉思维的细胞，格式塔心理学认为，人在视觉感知过程中通常会自然而然地追求事物的结构整体性或守形性，视觉形象首先是作为统一的整体被认知的，而后才以部分的形式被认知，也就是说，我们先“看见”一个构图的整体情况，然后才“看见”组成这一构图的局部情况。任何“形”都是视知觉进行了积极组织或构建的结果或功能，即形成了某种模式或者结构，道路网结构模式便是一种典型的空间认知结果的展示。

2. 道路网结构的形式化描述方法

道路网结构模式的形式化表达对于网络分析、数据匹配、地图更新与缩编具有十分重要的实用价值(田晶等，2013)，就城市道路网结构表达而言，对其进行形式化描述，将对深刻剖析城市空间的通达性、实体间的关联性、空间网络构型特征、空间结构特征等具有十分重要的应用意义。实际上，无论是对城市道路网还是居民地空间，我们都很难在同一个固定点来感知它，必须通过对整个系统的统筹观察，才能建立起对整体空间的系统构架，这种感知在某种程度上也是符合人类空间认知特点的：当人们观察物体时，在某种需求的驱使下，知觉活动首先会对其形式进行组织和建构，进而形成一个完整的“形”，这种“形”正好反映了外物的整体结构(游雄，1992)。

随着我国经济社会的快速发展，城市道路经过逐步演化，现已形成多种道路系统形式，总结起来，通常分为以下几种：格网式道路(如西安)、自由式道路(如重庆)、环形放射式道路(如成都)以及混合式道路(如北京)，如图 4.1 所示，这些路网形式布局各异，分布各有特点，如果将这些不同形式的道路结构进行形式化描述，进而通过某种模型量化表达，将对准确把握城市空间以及路网的合理规划产生深远的意义。从空间认知的角度来看，道路网的认知模式主要有以下 3 种。

1)道路网轴线模型

轴线模型是在空间句法理论的基础上表示道路网形态结构的一种方法。Hillier (1996)于 20 世纪 70 年代提出了空间句法理论，这是一种基于图论与 GIS 的城市与建筑空间形态分析的新型理论与工具，空间句法理论的基本原则是空间分割，轴线法是空间

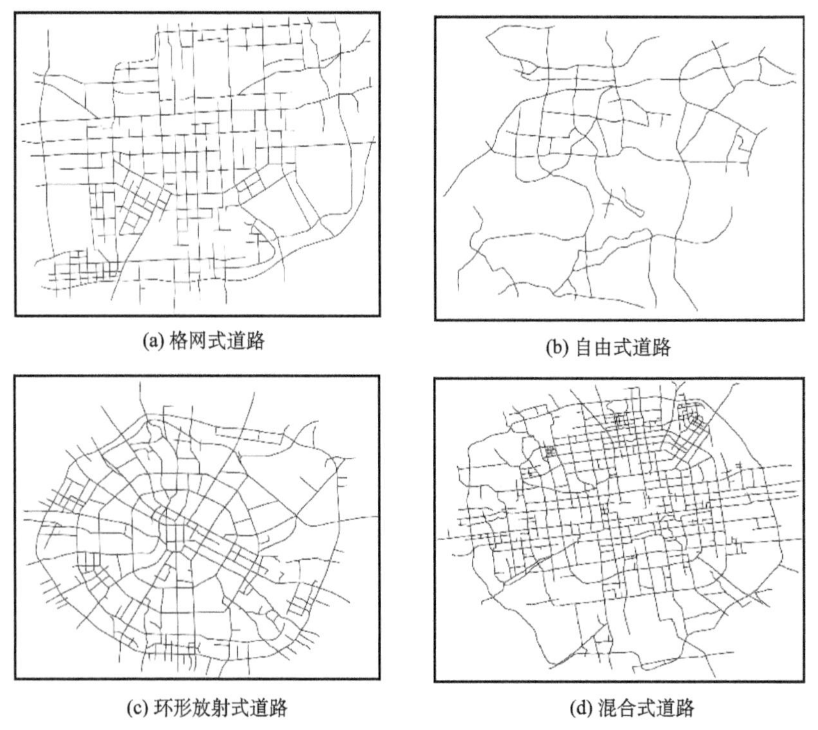

(a) 格网式道路　(b) 自由式道路

(c) 环形放射式道路　(d) 混合式道路

图 4.1　道路网结构的几种表现形式

分割的一种基本方法。轴线法采用轴线表示道路，以人的视觉识别为主要判断依据，将近似直线的路段合并为一条道路并用一条轴线表示，其基本流程为：首先将最长的道路用轴线表示，其次是第二长的道路，依次循环，直到整个道路空间被纵横交错的轴线所覆盖为止，在此过程中，必须保证每条轴线与其他轴线相交，不允许有孤立轴线存在。根据道路网轴线模型表示的城市道路网相关关系如图 4.2 所示，该模型通过人的视觉感知作用将复杂的城市路网空间转换为较为直观的轴线，大大简化了城市空间的复杂程度，便于城市道路网结构的量化表达，然而，这种建模方式也存在着一些局限：如只适合于表达近似直线的道路，而对于一些弯曲道路，如何准确地用轴线来表示，在某种程度上要受到研究者主观意识的影响，并且相邻两条道路的合并规则存在主观因素，因此不同的人可能得到不同的轴线图，即方法不具有唯一性。

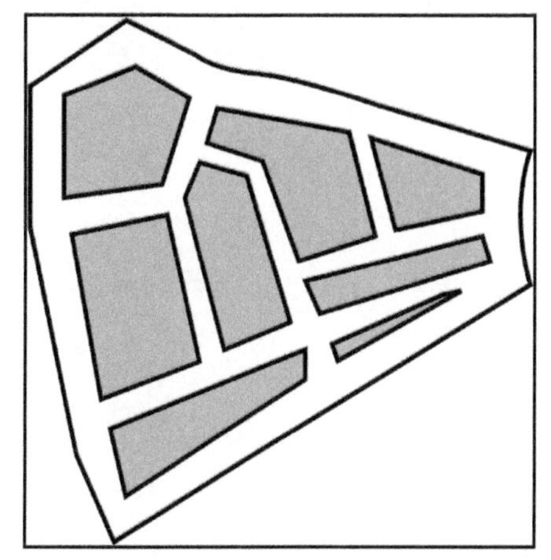

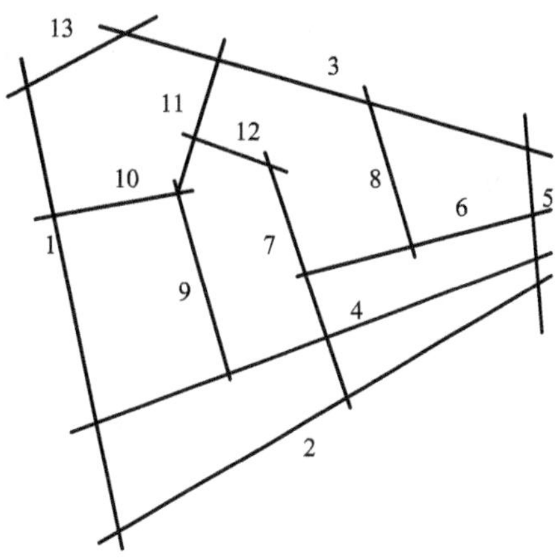

图 4.2　道路网轴线模型

2) 同名道路网模型

该模型是基于道路语义属性(如道路名或者道路类型)对道路网进行分析，如果两条关联道路名称一致，则可认为这两条道路属于同名道路。运用同名道路网模型可对城市道路网进行抽象整合，重要的道路在整合的过程中将被保留，以保证整个道路网拓扑结构的完整，利用同名道路模型表示的道路不再是离散的一条条路段，而是一个整体，通过这种抽象分析，同名道路之间的连接或分离程度便可以用连接图来分析(刘承科，2007)，在现实中，一条同名道路往往分为几段，如就陇海东路、陇海中路和陇海西路而言，用同名道路模型表示的话，这三条道路从语义角度被抽象为同一条道路，即陇海路。尽管这种建模方式比轴线模型相比较而言更加合理，然而，也存在一定局限性，完全依赖语义信息，忽略了空间特性并丧失了直观性，而且在道路语义信息缺失或者不完整的情况下，该模型将无法对道路网进行形式化描述。

3）道路网 Stroke 模型

随着研究的不断深入，上述两种建模方式的缺陷也逐渐凸显，为了找到更加科学合理的道路网结构表达方式，研究者们做了大量工作。道路网 Stroke 模型是根据视觉认知格式塔规则中的“连续性原则”提出的，即从人的视觉感受出发，引入“Stroke”概念（详细见 4.1.2 节），将表现为相同方向的元素容易被看成连在一起构成一条 Stroke（Thomson et al.，1999）。该模型模拟了人工选取道路时，人眼对道路长度的视觉判断，结合道路几何和语义属性对整个道路网进行分析。道路网琐碎复杂，通常被分割成单条弧段，弧段之间通过结点相连接。首先对道路网进行组织，将首尾相连并且方向一致的道路弧段连在一起，构成一条 Stroke，由于道路弧段一般不提供方向信息，因此此处的“方向一致”一般通过两条道路弧段在结点处的夹角进行描述。

但是由于道路网等级繁多且关系较为复杂，单靠弧段间的夹角来判断容易造成道路 Stroke 的误连接，因此，需要综合考虑道路属性信息和形态趋势来具体判断。如图 4.3 所示，如果假定三条道路弧段 l_1，l_2，l_3 同属一个等级，称为“A 道路”，这样，根据“良好连续性原则”，可以认为 l_3 和 l_1 是相连的，因为较之 l_1l_2 在连接处的走向，l_1l_3 在连接处更接近一条直线，即两者之间的夹角更接近 180°，如果 l_1，l_2 同属“B 道路”类型，而 l_3 属于“A 道路”，根据相似性重组的原则，l_2 则和 l_1 连接为同一条 Stroke，因此，在道路弧段重组中，相似性原则优于良好连续性原则，如图 4.4 所示为某地区城市道路网 Stroke 模型。

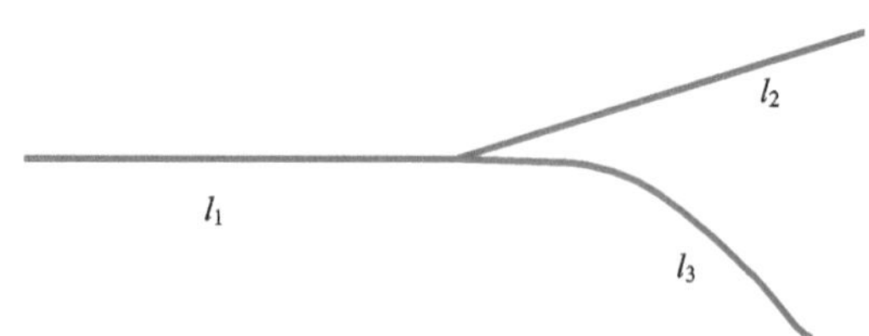

图 4.3　道路 Stroke 生成示意图

图 4.4　道路网 Stroke 模型

有效的道路网结构认知是开展道路综合决策过程的第一步，一条完整道路的构建是将连续的路段按一定的规则综合而成。然而，从空间认知的角度来看，这些构建规则的形成同样受到人类视觉思维过程的影响。上述总结的几种常用的道路网表示模型，反映了人类在认识城市空间结构中所积累的一些经验性规则，这些模型为量化城市的道路网络结构以及道路网等级评价奠定了良好的基础。

3. 道路网拓扑化处理

道路网数据拓扑关系构建是进行道路自动综合和其他分析、操作的基础。大多道路数据比较琐碎复杂，在数字化过程难免会产生误差，这就造成了部分道路数据在某结点拓扑关系的不完整，如图 4.5(a)所示，这样琐碎的道路网往往会对道路网拓扑空间分析产生影响。

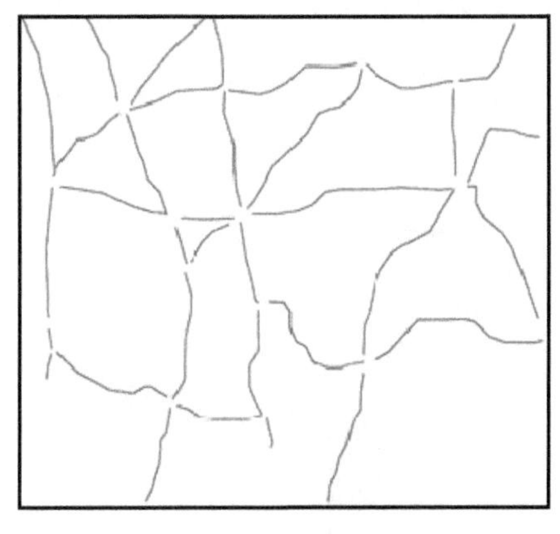

(a) 拓扑化处理前

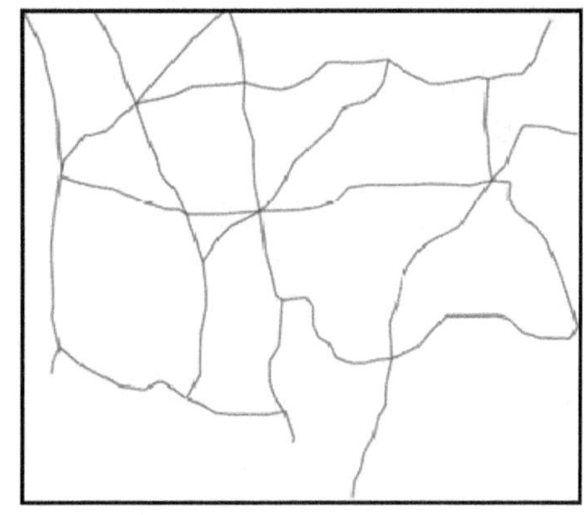

(b) 拓扑化处理后

图 4.5　拓扑化处理前后的局部道路网示例

不仅如此，这种道路弧段间的拓扑不完整性也会影响道路网 Stroke 的构建，图 4.6 中圆圈处道路出现了断开情况，若不进行拓扑化处理而直接构建道路网 Stroke，会出现明显的错误。

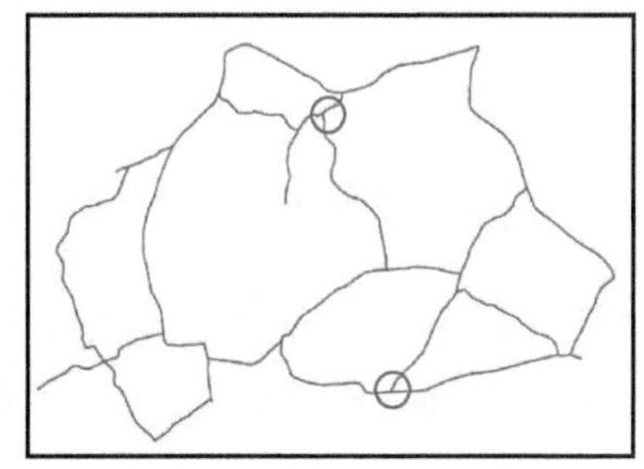

图 4.6　道路弧段断开情况

为更加清晰地显示道路网 Stroke 的构建情况，对不同等级的 Stroke 设置不同的线宽，如图 4.7 所示，*A* 处两道路弧段同属一条道路，按照道路网 Stroke 的生成原则，该处理应是同一条道路 Stroke，然而，由于出现了弧段断开的情况，导致生成了两条等级不同的道路，因此，在对道路网数据进行空间分析之前，应首先对道路进行拓扑结构处理，对相邻结点之间的道路线段进行合并，使之成为一条完整的道路，经拓扑化处理后的道路如图 4.5(b)所示。

道路网拓扑结构描述的是矢量数字地图中道路对象在空间位置上的相互关系，是空间数据结构化的重要体现，这种对道路网拓扑结构的预处理过程，不仅保证了道路之间的正确关联，从而为道路网拓扑关联关系的建立提供了便利，同时也为后续的道路网 Stroke 提取奠定了良好的基础。

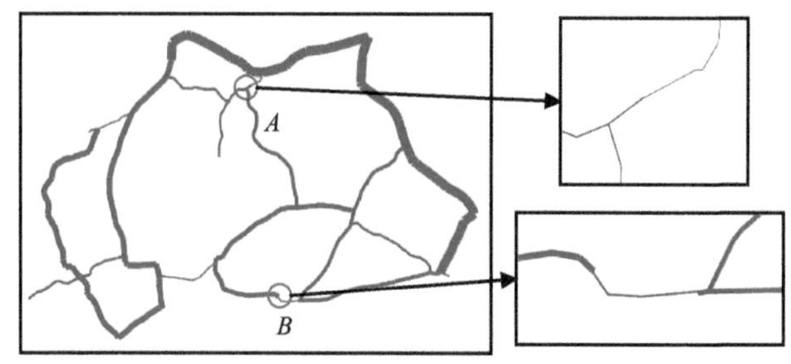

图 4.7 构建 Stroke 错误示例

经过道路网拓扑处理后，道路弧段之间实现了闭合，这样就可以保证在构建 Stroke 时道路弧段间的连续性，如图 4.8 所示。

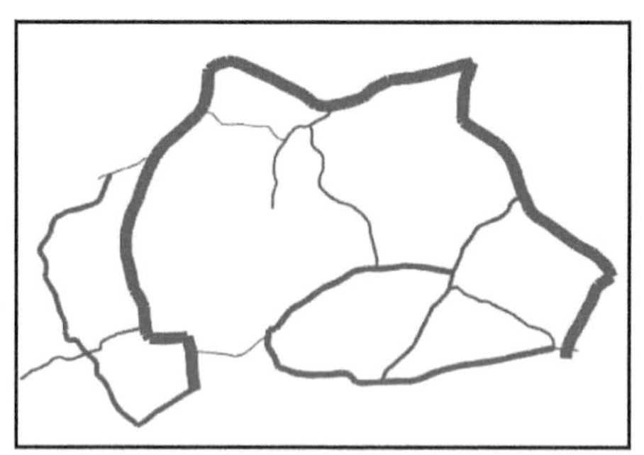

图 4.8 拓扑处理后的 Stroke 构建

4.1.2 道路网 Stroke 及其等级评价

1. Stroke 的基本含义

Thomson 和 Richardson 在分析道路与水系数据的网状结构时，从人的视觉感受出发，引入了“Stroke”概念，所谓的一条 Stroke，就是由一组满足在方向上有“较好连续性”道路连接而成的线段，其英文定义为：“Stroke—chain of road segments”，或者“Strokes are chains of nodes in which edges that follow the ‘Principle of Good Continuation’ are combined together”（Thomson and Richardson，1999）。由于 Stroke 平滑，连续性较好，以 Stroke 为单元对道路网进行重新组织，道路的整体连贯性得以保持，更加符合人类的认知习惯，也利于道路网的等级评价，因此被广泛应用于道路网结构分析和自动综合中。

国内外关于 Stroke 技术的研究主要有：Zhang(2009)通过构建“Delimited Strokes”，以每一条“Delimited Stroke”匹配来完成整个道路网的匹配，栾学晨等(2009)针对道路网中的双行道和道路交叉口模式，研究了城市复杂道路网的 Stroke 生成方法。钱海忠等(2010)将道路网空间结构识别、Stroke 算法与极化变换相结合，研究了道路网的选取方法，并取得了良好的实验效果。

2. 道路网 Stroke 生成方法

道路由一条条弧段连接而成，在生成道路 Stroke 过程中，首先选择一条弧段作为基准，依次遍历与该基准弧段首、末结点关联的其他弧段，依据道路网 Stroke 的构建依据，判断是否存在与该基准弧段同属一条 Stroke 的弧段。若存在，则以该弧段作为基准继续寻找其他弧段，依次不断循环，直至找不到满足 Stroke 构建条件的弧段，由此生成了一条道路 Stroke。

根据现有的 Stroke 生成算法分析(Ang et al.，1995；Hu，1961)，主要从道路属性信息、道路形态趋势及两条路段的偏向角 3 个方面进行判断。

(1)弧段偏向，用两条道路弧段偏向角来衡量其在结点处的方向一致性，用道路弧段的夹角来描述，夹角越接近 180°，则两条路段的方向越一致。这也是判断 Stroke 生成的常用方法。

(2)属性信息，即如果两条关联道路类型一致的话，则可视为一条 Stroke。

(3)形态趋势，即根据在道路结点处下一条道路的延伸趋势，来判断两条道路是否同属一条 Stroke。

通常情况下，通过判断两条道路弧段间的偏向角来组织道路网数据。但是对于那些道路网等级较多，需要综合考虑道路属性信息和形态趋势来具体判断。如图 4.9 所示，L_1，L_2 均为城市主干道，而 L_4 为城市次干道，α 和 β 为弧段间夹角。如果仅从道路弧段偏向来判断，显然，α 大于 β，但是，道路属性的一致性应该优于方向的一致性，则 L_1 和 L_2 连接为同一条 Stroke。实际上，很多道路网数据均存在属性信息不完整甚至缺失的情

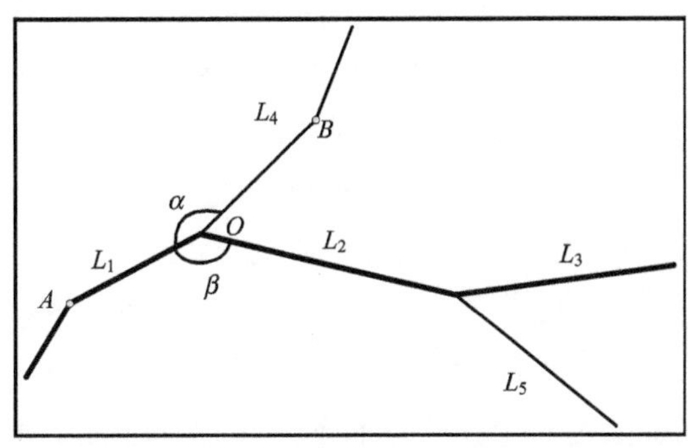

图 4.9　道路 Stroke 构建原理

况，这就使得无法利用属性信息来判断是否同属一条 Stroke，因此，在生成道路 Stroke 时，更多从弧段偏向情况加以判断，属性信息和道路形态趋势一般作为约束条件，优化选取合适的 Stroke。

以道路网 Stroke 技术将琐碎的道路弧段重新组合，从而将离散的道路弧段构建为一条完整的道路 Stroke，这样可大大简化道路数据的复杂程度，也便于对道路进行等级评价和结构分析。

3. 道路网 Stroke 的量化等级评价

根据上述原则，对整个道路网都参与 Stroke 提取操作，这样，所提取的道路 Stroke 属于同一个等级，并没有长度或宽度之分，其重要性程度无从判断，为了建立道路网层次匹配模型，需要对其进行进一步的分类分级。

按照一般的划分方法，道路网可分为主要道路和次要道路，在不考虑语义道路属性特征指定的道路网重要性的情况下，单纯从几何特征看，则可认为道路是由主要道路和次要道路组成。从几何特性上讲，主要道路是指由长度较长、连通性好、没有分支且走向连贯的一组线段组成的道路，剩余道路则为次要道路(钱海忠等，2010)。但为了能更加细致的表达道路网在整个城市发展中担当的重要作用，从而对道路网的重要性等级做出评价，应该对所提取出的道路网 Stroke 作较为详尽的等级划分。

道路网 Stroke 的等级评价可借鉴已有对道路数据的等级评价方法，目前关于道路网的等级评价方法已有很多(刘承科，2007；叶彭姚和陈小鸿，2011；陈波等，2008；Jiang and Claramunt，2004)。实质上，道路网的等级划分需综合考虑道路的属性、几何、拓扑等信息，但是，当划分过程所考虑的属性越多，对源数据的属性丰富性、完整性、一致性要求就越高，越难以实施，另外，考虑到诸多空间数据在语义等方面的缺失，依据语义信息进行 Stroke 的分类分级划分还存在许多不确定性，但是，有一条规律在相同尺度、不同尺度道路网数据中是必须正确的，那就是相同的道路，在各类数据集中的长度应该是近似相等的。另外，道路网是由不同道路相互连接形成的一个复杂的道路网络，实际可获得的数据中，道路网几何与连通关系数据往往是最基本、质量最有保障的(徐柱等，2012)，因此，其等级划分也一般依据长度和通达性这两个指标来判断。

(1)长度。道路长度的获取相对容易，因此通常作为衡量重要性程度的关键指标，道路越长，表明其服务的范围就越大，重要性程度就越高。

(2)通达性。也可称为可达性和易达性，是指通过道路之间的衔接关系实现道路网所在区域两点之间的通达，一般用道路网络中心度来描述。道路的网络中心度越大，即所处的中心地位越高，说明该道路的通达性越好，从而发挥的作用越大。

通常可以将道路网抽象为一个拓扑连通图，即 $G=(V, E)$，表示的是具有 n 个顶点的图，其中顶点集合 $V=\{v_1,v_2,v_3,\cdots,v_n\}$，边集合 $E=\{e_1,e_2,e_3,\cdots,e_n\}$，集合 V 中每个顶点 v_i 表示一条道路，集合 E 中每个 e_j 表示两个顶点之间的路径，即两条道路之间的连通关系，它们之间的关联关系可用一个邻接矩阵 $R(G)$ 表示，且 $R(G)$ 是具有如下性质的 n 阶方阵：

$$A[i][j]=\begin{cases}1 & \text{顶点}v_i\text{与}v_j\text{连通}\\0 & \text{顶点}v_i\text{与}v_j\text{不连通}\end{cases} \tag{4.1}$$

在拓扑图中，网络中心度是指某结点到其他各结点的最短距离，它描述的是道路的通达性，反映了该道路在整个道路网中所处的中心地位。设 Dis_{ij} 为整个道路网络中顶点 v_i 至 v_j 的最短路径，n 为整个道路网中的结点数。若路径 Dis_{ij} 经过组成该道路的任一边，则令函数 $f(\mathrm{Dis}_{ij},k)$ 取 1，否则取 0，第 k 条道路的网络中心度 CD 定义为

$$\mathrm{CD}=\sum_{i=1,j=1}^{n} f(\mathrm{Dis}_{ij},k) \tag{4.2}$$

研究选取上述两种道路网等级评价的指标进行 Stroke 的量化等级评价。由于提取的道路 Stroke 长度不一，且长度和网络中心度这两个指标是从不同的角度来描述道路的，因此为了将不同指标的数据整合在一起以便确定更加合理的 Stroke 等级划分标准，就有必要对上述两种指标进行归一化处理，即采用相对长度系数（LengthRatio）和相对网络中心度（CDRatio）对 Stroke 等级进行判断。

Stroke 相对长度系数反映了 Stroke 的影响范围，可由 Stroke 的实际长度（$\mathrm{Length}_{\mathrm{Stroke}}$）和所有 Stroke 中的长度最大值（$\mathrm{Length}_{\max}$）的比值获得。其计算方法如下：

$$\mathrm{LengthRatio}=\frac{\mathrm{Length}_{\mathrm{Stroke}}}{\mathrm{Length}_{\max}} \tag{4.3}$$

Stroke 相对网络中心度反映了该条 Stroke 在整个道路网络中所处的中心性地位，可定义为

$$\mathrm{CDRatio}=\frac{\mathrm{CD}}{\mathrm{CD}_{\max}} \tag{4.4}$$

式中，$\mathrm{CD}_{\max}$ 为道路网络中 Stroke 网络中心度最大值。综合分析以上两个指标可以看出，相对网络中心度在道路功能分析中发挥着重要作用，因此，采用以下公式来综合判断 Stroke 等级类型：

$$\mathrm{R}_{\mathrm{Stroke}}=\mathrm{LengthRatio}\cdot\mathrm{CDRatio} \tag{4.5}$$

Stroke 相对长度系数综合考虑了道路影响范围，与 Stroke 等级类型综合指标大小成正比，Stroke 相对网络中心度参数考虑了道路的通达性，也与 Stroke 等级类型综合指标大小成正比。根据上述道路 Stroke 等级综合判断指标，对生成的 Stroke 进行量化等级评价，便获取了道路网形态结构的层次化特征。

4. 实例分析

图 4.10 所示为一幅城市道路网数据，共包含 1829 条路段，如前所述，理论上讲，

道路 Stroke 的构建需遵循三条原则，然而就实际而言，道路属性信息往往存在不完整的情况，这就为道路 Stroke 的构建造成了影响。本实例中，从该城市道路数据的属性信息看，存在道路类型和名称两个基本属性，在道路类型这一属性中，仅有城市道路这一类型，显然无法根据道路类型属性来构建道路 Stroke，而对于道路名称这一属性而言，仅有部分道路存在名称属性，其他道路的名称处于缺失状态，这使得在构建道路 Stroke 时，除了部分可以利用名称属性外，其他道路 Stroke 的构建只能完全根据弧段偏向和形态趋势来判断。

依据上述基本原则，完成整个道路网数据的 Stroke 构建，经统计，提取 Stroke 后共有 538 条道路，由此可以看出，提取 Stroke 后道路网数据得以大幅度简化。利用前节所述方法对整个道路 Stroke 进行等级化处理，不同等级以不同颜色和线宽表示，如图 4.11 所示。

道路网数据经过 Stroke 构建后，每一条道路会包含若干条道路弧段，而且弧段间的拓扑关系便易于获得，进而可得到道路网拓扑连通图的邻接矩阵，通过可视化表达，如图 4.12 所示为实验道路网数据构建 Stroke 后未进行等级化处理的拓扑连通图显示效果。道路 Stroke 经量化等级评价后，每条道路 Stroke 的等级不同，其重要性程度也有所不同，将不同等级的 Stroke 按照“结点—弧段”数据模型组织后，同样可以获得道路 Stroke 间的拓扑关系信息，如图 4.13 所示为不同等级的道路 Stroke 拓扑连通图，图中实心圆越大，说明该条道路 Stroke 的等级越高。

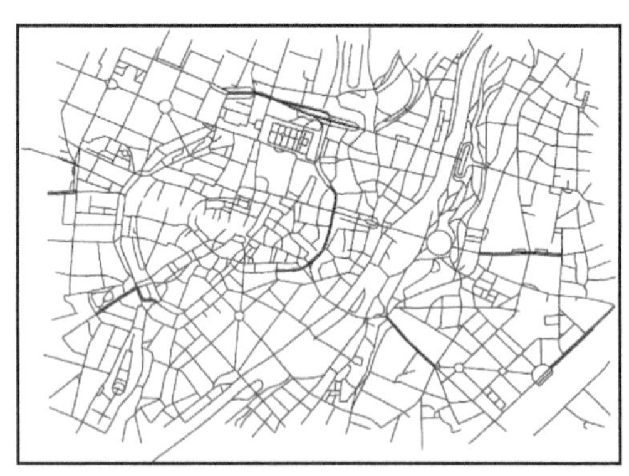

图 4.10　某城市道路网实验数据

图 4.11　提取 Stroke 并分级效果

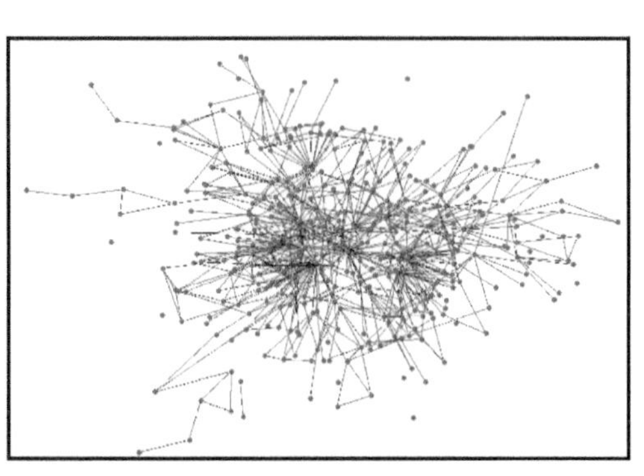

图 4.12　构建道路 Stroke 后的拓扑连通图

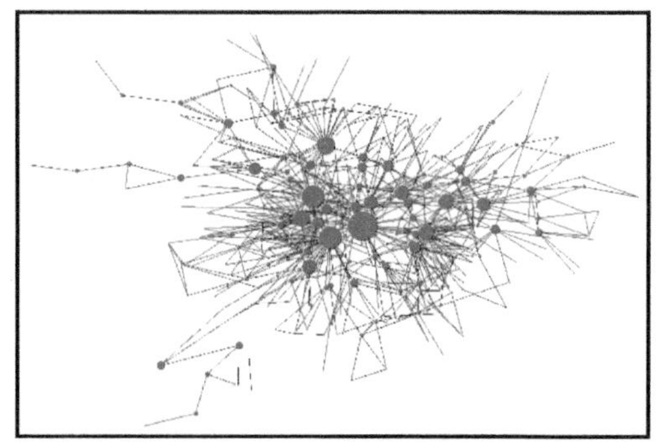

图 4.13　Stroke 等级化后的连通图

通过 Stroke 技术对道路网重新组织，主要有以下优点：首先，当道路网转化为 Stroke 后，其复杂程度得到大幅度降低，算法的计算量大大降低了，计算过程中的不确定性也随之降低；其次，当道路网转化为 Stroke 后，变得更加规则，即 Stroke 对道路网进行了规则化处理，这样也大大降低了算法过程中的不确定性；利用 Stroke 表达整个道路网，有利于描述路网整体结构特征，便于进行整个道路网层次匹配分析，对于保持主要道路的连通性具有积极意义。

4.1.3　基于 Stroke 技术的道路网层次匹配模型

道路的最主要功能是实现不同区域间的互通，从横向上看，道路四通八达，相互交织，体现了道路网络连通性的特性；从纵向上看，不同道路之间等级差异较为明显，不同等级的道路之间表现出层次特性，因此，层次性是道路网空间结构的一个重要特征。研究道路网的层次结构特征，对许多 GIS 分析与应用起到十分关键的作用。

1. 道路网层次结构模型的构建

利用 Stroke 技术对整个城市道路网进行分类分级后，高等级的道路 Stroke，犹如一棵树的主干和粗枝，可反映出整个城市的大致形态结构，因此，高等级道路 Stroke，也即主要道路，是整个城市的骨架，而那些较低等级的道路 Stroke，就好像一棵树的细枝和树叶。如此，对整个城市道路网有了层次化的认知，将这种层次结构模型映射到一个树状结构中，称之为骨架树，如图 4.14 所示。在这种层次结构模型中，每条高等级的道路 Stroke 可能有多条较低等级的道路 Stroke 相连，每条较低等级的道路 Stroke 可能有更多的更低等级的道路 Stroke 相连，因此这种层次模型具备以下特性：

(1) 可能具备多个根结点；

(2) 每条道路 Stroke 可能具备多个父结点；

(3) 相同等级道路 Stroke 之间是网状模型，不同等级道路 Stroke 之间形成层次结构模型。

由以上分析可知，对这种层次结构模型的量化表达，不能采用单一的树结构模型(如 BSP 树、KDB 树、四叉树、*R* 树或者 *R*+树等)进行描述，而需要采用智能化(自身具备探测、计算和分析能力)、自上而下的、多层次、层叠式组合结构模型。

骨架树构建的关键问题是如何找到根结点，对于整个城市道路网而言，选取最高等级的一条道路 Stroke 作为该骨架树的根结点，将与该道路相关联的较低等级的道路 Stroke 作为子结点，之后，对每个子结点按照同样的方法找到各自的子结点，由此便构成了一个骨架树。

为了便于对骨架树的结构进行量化描述，引入骨架树的邻接矩阵。给定一个骨架树 $T=(V, E)$，其中 V 是该骨架树的结点集合，E 表示边的集合，骨架树的邻接矩阵是一个对称的{0, 1}矩阵，如表 4.1 所示，在骨架树中，如果 $(i, j)\in E$，则矩阵的第 (i, j) 项值记为 1，否则记为 0。

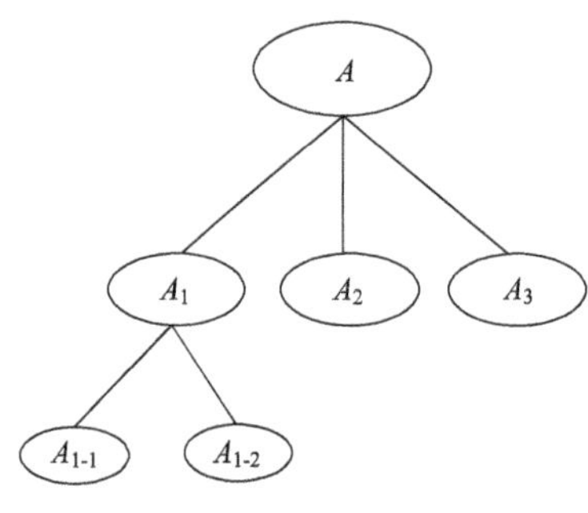

图 4.14　道路网 Stroke 骨架树

表 4.1　骨架树邻接矩阵

	A	A_1	A_2	A_3	A_{1-1}	A_{1-2}
A	0	1	1	1	0	0
A_1	1	0	0	0	1	1
A_2	1	0	0	0	0	0
A_3	1	0	0	0	0	0
A_{1-1}	0	1	0	0	0	0
A_{1-2}	0	1	0	0	0	0

根据格式塔心理学，人们认知事物总是先整体后局部，这也是空间相似性判断的一个重要理论依据，道路网层次结构模型同样符合人类的认知习惯，并且这种认知分析，更符合人类认知客观世界从总体到局部、从概略到细微、从重要到次要的顺序，具有明显的空间层次特征。

2. *层次结构模型的关联关系分析*

空间中的地理实体之间既存在着层次关系，又存在相互关联关系。不同要素类的地理实体之间包括包含，相邻和相离等多种空间关系，对于相同要素类的地理实体，在不同尺度的地理空间数据库中也有相互关联。在现实生活中，人脑首先通过分析各物体的特征，对它们之间的相关性进行比对，然后再寻找与待匹配场景或要素具有相关性的同类事物。一般情况下，如果将两幅比例尺相近的地图叠加在一起，人眼很容易对同一地物实体做出判断，这是因为人眼在获取两个目标的位置、形状、大小以及目标与其他目标之间的拓扑关系等信息后，能够迅速将此信息传输至人脑，从而做出相关判断。人脑对两个目标信息的获取并非独立的，而是通过对两者的关联信息比较进行的，将人脑的这种感知通过结构化的方式表达出来，并进行相互关联关系分析，在模拟人的这种综合已有信息的能力基础上，构建道路网层次结构模型，对整个道路网的结构表达起着十分重要的作用。

通过层次结构模型的相似性分析，寻找多源、多尺度空间数据在层次结构上的整体相似性和差异性。在此基础上，归纳、分析每一种道路网 Stroke 层次结构模型的形态和特征，建立层次结构模型之间的关联关系。这种关联关系的构建可以通过图 4.15 的示意性说明较好地阐释其原理。如图 4.15(a)和图 4.15(b)所示，首先对同一区域的数据集 A 和数据集 B 分别建立层次结构关系，通过对两个数据集中层次结构模型的相似性分析，可以分别提取出两个数据集中具有结构相似性的部分，如图 4.15(c)所示，进而对其各个层次之间分别建立关联关系，如图 4.15(d)所示，其余的不具有结构相似性的部分则是新增或消失的部分，在数据更新过程中可以直接对被更新的数据集采用增加或删除等数据库操作即可。

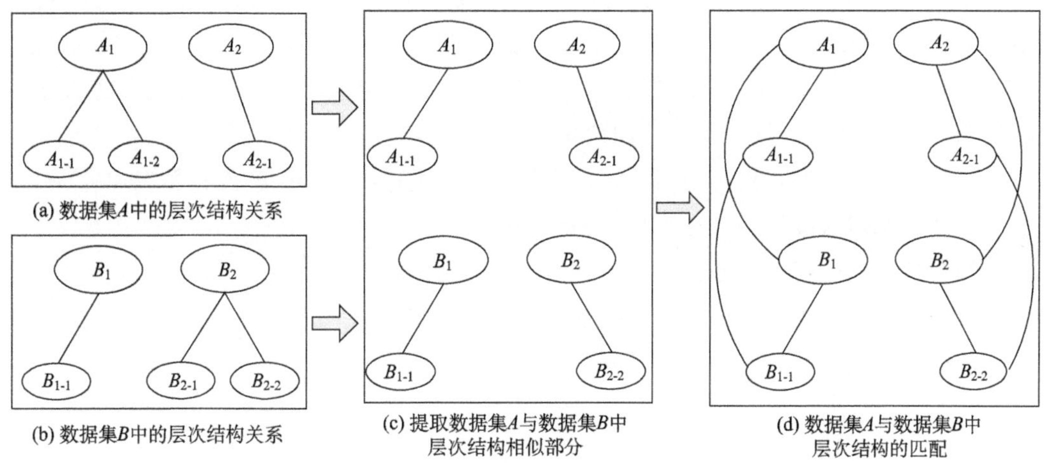

图 4.15　层次结构模型关联关系分析

由此看出，道路网层次结构模型的构建，也是符合人类认知规律的，在此模型的基础上，研究道路网层次匹配的基本策略问题，为进一步开展对道路网数据匹配更新研究起到了重要技术支撑作用。

3. 道路网 Stroke 层次匹配策略

解决了道路网层次 Stroke 结构模型的构建问题，则将整个道路网的匹配问题转化为道路网层次 Stroke 的匹配问题。

对于已构建的道路网 Stroke 层次模型，采用宏观与微观相结合的匹配策略，不仅仅考虑模型整体的匹配效果，同时考虑到了局部特征的匹配情况。宏观方面的匹配策略主要基于整个道路 Stroke 层次模型的匹配，即对不同数据集所构建的层次模型进行相似性分析，分别提取出两个数据集中具有结构相似性的部分，然后对其各个层次之间分别建立关联关系。

微观方面匹配则基于单条 Stroke 匹配，由于此情况属于线要素之间的相互匹配，目前有许多成熟的线要素匹配算法，缓冲区增长匹配算法和最邻近结点匹配方法是较为常用的两种。其中最邻近结点匹配方法通过寻找两条线之间最邻近结点的方法判断匹配情况，如果待匹配数据中的结点过多或过少，则会产生不确定性甚至错误；而缓冲区增长匹配算法是从整体上对线要素进行匹配，其稳定性和匹配准确率相对较高，因此，采用缓冲区增长算法的思想进行相同等级 Stroke 间的匹配。

4. 实验与分析

Stroke 层次匹配方法的原理为：首先对等级高的道路 Stroke 进行匹配，如果匹配成功，则进行与其相邻低等级的道路 Stroke 匹配；如果未成功匹配，则返回与该等级相同的其他道路 Stroke 的匹配，依此类推，遍历提取出的所有等级的道路 Stroke，直到完成全图所有的匹配工作。该匹配模型如图 4.16 所示，其基本流程为：

(1)分别对源数据和目标数据进行预处理，保证道路网拓扑结构的完整性；

(2)对匹配双方的道路网数据分别提取 Stroke；

(3)将提取出的道路网 Stroke 分别进行量化等级评价；

(4)构建不同尺度道路网数据下的 Stroke 层次结构模型；

(5)采取由高到低的 Stroke 等级顺序依次进行匹配。

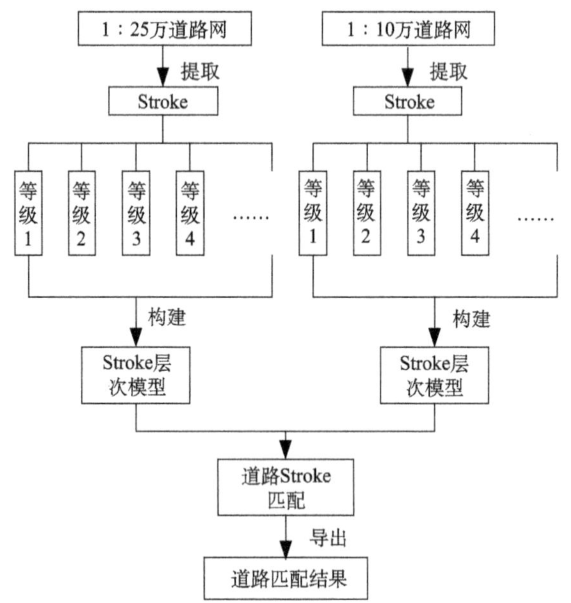

图 4.16　道路网层次匹配模型

选取某地不同比例尺道路网数据进行实验，如图 4.17 所示，根据上述道路网层次匹配模型方法描述，本试验中，将 1∶25 万道路数据称为源数据(图 4.18 中粗线所示)，将 1∶10 万道路数据称为目标数据(图 4.18 中细线所示)。

本实验采用较为常用的缓冲区重叠面积法进行道路 Stroke 之间的匹配，该方法的基本原理为：通过计算目标数据和源数据的缓冲区面积重叠率，判断目标数据中的道路 Stroke 是否位于源数据道路 Stroke 的缓冲区内，进而判断源数据中的道路 Stroke 和目标数据中的道路 Stroke 是否为同名要素；同样地，也可以判断源数据中的道路 Stroke 是否位于目标数据道路 Stroke 的缓冲区内，从而得到两条道路 Stroke 的匹配情况。

(a) 源数据　　(b) 目标数据

图 4.17　实验数据

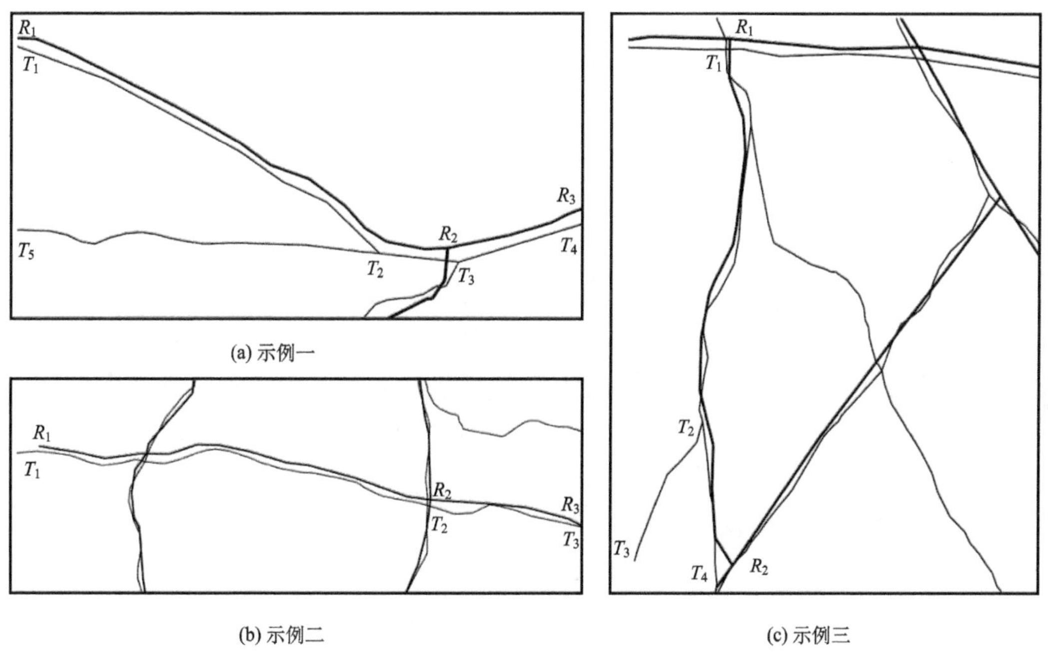

(a) 示例一

(b) 示例二　　(c) 示例三

图 4.18　部分道路匹配效果

如图 4.18 所示为部分道路匹配效果，示例一中，源要素的一条道路 Stroke(Str_1)分别由道路弧段 R_1R_2、R_2R_3 组成，目标要素的一条道路 Stroke(Str_2)分别由道路弧段 T_1T_2，T_2T_3，T_3T_4 组成，根据前文所述道路 Stroke 量化等级评价标准，两者属于同一等级间的道路 Stroke，分别对 Str_1 和 Str_2 做缓冲区分析，通过判断两者缓冲区面积的重叠率，得到两条道路 Stroke 间的匹配情况。示例二中，两条 Stroke 属于同一等级，而且所构建缓冲区面积重叠率为 0.800025，完全匹配。但是也存在匹配错误的情况，示例三中，目标

要素中由弧段 T_1T_2，T_2T_3 组成的一条道路与源要素中的一条道路 Stroke，如果仅从长度相似系数和缓冲区面积重叠率这两个指标上判断，比较接近，满足匹配要求，然而通过等级评价，两者不属于同一等级的 Stroke，因此属于误匹配，详细统计结果如表 4.2 所示。

表 4.2　部分道路 Stroke 匹配统计表

图示	道路 Stroke	包含弧段	等级属性	长度/m	长度相似系数	所构建缓冲区面积/m^2	面积重叠率	匹配结果
a	Str_1	R_1R_2, R_2R_3	7	2566.585906	0.9989442	538914.72039	0.74489	匹配
	Str_2	T_1T_2,T_2T_3,T_3T_4	7	2569.298573		540636.62629		
b	Str_1	R_1R_2, R_2R_3	8	3169.079983	0.9171688	1189843.318063	0.800025	匹配
	Str_2	T_1T_2,T_2T_3	8	3455.285406		1280365.058530		
c	Str_1	R_1R_2	5	1789.025046	0.9661514	705329.349435	0.743268	误匹配
	Str_2，Str_3	T_1T_2,T_2T_3	—	1851.702632		726354.639669		
	Str_1	R_1R_2	5	1789.025046	0.9615051	705329.349435	0.916230	匹配
	Str_2	T_1T_2,T_2T_4	5	1860.650621		726354.639669		

在上述实验中，对单条道路 Stroke 进行缓冲区分析时，选择合适的缓冲区半径较为关键。如果缓冲区半径太小，将有可能影响到两条 Stroke 缓冲区的面积重叠率；当然也不能太大，缓冲区半径太大将影响匹配速度，因此采用在一定范围内动态设置缓冲区半径的方法，搜索、计算并获取最优的缓冲区半径值。例如，初始设定 17m 缓冲区半径进行匹配，统计结果显示，源数据中 96%以上道路包含在目标数据所构建的缓冲区中；进而增大缓冲区半径至 18m，则源数据中 99%以上道路包含在目标数据所构建的缓冲区中，但索引速度明显降低；当减小缓冲区半径至 15m 时，统计结果显示，源数据和目标数据所构建缓冲区的面积重叠率均小于 90%。经试验，缓冲半径为 17.5m 时，达到较好的匹配效果，因此该值为最后设定的缓冲区半径。

4.2　采用层次分析法的道路网整体匹配方法研究

4.2.1　道路 Stroke 相似指标及权值确定

1. 道路 Stroke 相似指标的选取

对于同名实体的相似度衡量，大多采用多个相似指标综合判断，对于线状实体(道路，河流等)，通常从长度、形状、方向等特征入手，通过计算各指标相似性并加权求和来获取对象整体相似度，在计算过程中，不同方法利用的指标一般都大致相同，但各指标相似性的计算方法及其权值又略有差异。本节根据问题的特点给出了各项指标的计算方法，并通过层次分析方法自动确定各指标权值，进一步确定整体相似度，从而达到指标权值赋值的自动化。

1) 位置相似度指标及其度量

空间位置信息是地理实体空间表达的基础，位置上的接近程度可以由空间距离反映，描述空间实体位置信息的空间距离有很多。欧氏距离通常用于度量点到点之间的距离和点到线之间的距离；Fréchet 距离比较符合人对线实体间距离的空间认知，但是计算较为复杂；极小距离以及平均距离适合计算简单线要素之间的距离，不利于反映线要素间的整体特性，Hausdorff 距离反映的是两条线之间的整体距离，可有效衡量线实体间的远近程度，比单纯的欧氏距离更加合理，与 Fréchet 距离相比，Hausdorff 距离计算量相对简单，因此采用 Hausdorff 距离来度量两条道路 Stroke 间的位置相似情况：

$$\varDelta_{\text{Locate}}(\text{Stroke}) = 1 - \frac{\text{Hausdorff}(\text{Str}_1, \text{Str}_2)}{\varDelta_{\text{tolerance}}} \tag{4.6}$$

式中，$\varDelta_{\text{tolerance}}$ 为距离阈值。

2) 长度相似度指标及其度量

将琐碎的道路网数据通过 Stroke 模型进行重新表达后，满足了认知习惯。对于来源不同的同名道路实体来说，有一条规律在相同尺度、不同尺度道路网数据中是必须正确的，那就是相同的道路，在各类数据集中的长度应该是近似相等的，因此，如果同名道路实体长度相近，则它们存在匹配关系的可能性就越大，设 L_{Str1}、L_{Str2} 分别为两条道路 Stroke 的长度，则其相似性关系可表达为

$$\varDelta_{\text{Length}}(\text{Stroke}) = 1 - \left| \frac{L_{\text{Str}_1} - L_{\text{Str}_2}}{\max(L_{\text{Str}_1}, L_{\text{Str}_2})} \right| \tag{4.7}$$

3) 方向相似度指标及其度量

方向特征是描述线要素的又一个重要指标，道路 Stroke 的方向可分为整体方向和局部方向两种，其中整体方向指的是连接一条 Stroke 首末端点的连线方向，局部方向可采用组成该条 Stroke 的道路弧段方位角表示。一般情况下，对于同名道路实体来说，其整体方向趋势应该变化不大，因此可以采用整体方向相似度来度量两条道路的方向相似性。然而，仅采用首末结点连线的方向来描述整条 Stroke 的方向趋势，显然不具完备性。对于一整条道路 Stroke 而言，它是由众多道路弧段连接而成的，在不同的数据集中，可能会由于其中一条道路 Stroke 首结点或者结点微小的抖动所造成两条 Stroke 整体方向判断不一致的情况，如图 4.19 所示，不同数据集中的两条 Stroke 分别为 Str_1 和 Str_2，若采用整体方向来判断两者的整体趋势，两者的整体方向分别为 θ_1 和 θ_2，经过计算得知，$\theta_1 = 137.42°$，而 $\theta_2 = 124.97°$，两者的差异度为 12.45°。这是因为 Str_1 在末结点处产生了轻微抖动现象，造成了整体方向判断的不一致。

通常采用方位角来描述道路的局部方向特征，即逐段计算各弧段的方位角大小，进行累积计算后判断，然而由于所采集数据的不一致性，导致即使是同一条道路，所组成

的弧段数量也不尽相同，因此，很难对所有的弧段方位角进行整体化描述，另外，经过累积计算后，会造成误差的积累。

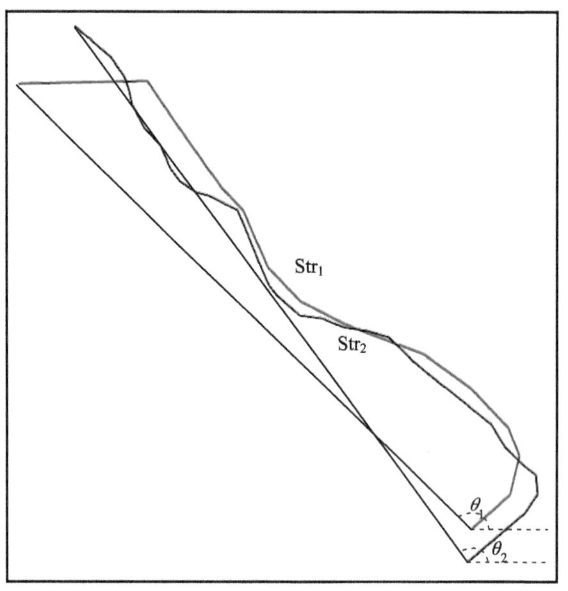

图 4.19　结点处抖动情况

刘涛针对单个线划目标组成的线网(簇)的方向计算问题，采用解析几何的方法，利用直角坐标系对整个线群目标进行统计，从而计算整个线群目标的方向均值，则整个线群的方向关系可利用方向均值的象限角度进行表达(刘涛，2011)。如图 4.20 所示，一组矢量$\overline{OA}$、$\overline{OB}$、$\overline{OC}$和$\overline{OD}$相加后的矢量方向为θ，则θ为这组矢量的方向均值。

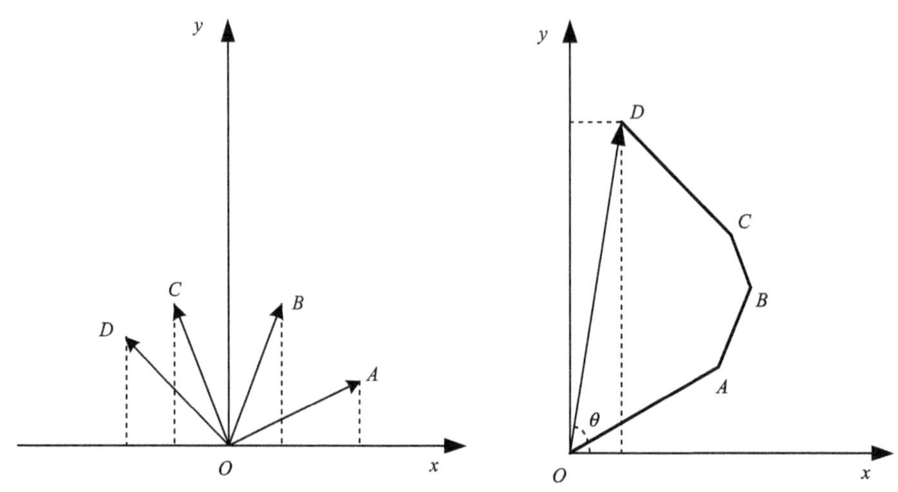

图 4.20　线群方向均值计算

然而，该方法在采用方向均值对线实体的方向进行描述时，认为方向均值仅与矢量的方向有关，而与其长度无关，因此只考虑了组成一条线实体的弧段的矢量方向，即将矢量简化为单位长度的矢量，并没有考虑到该弧段的长度。

在对线实体进行方向描述时，组成该线实体的弧段长度也是一个关键的影响要素，因此本节提出一种顾及弧段长度的道路方向均值度量方法，即连接道路 Stroke 的特征点形成新的弧段，将各弧段的相关长度系数作为权值，对各弧段的方位角加权求值，以此作为度量线要素方向的指标。

如图 4.21 所示，设 Stroke 特征点连线的长度为 L，第 i 条线段(即相邻两个特征点之间的连线)的长度为 D_i，则相关长度系数为

$$\lambda_{\text{rate}} = \frac{D_i}{L} \tag{4.8}$$

将该值作为计算方向均值的权值，得到描述整条道路 Stroke 方向的计算模型：

$$\theta_{\text{ave}} = \lambda_1\theta_1 + \lambda_2\theta_2 + \cdots + \lambda_i\theta_i \tag{4.9}$$

式中，θ_i 为第 i 条连线与 x 轴正方向的夹角。通过度量两条 Stroke 之间的方向均值，得出方向相似性的计算公式：

$$\varDelta_{\text{Orient}}(\text{Stroke}) = 1 - \frac{\varDelta\theta_{\text{ave}}}{\varDelta\theta_{\text{tolerance}}} \tag{4.10}$$

式中，$\varDelta\theta_{\text{ave}}$ 为两条 Stroke 方向均值的差值，即 $\varDelta\theta_{\text{ave}} = \left|\theta_{\text{ave1}} - \theta_{\text{ave2}}\right|$；$\varDelta\theta_{\text{tolerance}}$ 为两条待匹配 Stroke 间的方向均值差异阈值。

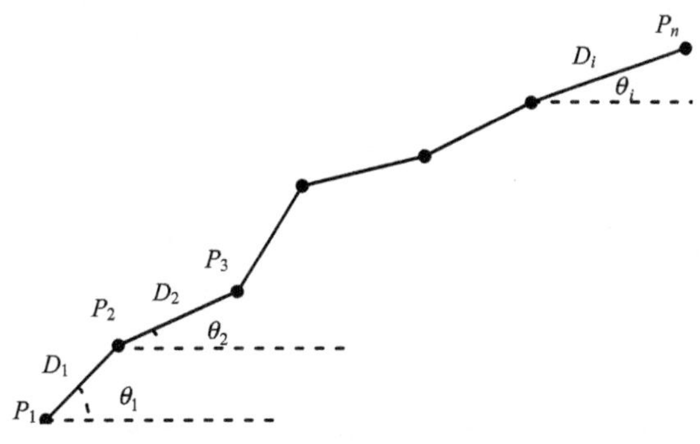

图 4.21　方向均值量化表达 l_2

4) 拓扑相似度指标及其度量

拓扑结构相似性一般作为辅助要素判断线要素的匹配情况，一般通过比较弧段上结点关联的弧段数量以及弧段的方向来实现(邓敏等，2010)。此处采取道路弧段上结点关联弧段的数量来衡量两条 Stroke 之间的拓扑相似性，计算公式为

$$\varDelta_{\text{Top}}(\text{Stroke}) = 1 - \frac{\left|N_{\text{Num1}} - N_{\text{Num2}}\right|}{\max(N_{\text{Num1}}, N_{\text{Num2}})} \tag{4.11}$$

式中，N_{Num1}、N_{Num2}分别为两条 Stroke 上各结点所关联弧段的数量。

上述相似度衡量指标虽然可以作为道路匹配的重要依据，但由于指标太多，一方面涉及各个指标之间的重要性排序问题，另一方面还涉及各指标值的赋值问题。已有研究往往对各类指标手动赋予经验值，并进行归一化处理，这无疑增加了算法的不确定性。

2. 已有算法相似指标权值设定

无论是相邻比例尺道路网数据的匹配还是多尺度道路网数据的匹配，均面临一个共性问题：很少将道路网视作一个整体，而是以各个弧段的形式进行处理，这在某种程度上不符合人类从整体到局部的认知习惯，也增加了匹配过程中的不确定性因素。另外，在道路匹配中，可能存在两个或多个对象的位置、形状的相似度非常高，但它们并不相互对应，因此，仅仅依靠几何特征进行匹配往往是片面的，需要综合采用多个指标进行相似分析。然而，在涉及多指标综合匹配分析时，均面临各指标的权值设定问题，以及以哪个指标为主的问题，随意性较大，在某种程度上影响了匹配算法的精准程度。

目前许多算法中涉及权值设定问题时，一般通过人为赋值，例如，吴建华(2010)将线实体(分别为p和q)长度相似度指标($\rho L_{p,q}$)、基于缓冲区重叠面积的相似度指标($\rho B_{p,q}$)、基于方位编码的形状相似度指标($\rho F_{p,q}$)以及实体环境相似度指标($\rho T_{p,q}$)进行组合，从而形成了基于权重的综合相似度指标：

$$\rho_{p,q} = \alpha \times \rho L_{p,q} + \beta \times \rho B_{p,q} + \gamma \times \rho F_{p,q} + \delta \times \rho T_{p,q} \tag{4.12}$$

在实验中，对各指标权值(α、β、γ和δ)分别赋以不同的值(如 0.25、0.2、0.25 和 0.3)，进而获得最终的匹配结果，这种依靠人为经验设定权值的方法，在某种程度上存在较大的主观性，有可能影响到算法的执行力度。

4.2.2 基于层次分析法的相似权值自动确定方法

确定因子权重是建立评价模型的重要步骤，权重的正确与否极大地影响评价模型的正确性，因此，权值的确定是评价匹配精度的关键所在。在当前的很多匹配算法中，权值的确定一般通过专家经验直接设定，随意性较大，在某种程度上影响了匹配算法的精准程度。因此，为了最大限度减少人为设定权值所造成的误差，迫切需要建立更加科学的相似性评价模型，使得匹配算法更具精确性和可靠性，层次分析法提供了一种简单有效，科学合理确定各影响因子权值的数学方法。

1. 相似指标重要性分析

由于各实体间的变化情形复杂，大多由多种变化类型共同作用而成，单纯采用位置特征判断是否为同名空间实体，很可能得到与实际情况不相符的结果，因此引入长度、方向等其他特征指标对上述位置特征判断进行有效约束，最终的整体相似度是综合考虑多个特征指标值所得到的。另外，在空间实体变化过程中，各特征指标的贡献率是有差异的，分析和判断实体间的相似情况时，就不可避免的涉及权值设定问题。

为了避免人为设定权值过程的随意性，即“强化”或者“弱化”某些特征指标，有必要对各特征指标进行重要性分析。在众多相似性指标中，空间位置指标是描述空间实体变化的重要判断依据，而且，实体的位置信息在一定程度上会影响到其他空间特征(丁虹，2004)。同名空间实体虽存在差异性，但从理论上来讲，同名实体在空间位置上应该是完全重合的，虽然这是不可能做到的，基于这种思想，可以认为同名实体在空间位置上是非常接近的(刘东琴和苏山舞，2005)。无论是点实体，线实体还是面实体，只要确定了其位置信息和形状特征，该实体的空间特征则可以大致确定(Egenhofer and Mark，1991)。而空间位置一般用空间距离进行量化表达，空间距离是研究一切空间关系的基础，空间方向关系、空间拓扑关系和空间相似关系，以及关联关系的研究都离不开空间距离整个基础。

因此，空间位置特征重要性最高，长度特征作为反映空间实体的直观形态，其重要性次之，方向特征作为辅助判断指标，其重要性相对较弱，而拓扑特征通常作为约束判断条件，其重要性最弱。

由于语义特征的相似性度量通常受到不同领域各自术语、命名习惯和分类体系等的影响，判断较为复杂，而且由于在构建道路网 Stroke 时，将同一等级的道路连接为一条 Stroke，而这些道路有可能名称不同，因此很难用语义特征来判断相似性情况，故暂不予考虑语义特征。

2. 相似性指标层次分析模型构建

利用层次分析法（详细介绍参见本书 3.3.3 节）可建立如图 4.22 所示的相似指标层次分析模型。

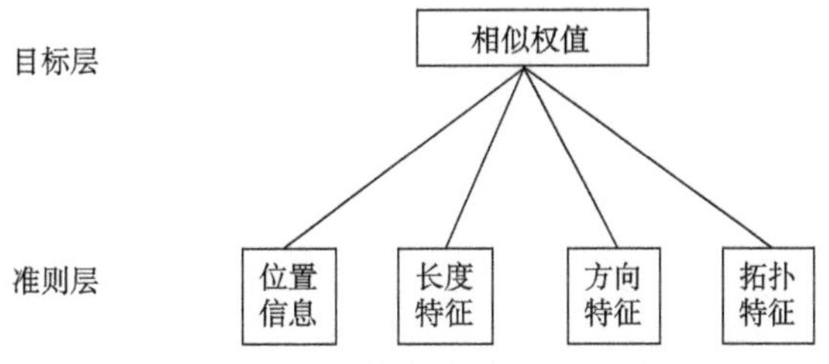

图 4.22　相似指标权值的层次分析模型

在图 4.22 中，目标层为 A，准则层中的位置信息、长度特征、方向特征、拓扑特征分别用 B_1、B_2、B_3、B_4 表示。根据前文所述判断矩阵的构造原理，就层次分析法的通用设置而言，表 4.3 所示的判断矩阵中，b_{ij} 为对于 A 而言，B_i 与 B_j 相对重要性的数值表现形式，例如，1 表示 B_i 与 B_j 一样重要，3 表示 B_i 比 B_j 重要一点，5 表示 B_i 比 B_j 重要，…，它们之间的数 2，4，6 等表示介于其间的重要性判断。其中 b_{ij} 满足互反性，即若 B_i 与 B_j 相比得 b_{ij}=3，则表示 B_i 比 B_j 稍微重要，同时，B_j 与 B_i 相比所得 $b_{ji}=1/b_{ij}=1/3$。

根据各指标重要性分析结果，相对于其他指标，空间位置特征重要等级最高，通过选取专家经验数据进行实验分析，从而得到以下权值信息的相对重要性赋值，如表 4.3 所示。

表 4.3　各权值判断矩阵

A	B_1	B_2	B_3	B_4
B_1	1	2	3	5
B_2	1/2	1	2	3
B_3	1/3	1/2	1	2
B_4	1/5	1/3	1/2	1

3. 相似性指标权值确定

判断矩阵 B 的特征向量及最大特征值可通过式(3.43)、式(3.45)分别求得。其特征向量为 $\omega=(0.8287,0.4667,0.2694,0.1513)$，最大特征值 $\lambda_{\max}=4.0145$。

计算一致性指标 $\mathrm{CI}=(\lambda_{\max}-n)/(n-1)=(4.0145-4)/(4-1)=0.0048$。为了检验相对一致性情况，本实验中，RI 取 0.90，由式(3.46)可计算得到相对一致性比例 $\mathrm{CR}=\mathrm{CI}/\mathrm{RI}=0.0048/0.90=0.0053<0.1$，判断矩阵满足一致性要求，利用式(3.44)对特征向量 ω 进行归一化处理，可以得到各相似评价指标的权重大小分别为：$w_{\text{Locate}}=0.483$、$w_{\text{Length}}=0.272$、$w_{\text{Orient}}=0.157$、$w_{\text{Top}}=0.088$，根据以上分析，整体相似度可表示为

$$\mathrm{Sim}=0.483\varDelta_{\text{Locate}}+0.272\varDelta_{\text{Length}}+0.157\varDelta_{\text{Orient}}+0.088\varDelta_{\text{Top}} \tag{4.13}$$

4.2.3　利用线面位置关系筛选匹配集

在进行空间数据匹配过程中，随着数据库中数据量的不断增大，匹配时间也随之增加，其中大部分时间都用在了空间数据检索和候选匹配集的筛选中，这样难免影响到了匹配效率。如何快速获取候选匹配集，是提高空间数据匹配效率的有效途径(邵世维，2011)。为了减少匹配过程中的索引时间，首先对待匹配数据进行预处理，采用线面相对位置关系来筛选目标数据中的道路目标，详细流程如图 4.23 所示。

设源数据中构成一条道路 Stroke 的道路弧段首末结点分别为 Dpt_1、Dpt_2，该道路弧段与目标数据中一条道路 Stroke 缓冲区所在边的交点为 CrossDpt，以下为基本流程。

(1) 从源数据中选取一条道路 Stroke($\mathrm{Str}_{\text{original}}$)，为其建立一个缓冲区 StrBuffer。

(2) 判断目标数据中组成道路 Stroke($\mathrm{Str}_{\text{reference}}$)的道路弧段与该 StrBuffer 的位置关系：

步骤一，如果 $\mathrm{Str}_{\text{reference}}$ 中存在道路弧段与 StrBuffer 相离，即 Dpt_1 和 Dpt_2 均不在 StrBuffer 中，则源数据中的道路 Stroke($\mathrm{Str}_{\text{candidate}}$)不属于 $\mathrm{Str}_{\text{original}}$ 的候选匹配集，予以舍弃；

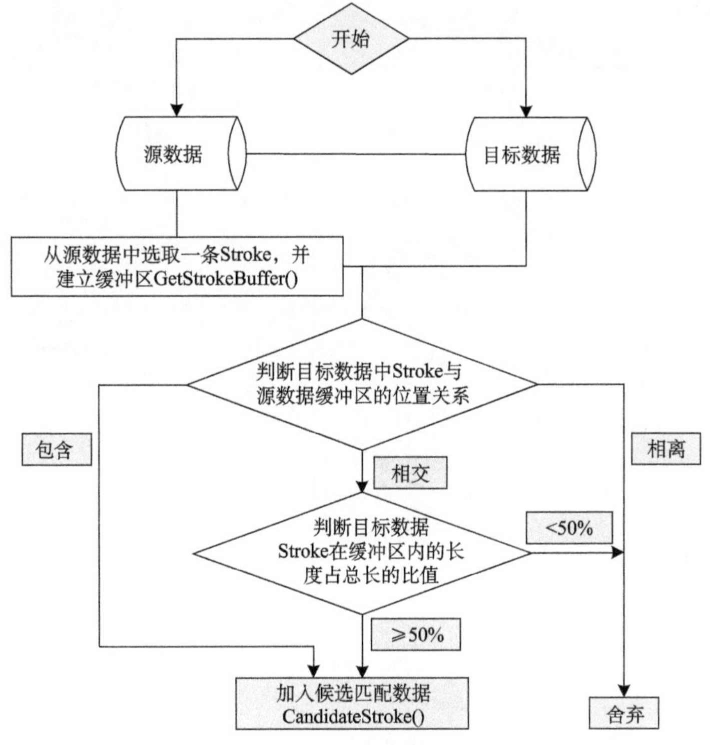

图 4.23　基于线面位置关系的匹配集筛选流程

步骤二，如果 $Str_{reference}$ 完全包含在 StrBuffer 中，即 Dpt_1 和 Dpt_2 均在 StrBuffer 中，则将其纳入候选匹配集；

步骤三，如果 $Str_{reference}$ 中存在道路弧段与 StrBuffer 相交，即 Dpt_1 和 Dpt_2 中有其中一个点在 StrBuffer 内，①若 Dpt_1 在缓冲区 StrBuffer 内，判断结点 Dpt_1 与交点 CrossDpt 的距离，若超过该弧段距离的 50%长度，则将该弧段纳入候选匹配集，否则予以舍弃。②若 Dpt_2 在缓冲区 StrBuffer 内，执行过程与①相同。

(3) 循环判断构成一条 Stroke 的道路弧段与 StrBuffer 的空间位置关系，将符合条件的 Stroke 加入候选匹配集。

(4) 将源数据与筛选出的匹配集加入相似分析模型中以作进一步判断。

需要说明的是，此处的阈值设定是筛选匹配集的关键所在。采用动态阈值设定的方法判断源数据中的道路是否在目标数据道路缓冲区内，具体方法为：初始设定一个较小阈值进行筛选分析，统计筛选的成功率；然后分别逐步增大和缩小阈值范围，并统计筛选的成功率；最后选择筛选成功率最高的阈值大小作为最后设定的阈值，此处该阈值设定为 50%。

4.2.4　基于层次分析法的道路网匹配实验

为验证上述方法的正确性及科学性，采用实验进行验证。实验采用某地不同比例尺道路网数据，分别为源数据和目标数据，部分道路数据如图 4.24(a) 和图 4.24(b) 所示。

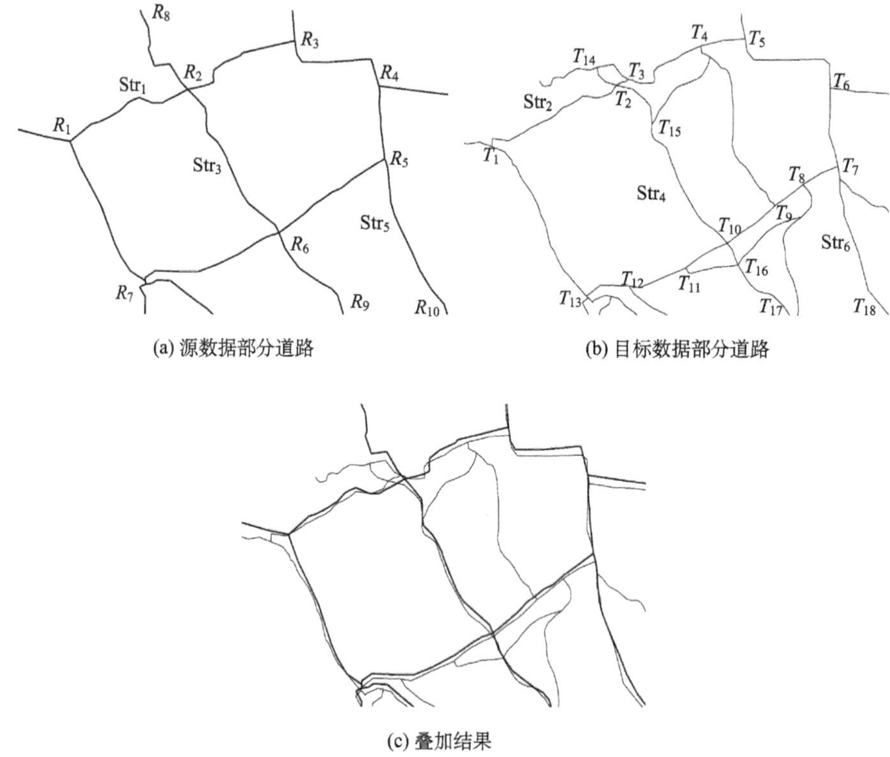

(a) 源数据部分道路　　(b) 目标数据部分道路

(c) 叠加结果

图 4.24　部分道路匹配效果

图 4.24 所示为从源数据和目标数据中选取的部分道路网数据匹配效果，图 4.24(c)所示为图 4.24(a)和图 4.24(b)叠加后的效果，对应的相似度评价统计结果如表 4.4 所示。利用前文标所述特征指标对图 4.24(a)中的道路 Str_1 与图 4.24(b)中的道路 Str_2 进行相似评价，通过式(4.13)计算得出整体相似度为 0.836，完成匹配。同样的，可以计算出 Str_3 与 Str_4，以及 Str_5 与 Str_6 的匹配情况，由图 4.24(a)可以看出，Str_3 由弧段 R_8R_2、R_2R_6 以及 R_6R_9 组成，而图 4.24(b)中，Str_4 是由弧段 $T_{14}T_2$、T_2T_{15}、$T_{15}T_{10}$、$T_{10}T_{16}$ 以及 $T_{16}T_{17}$ 组成。

表 4.4　部分道路相似评价统计表

匹配数据		相似指标分析					是否匹配
		位置信息 (w_{Locate}=0.483)	长度特征 (w_{Length}=0.272)	方向特征 (w_{Orient}=0.157)	拓扑特征 (w_{Top}=0.088)	整体相似度	
例一	Str_1 Str_2	0.825	0.932	0.833	0.6	0.836	是
例二	Str_3 Str_4	0.431	0.817	0.526	0.571	0.563	否
例三	Str_5 Str_6	0.843	0.957	0.875	0.75	0.868	是

从视觉上看，虽然 Str_3 和 Str_4 在局部之间存在相似性较高的形态，但在整体形态上差距明显，采用 Hausdorff 距离判断，两者在位置上差异较大，同时在局部方向特征上也存在明显差异(弧段 R_8R_2 弧段处尤为明显)，导致综合判断后，整体相似度较低，出现了误匹配。

需要特别注意的是，目前在候选匹配集的筛选过程中，对单条道路 Stroke 进行缓冲区分析时，选择合适的缓冲区半径较为关键。如果缓冲区半径太小或者太大，都将影响到筛选速度和效率。目前大多算法中涉及阈值设定的部分都采用经验值，本实验中，采用在一定范围内动态设置阈值的方法，即初始设定一个最小值，逐步增加阈值，统计最优匹配结果，经过多次实验测试，缓冲区半径设为 50m 时，筛选的时间和效率达到了最优化。

4.3　顾及主要形态特征的道路网匹配方法研究

4.3.1　问题分析及对策

在道路网匹配过程中，由于匹配双方数据来源不同、比例尺不同，可能会造成匹配双方在几何位置、局部形态上存在显著差异，如图 4.25 所示，不同来源的道路数据整体形态特征一致，但存在较大位置差异，如果从位置这一特征来判断，来源一中的道路 P_1P_2 对应来源二中的道路 Q_3Q_4，很明显，从目视结果判断，道路 P_1P_2 对应的同名道路为 Q_1Q_2。这样，采用相对位置关系等几何信息来判断，可能会存在局部无法匹配的情况。另一方面，如果道路局部细节过于复杂，许多采用长度、方位角、形态、方向等特征来描述形态的算法会产生过多的局部噪声，严重影响整体匹配的正确率；同时，如果数据量较大时，还会显著增大匹配计算量，降低匹配效率。

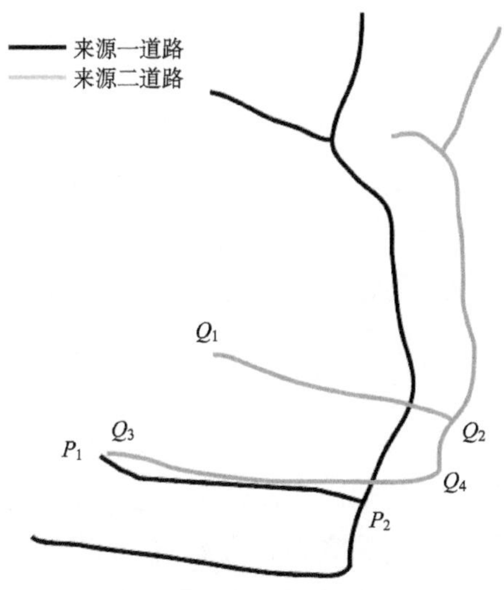

图 4.25　道路网局部位置差异

同名道路是匹配双方数据集中反映现实世界同一条道路的空间实体。匹配双方的道路网数据，不管其来源是否相同，比例尺是否一致，其同名道路的整体形态特征应该是一致的(当然现实中如果某条道路的路线被改变，则不存在匹配关系，可按新增道路或消失道路处理)。基于这种考虑，本节提出了一种顾及主要形态特征的道路网形态匹配新算法。该方法把制图综合中线要素化简方法和形态描述方法中的转角函数法相结合，进行道路网匹配。这是因为，线要素化简算法不但是一种压缩数据量的方法，同时也是提取并保留线要素主要特征、舍去次要特征的方法。采用该方法的优势在于：

(1)首先对待匹配的双方道路网数据进行化简，把不同来源、不同比例尺的道路数据统一到相同比例尺环境中来，一方面可提取匹配双方道路的主要形态特征点，同时减少了局部形态的差异。

(2)对待匹配双方道路化简后，由于局部形态差异被大量舍去，采用转角函数法等形态描述方法对其进行形态表达时，原本因局部形态差异产生的噪声也随之被消除，有效提高了形态描述的精确性。

(3)对待匹配双方道路化简后，匹配双方的数据量得到有效压缩，匹配计算量大幅减少，可有效提高匹配速度。

首先采用线要素化简中较为常用的 Douglas-Peucker 算法对道路网数据进行化简，并探讨了不同化简强度对道路网形态保持的影响；在此基础上，采用转角函数法对化简后的道路网数据进行形态描述和匹配，并建立了最优化简强度下的道路网形态匹配模型，实现了不同比例尺道路网数据的快速精确匹配。

4.3.2 道路主要特征点提取及形态表达

1. 采用 Douglas-Peucker 算法提取道路主要特征点

从空间构成的角度，线要素是由一组有序的顶点连接而成，每个顶点的空间位置都在一定程度上影响着其形态的整体造型，并且不同顶点对线要素整体造型的影响不同，并将影响较大的顶点称为线要素的形态特征点(喻岗和刘刚，2012)。道路特征点作为道路数据中的重要信息之一，在现实世界中常常伴随着重要的属性意义和图形特征，如道路结点，以及反映道路弯曲程度的拐点，或者反映道路整体趋势的特征点。因此，通过化简算法提取道路网数据的主要特征点，不仅对减少存储开销，提高处理效率具有重要意义，而且可以消除冗余结点对道路网形态描述的干扰能力，在一定程度上降低噪声的影响。

针对线要素提取特征点的算法已有很多，比较常见的有 Douglas-Peucker 算法(Douglas and Peucker，1973)，Li-Openshaw 算法(Li and Openshaw，1994)，垂距法(McMaster，1987)，斜拉式弯曲划分化简算法(钱海忠等，2007)等。其中，Douglas-Peucker 算法作为曲线化简算法中最为经典的算法之一，是一种全局化简算法，算法实现已非常成熟，用该算法能够将道路中每个弯曲的特征点进行保持，该算法的基本思想是：连接线的首末结点，计算其余各点到该连线的距离，比较最大距离与限差(dwidth)的大小。若最大距离小于限差，用该连线代替曲线，否则保留最大距离的点，依次重复上述步骤，直至提取完所有的特征点。如图 4.26 所示，点 C，D，E，F 为所提取的道路部分特征点，连同道路端点 A 和 B，共同构成了整条道路的特征点。

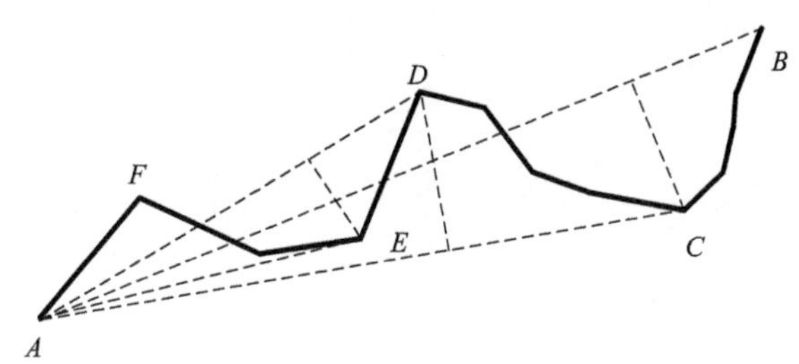

图 4.26　Douglas-Peucker 算法化简示意图

2. 采用转角函数对化简后道路进行形态描述

道路特征点能够有效反映其整体趋势，因此也可采用点匹配的方法，从而实现同名道路网的匹配效果。Saalfeld(1988)首次提出了结合点的几何位置与蜘蛛编码的点匹配方法，可识别一对一匹配的情况，实现了地图数据的融合。在此基础上，很多学者对此做了改进，相继提出了基于概率的点实体匹配方法(童小华等，2007)、基于结构化空间关系信息的结点层次匹配方法(邓敏等，2010)等，这些算法有效推动了点匹配的研究进展，同时，道路网数据由于其琐碎复杂的特征，在对两幅不同道路网数据分别提取特征点后，其几何位置有可能差异较大，此时如果采用距离等指标进行点匹配的话，显然会造成错误，通常情况下，道路结点之间的匹配可作为整个道路网匹配的约束条件，以进一步提高匹配精度。因此，为了避免特征点直接匹配带来的不确定性，本节结合转角函数的相关原理对化简后的道路网特征点集合进行形态量化表达，综合考虑各特征点与各弧段信息，从而实现各弧段与相对应特征点的集成描述，在此基础上构建形态相似性度量模型，从而建立同名道路间的匹配关系。

无论是面实体还是线实体，都是用众多结点和弧段来描述的，转角函数实质上是将组成面或者线的众多弧段通过其结点处的方位角，表达在直角坐标系中来，由于显示在坐标系中的图形类似于正切函数图像，故该方法也称为正切空间形状描述法(付仲良，2010)。其基本思想是：设一条线实体 L 包含有 n 个顶点($P_0, P_1, P_2, \cdots, P_n$)，以线实体的起始点 P_0 作为参考点，并以 P_0P_1 的方位角 θ_0 表示起始边的角度，边 $P_{k-1}P_k$ 与边 P_kP_{k+1} 的旋转度为 φ_k，由此，一条线的形态描述函数为 $F(x)$。

将该函数表示在直角坐标系中，x 轴代表从起点 P_0 到该线上各点 P_k 的归一距离 L_k，表示为

$$L_k = \sum_{i=1}^{k} \frac{l_i}{L} \tag{4.14}$$

式中，l_i 为组成该线的第 i 条弧段的长度；L 为该线的整体长度。

y 轴代表各点沿旋转(顺时针方向为正)的角度累加，计算过程如图 4.27 所示，方位角可表示为

$$\theta_k = \theta_{k-1} + \varphi_{k+1} \tag{4.15}$$

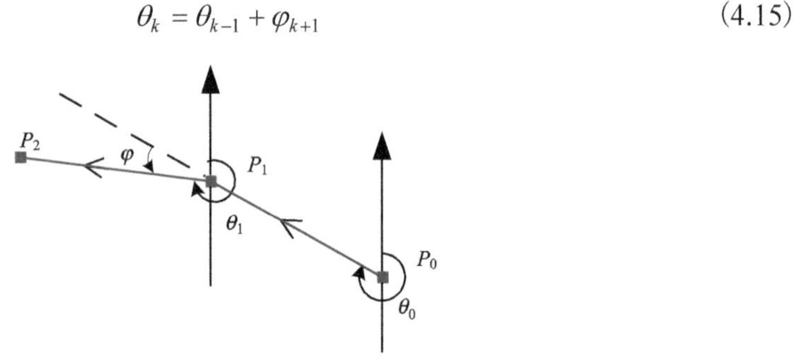

图 4.27　旋转角计算示意图

利用上述原理对图 4.28 所示线要素进行计算分析，该线要素总长 L=188.175338，共包含 11 个结点，由 10 条弧段组成，每条弧段的归一化距离 L_k 可由式(4.14)计算得出，方位角 θ_k 可由式(4.15)计算得出，表 4.5 记录了该线要素的详细形态特征信息。

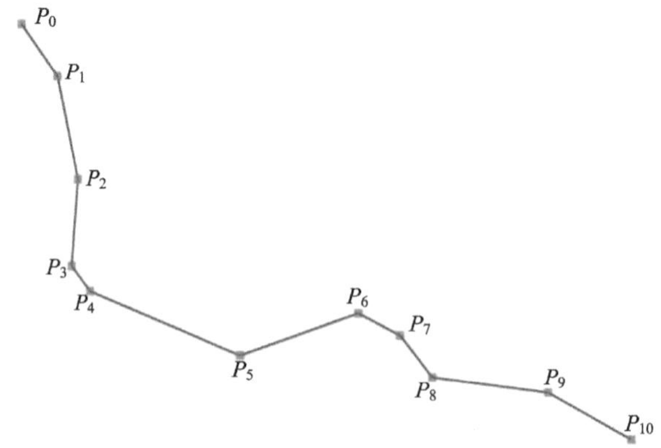

图 4.28　线要素示意图

表 4.5　线要素形态特征信息统计表

弧段	l_i	L_k	θ_k/弧度	对应特征点坐标	
				x	y
P_0P_1	13.290735	0.070630	2.527678	0.000000	2.527628
				0.070630	2.527628
P_1P_2	21.996980	0.116896	2.933127	0.070630	2.933127
				0.187526	2.933127

续表

弧段	l_i	L_k	θ_k/弧度	对应特征点坐标	
				x	y
P_2P_3	18.267377	0.097076	3.220971	0.187526	3.220971
				0.284602	3.220971
P_3P_4	6.544525	0.034779	2.456976	0.284602	2.456976
				0.319381	2.456976
P_4P_5	35.027176	0.186141	1.961725	0.319381	1.961725
				0.505522	1.961725
P_5P_6	26.699608	0.141887	1.239242	0.505522	1.239242
				0.647409	1.239242
P_6P_7	9.859632	0.052396	2.062605	0.647409	2.062605
				0.699805	2.062605
P_7P_8	11.134402	0.059170	2.481364	0.699805	2.481364
				0.758975	2.481364
P_8P_9	25.024868	0.132987	1.695151	0.758975	1.695151
				0.891962	1.695151
P_9P_{10}	20.330035	0.108038	2.075423	0.891962	2.075423
				1.000000	2.075423

将表 4.5 中对线要素 P_0P_{10} 的形状特征信息进行可视化描述，结果如图 4.29 所示。由图 4.29(a)看出，利用转角函数描述线实体形态特征具有以下几个特点：①形态描述函数为分段函数，只在弧段结点处产生跳跃；②由于将组成该线实体的各弧段进行了归一化处理，因此该描述函数定义域为[0, 1]；③该函数不会随线要素的平移而发生变化。

受道路网数据分布零散性、琐碎性等特点的影响，不同道路网，其数据结构中存储的结点顺序不尽相同，例如面对同一幅道路数据，由于各人的习惯差异，在采集过程中，有的习惯于从左到右依次采集，有的却恰好相反。正是这种采集方式的随意性，导致两幅图中的数据即使是同名实体，但由于数据采集所选择的起始点不同，通过转角函数所描述的形态表达模型也完全不同。因此，此处起始参考点的选择对整条线的形态描述尤为关键。

通过对同一道路的正、反双向形态描述，从形态函数的分析比较中选择合适的描述顺序。如图 4.29(a)所示为对图 4.28 所示线要素形态特征的正向描述(P_0 为起始点，P_{10} 为终点)；图 4.29(b)所示为对图 4.28 所示线要素形态特征的反向描述(P_{10} 为起始点，P_0 为终点)。对比图 4.29(a)和图 4.29(b)的形态描述函数不难发现，同一条线要素，由于选取不同的起始点进行形态描述，所得到的可视化结果大不相同，并且，设置的起始点位置不同、方向不同，所得到的线实体形状描述完全不同，为此，需要找出一种较为合理的起始点作为参考点，以保证所表达的线实体形状处于同一参考坐标系下，此处对起始点做以下定义：$P_0(x_0,y_0)$，其中 $x_0=\min\{x\mid(x_i,y_i)\in A\}$，$y_0=\min\{y\mid x=x_0,(x_i,y_i)\in A\}$。道路起始点位置的统一，可以避免因形态描述方向不一致而造成的差异，确保了后续形态匹配的一致性。

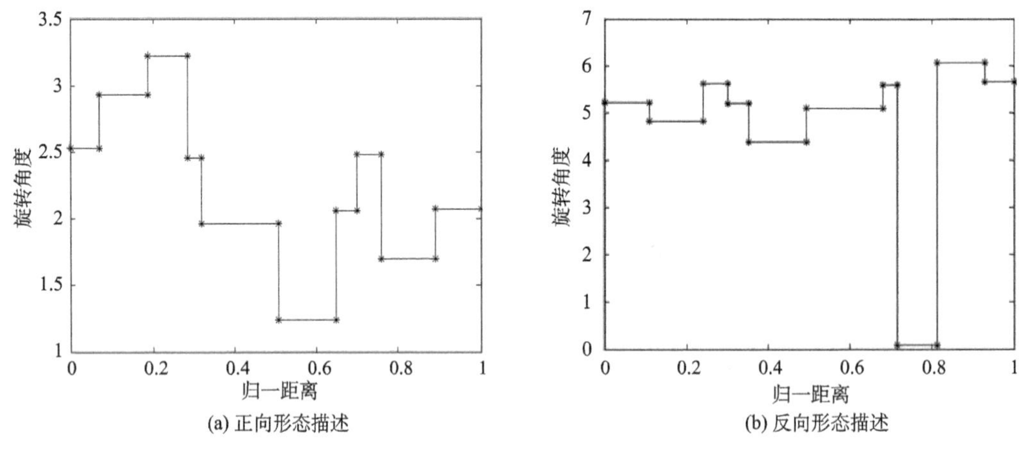

(a) 正向形态描述　(b) 反向形态描述

图 4.29　线要素形态特征描述

3. 不同化简强度对道路主要形态特征的影响分析

利用转角函数将离散的道路弧段直观地反映在了直角坐标系中，实现了道路网主要形态特征的量化表达。同时，为有效降低噪声对形态描述的影响，减少形态描述过程中的不确定性，从而提高道路网匹配的效率，同时又兼顾匹配的准确度，需在最大限度保持道路网整体形态特征的基础上对其进行化简。

由于道路网琐碎复杂，如何把握化简的强度，是一个重要的环节。化简的目的，不仅要求对曲线上的点进行压缩，而且需保持原始曲线的基本形态特征(武芳和朱鲲鹏，2008)。化简强度太低，达不到降低复杂性的效果；反之，化简强度太高，又会增加额外的不确定性。因此，需要进一步考虑限差的取值大小对匹配效果的影响，即寻找合适的化简强“度”，以确保在该化简强度下，能够降低道路网的复杂性，减少结点冗余，降低局部形态差异而产生的噪声，增强道路网之间的匹配效果。为衡量化简后线要素形态的保真度，利用形态差异度来衡量其化简前后的相似情况：

$$\mathrm{Dis}(A,B)=\int_0^1(|F_A(x)-F_B(x)|^p\mathrm{d}x)^{\frac{1}{p}} \tag{4.16}$$

式中，p 值一般取 2；$F_A(x)$ 表示线要素化简前的形态表达函数；$F_B(x)$ 表示线要素化简后的形态表达函数；$\mathrm{Dis}(A,B)$ 表示化简前后线要素形态函数的差值在水平方向投影后所围成的面积，该值越小，说明其形态差异度越小，则化简前后的线要素越相似。为分析不同化简强度对主要形态描述的敏感度，选取 10 组化简阈值进行统计分析，如图 4.30 所示为其中四组不同化简阈值下的效果示意图。

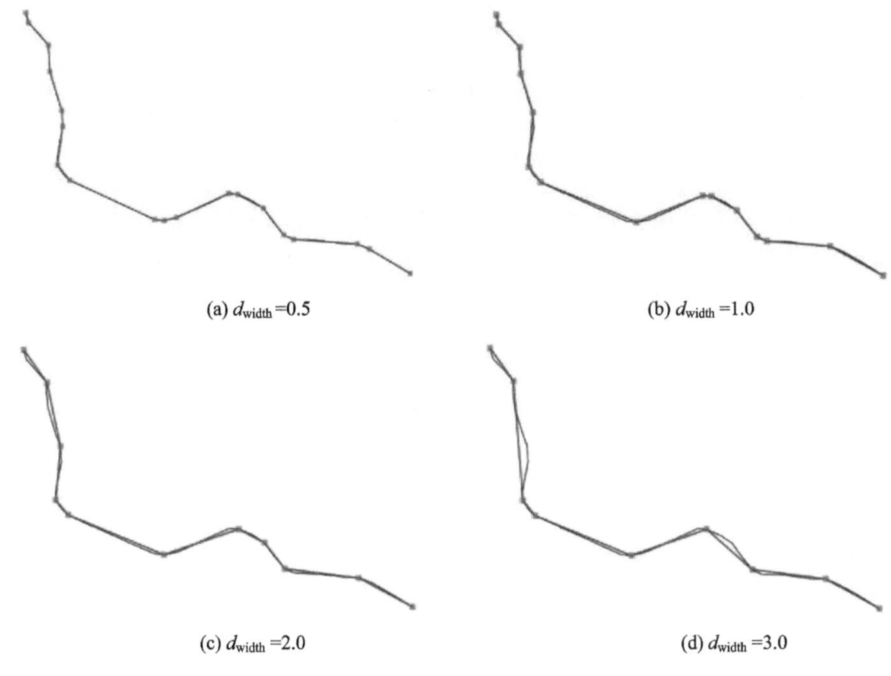

图 4.30　不同阈值化简结果示意图

表 4.6 所示统计数据列举出了不同阈值化简前后道路网的结点个数(N)，形态差异度(D_{is})，长度(L)，长度系数(L_{Ratio})，其中形态差异度由式(4.16)计算得出，长度系数为化简后道路长度与化简前道路长度的比值。

表 4.6　道路网化简统计表

	原始道路网数据	化简阈值			
		0.5	1.0	2.0	3.0
N	59	19	15	11	9
D_{is}	0.000000	0.009925	0.015493	0.026248	0.050339
L	193.06	189.46	189.11	188.18	187.31
L_{Ratio}	1.00000	0.981353	0.979540	0.974723	0.970217

由图 4.30 可以看出，经过化简，道路结点数大大减少，化简阈值越小，形态差异度越接近于 0，表明化简前后形态相似程度越大，化简结果保持了道路的概括形状。随着化简阈值的增大，道路局部弯曲逐渐剔除，形态差异度也越来越大。原始道路网数据共含 59 个结点，当化简阈值分别为 0.5 和 1.0 时，形态差异度较小，结点个数分别为 19

个和 15 个，此时仍存在部分冗余结点，而当化简阈值为 3.0 时，由图 4.30(d) 可以看出，道路中大的弯曲未得以保留，此时形态差异度相对较大，这显然不符合化简要求。当化简阈值为 2.0 时，如图 4.30(c) 所示，结点个数仅保留 11 个，化简率达到 81.3%，而道路网的形态特征依然保持良好，经过分析比较，最终选取化简阈值为 2.0，此时，保证了在最优化简程度下尽可能全的保持道路的形态特征。

4. 化简后道路网形态相似性匹配模型的建立

对化简道路网数据利用转角函数进行形态描述后，可以利用形态距离来计算待匹配道路数据的相似度，设 L_1, L_2 分别为两条化简后的待匹配道路数据，通过形态函数 $F(x)$ 描述后，可分别表示为 $F_{L_1}(x)$ 和 $F_{L_2}(x)$，据此建立两条待匹配道路网数据的形态相似度模型：

$$\mathrm{Sim}_{\mathrm{Shape}}(L_1,L_2)=1-\int_0^1\left(\left|\frac{F_{L_1}(x)-F_{L_2}(x)}{\max(F_{L_1}(x),F_{L_2}(x))}\right|\right)\mathrm{d}x \tag{4.17}$$

$\mathrm{Sim}_{\mathrm{Shape}}(L_1,L_2)$ 值越接近 1，则表示线实体 L_1 和 L_2 形态越相似，匹配程度越高。

4.3.3 顾及主要形态特征的道路网匹配实验及分析

1. 匹配流程

通过对道路网进行化简，利用化简弧段和各特征点对道路形态进行综合描述，最后以化简道路网的匹配来实现原始道路网的匹配，具体流程图如图 4.31 所示。

(1) 统一不同来源道路网起始点位置，保证了起始点位置选取的相对一致性。

(2) 采用整体方向相似度来度量待匹配双方道路的大致走向，选定初始匹配对象。

(3) 采用 Douglas-Peucker 算法提取道路主要特征点，并分析不同化简阈值下道路形态保持情况，选取最优化简结果，从而将不同来源、不同比例尺道路网数据统一到相同比例尺下。

(4) 对化简后的待匹配双方道路进行形态描述，有效解决道路网形态特征的量化表达与精确度量问题。

(5) 建立相同比例尺下道路网形态相似模型，实现原始道路网数据匹配。

2. 匹配实验及精度分析

选取不同来源的两幅道路网数据进行实验，以来源一的道路数据为源数据[图 4.32(a)]，以来源二的道路数据为待匹配的目标数据[图 4.32(b)]，图 4.32(c) 为两幅道路网数据的叠加效果。

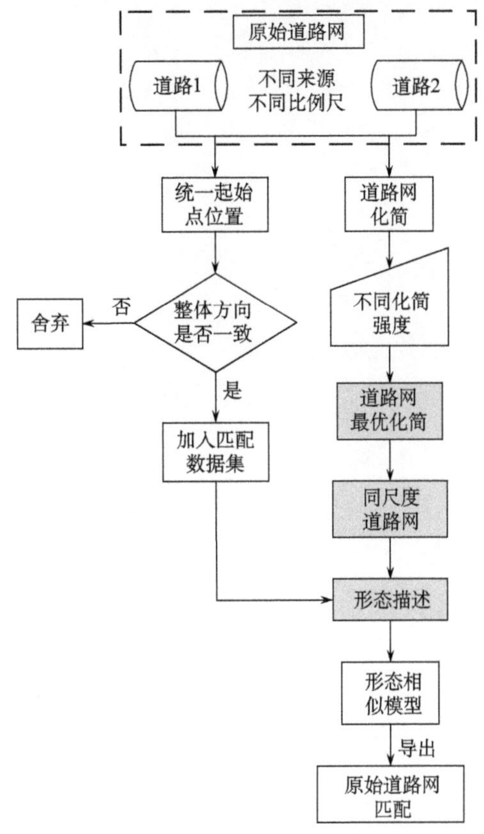

图 4.31　匹配算法流程

由图 4.32(c)可以看出，由于来源不同，同名道路之间存在较大的位置偏差，如果直接利用 Hausdorff 距离来度量两者之间的位置差异，经计算得出，道路 AL_1AL_2 和 BL_1BL_2 之间的 Hausdorff 距离为 14.903844，位置差异度较大，可能无法匹配；又如，如果采用距离匹配，则源数据中的道路 AL_7AL_8 在目标数据中搜索到的匹配道路为 BL_9BL_8，但实际上，AL_7AL_8 应该对应 BL_7BL_8。

图 4.32(d)所示为源数据中的道路 AL_1AL_2 和目标数据中的道路 BL_1BL_2 经化简后(化简阈值 $d_{\text{width}} = 2.0$)的形态描述。由可视化结果可以看出，两者化简后的形态描述函数高度重合，形态相似度达到了 97.6%，可据此判断两者之间存在匹配关系。又如，道路 AL_3AL_4 和目标道路 BL_3BL_4 经化简后的形态描述如图 4.32(e)所示，两者的形态表达情况也基本一致；再如图 4.32(f)中，尽管源数据中道路 AL_5AL_6 和目标数据中道路 BL_5BL_6 的形态较为复杂，通过本方法，也能准确建立匹配关系。由此可以看出，本方法可避免距离匹配不足，有效提高匹配精度，针对位置偏移较大的道路网数据，具有较好的匹配效果。

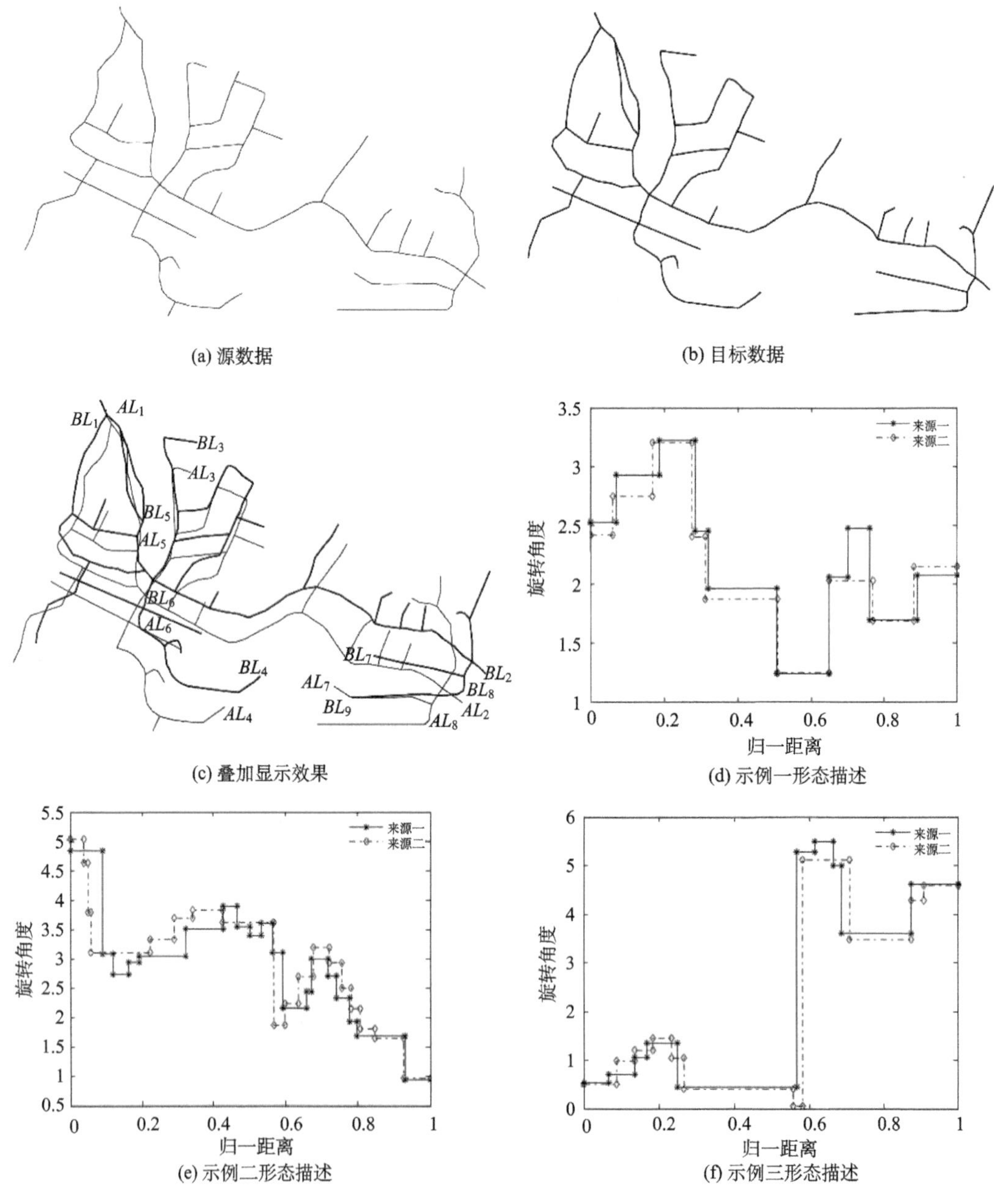

(c) 叠加显示效果

(d) 示例一形态描述

(e) 示例二形态描述

(f) 示例三形态描述

图 4.32　道路网形态匹配

3. 最优化简阈值选择的科学性验证

表 4.7 列举了其中三组不同化简阈值下道路的形态匹配结果。其中形态相似度可由式(4.17)计算得出。由表 4.7 可以看出，当化简阈值较小，且比较接近时，道路的形态相似度彼此之间变化不大，如示例一中，化简阈值分别为 2.0、3.0 时，其形态相似度均分布在 0.97 附近，当化简阈值较大时，形态相似度明显降低，甚至出现了不匹配的情况，

如示例一和示例三中，当化简阈值为 7.0 时，形态相似度低于 0.9，这是由于化简阈值过大时，道路的形态特征难以保持，由此造成了错误判断。

表 4.7　部分道路形态匹配统计表

示例	待匹配道路	匹配道路	化简阈值	形态相似度	是否匹配
示例一	AL_1AL_2	BL_1BL_2	2.0	0.9760912	是
			3.0	0.9733184	是
			7.0	0.891452	否
示例二	AL_3AL_4	BL_3BL_4	2.0	0.981406	是
			3.0	0.9812458	是
			7.0	0.9356243	是
示例三	AL_5AL_6	BL_5BL_6	2.0	0.956047	是
			3.0	0.9557939	是
			7.0	0.8652451	否

化简，即意味着数据精度的损失，化简强度直接关系到制图综合的质量，也在某种程度上影响到道路形状匹配的精度。表 4.7 所示三组示例，旨在探索不同化简结果对道路网形态特征表达的影响情况，进一步验证 4.3.2 节中所选择化简阈值 $d_{\text{width}} = 2.0$ 的合理性。

4. 不同匹配方法对比分析

为进一步验证本方法的科学性，采用同一道路数据、不同匹配方法的匹配结果进行对比分析，如图 4.33 所示，其中图 4.33(a) 是本方法匹配结果，图 4.33(b) 是缓冲区匹配结果，图 4.33(c) 是距离匹配结果，图中红线为匹配连接线。

本实验中源数据和目标数据要素个数分别为 54 和 51，利用召回率和匹配正确率指标衡量数据集的实体匹配成功度，不同算法匹配结果对比如表 4.8 所示。

表 4.8　不同算法匹配结果对比统计表

匹配算法	正确匹配	错误匹配	无匹配	匹配结果		
				召回率/%	正确率/%	耗时/s
本算法	50	1	3	92.6	98.0	0.275
缓冲区匹配	39	10	5	72.2	79.6	0.433
距离匹配	42	6	3	77.8	87.5	0.154

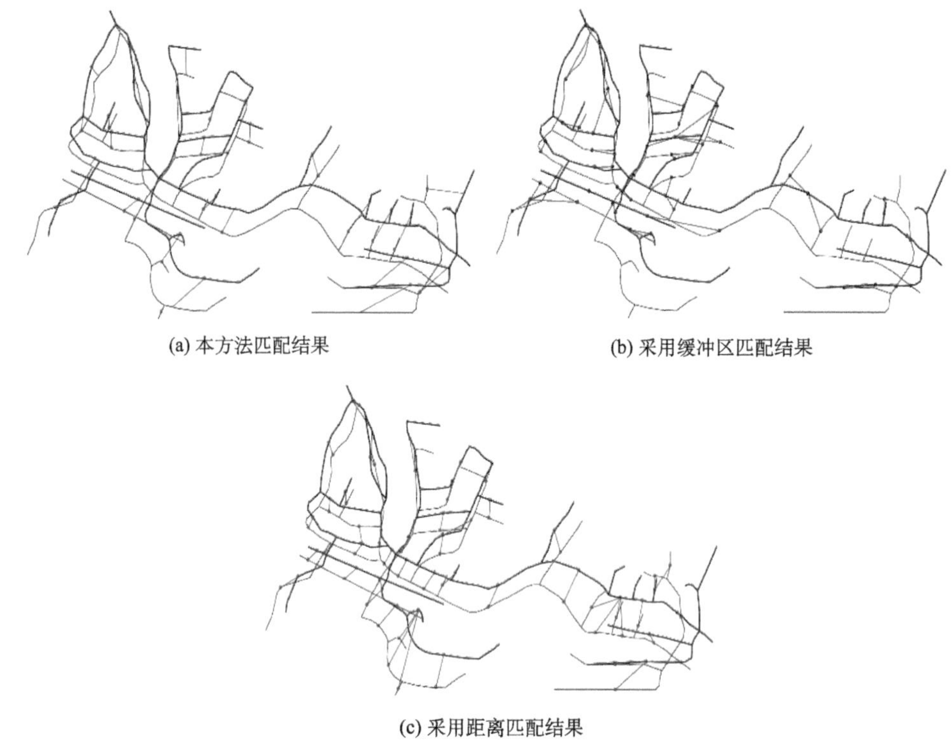

(a) 本方法匹配结果　　(b) 采用缓冲区匹配结果

(c) 采用距离匹配结果

图 4.33　不同算法匹配结果

从表 4.8 中可以看出，无论从召回率还是匹配正确率来看，相比较于基于缓冲区面积重叠率的匹配方法和基于 Hausdorff 距离的匹配方法，本方法具有明显的优势。从匹配结果的耗时情况来看，本方法比最简单的直接 Hausdorff 距离匹配方法耗时略长，而比其他算法(如缓冲区匹配法等)耗时要短。本方法耗时的主要原因在于：一方面在化简过程中消耗了部分时间；另一方面在形态表达上消耗时间。

4.4　顾及邻域居民地群组相似性的道路网匹配方法

同名实体匹配的过程就是对其相似性进行衡量的过程，不同数据来源中相似程度最高的一般即为对应的同名实体。目前同名实体相似性度量主要集中在同名实体自身，而较少顾及对同名实体邻域环境相似性的衡量，从而一定程度上限制了匹配正确率的进一步提高。与此同时，多源道路数据间经过系统误差纠正后仍可能出现一定的位置偏差甚至更为复杂的旋转偏差，从而给匹配过程带来了较大的难度和不确定性。因此，匹配过程若能顾及道路邻域环境的相似性，将会有效弥补位置偏差造成的影响。本节基于城市骨架线网构建的道路与居民地之间的关联关系，提出一种顾及邻域居民地群组相似性的道路网匹配方法来解决该问题。

4.4.1　顾及邻域要素相似性的匹配策略

地理要素自身具有一定的空间特征，同时也与其邻域要素之间存在着较多的空间联系。对于空间数据中互相匹配的同名实体而言，除了其自身空间几何特征应具有高度相似性外，其邻域环境也应非常相似，有时只考虑实体自身的特征进行匹配不足以得到正确的匹配结果，如可能出现两个或多个对象虽然具有较高的位置、形状相似度，但它们之间并不匹配的情况(吴建华，2010)。在图 4.34 的道路匹配示例中，若只根据个体自身的位置和形状特征相似性进行匹配，则极易得出道路 a 的匹配对象为道路 B，而实际上道路 a 应与道路 A 匹配。若在匹配过程中能够考虑到道路 a 和道路 A 的周边环境中均存在一条垂直方向的道路，即可容易得到正确的匹配结果。所以为了增强匹配过程中辨别同名实体的能力，需要顾及同名实体周边邻域环境的相似性，这种相似性主要体现在邻域环境自身的空间关系(拓扑关系、方向关系、度量关系等)以及几何特征(形状、大小、分布等)应具有相似性，故顾及邻域相似性的匹配方法应主要从上述两方面衡量邻域环境的相似性。

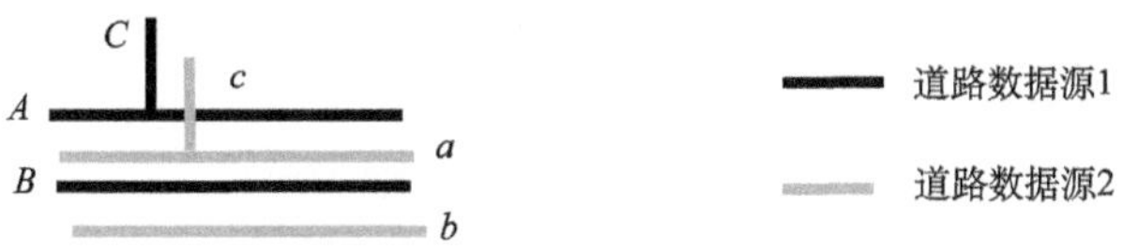

图 4.34　道路匹配示例

在大比例尺城市地图中，相比植被、水系、地貌等其他要素，道路和居民地是最为重要的两类要素，是城市地图的主体，所以只将居民地作为道路的邻域对象进行研究。对道路而言，居民地是与其联系最为密切的要素，无论是在现实世界还是在地图中，两者都不是孤立存在的。例如，人们在熟悉一条陌生的街道时，通常会将该街道周围建筑物的分布情况作为参照，形成“心象地图”，当需要再次寻找该街道时即将该道路周边的建筑物作为重要的定位依据；再如，当人们在问路时，通常会得到“某道路”就在“某商场”边上或对面等回复。参考同名实体匹配的定义可知，空间数据匹配与人类的这种空间认知过程十分相似，所以依据道路周边邻域范围内的居民地要素的相似性进行道路匹配是一种有效的匹配策略。

4.4.2　道路邻域居民地群组确定方法

在大比例尺城市地图中，居民地要素通常表现为散列式分布状态，彼此之间为相离拓扑关系，并且道路两侧一般均有居民地分布，所以道路邻域范围内的居民地呈现出面状群组的分布特点。下面研究如何确定道路邻域范围内的居民地群组。

1. 基于距离阈值的确定方法

确定道路邻域居民地群组最直观简单的方法是根据居民地距道路的距离进行判断，如果距离满足邻近判断阈值则将其视为与道路相邻的居民地，但是这种方法可能出现以下的问题。如图 4.35 所示，通过人工直观判断与道路 A 相邻的居民地有三个，分别为 H_1、H_2、H_3，而居民地 H_4、H_5 与道路 A 不相邻。在利用距离阈值法自动确定居民地时，若设定判断居民地与道路 A 相邻的距离阈值为 d，即将距道路 A 的距离小于 d 的居民地均视为与其相邻的居民地；如果 $d<d_2$，则居民地 H_2 被判断为与道路 A 不相邻，与实际情况不符；另外，如果 $d>d_4$，则居民地 H_4 被判断为与道路 A 相邻，同样与实际情况不符。所以设置合适的距离阈值是该方法是否有效的关键。

但是，由于不同来源的城市地图数据间一般都存在不同程度的差异，给距离阈值的设置带来了较大的困难，若阈值设置不当，则很可能造成两数据源中同名道路的邻域居民地群组存在较大差异，从而影响后续居民地群组的相似性计算，进而影响道路匹配结果。因此在确定道路邻域居民地群组时不选择该方法。

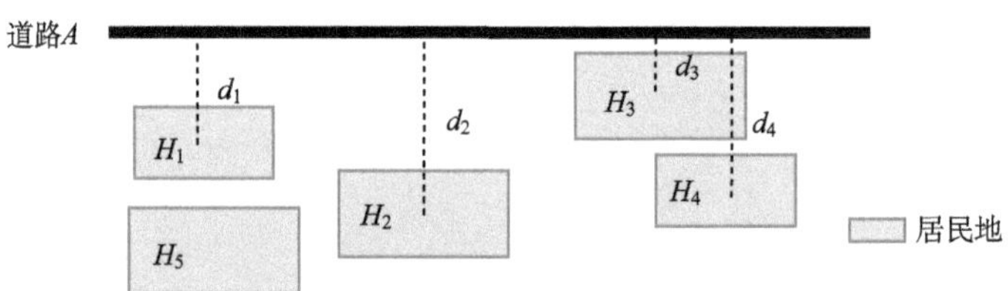

图 4.35　基于距离阈值的道路邻域居民地群组确定方法

2. 基于城市骨架线网的确定方法

根据前文中构建的城市骨架线网及其对应的骨架线网眼，利用城市骨架线网的方法确定道路的邻域居民地群组，具体方法为：将一条道路参与构成的所有Ⅱ类骨架线网眼中包含的居民地视为其相邻居民地，由此可确定出道路的邻域居民地群组。如图 4.36 所示，红色居民地即为与加粗显示道路相邻的居民地，所有与道路相邻的居民地的集合共同构成该道路的邻域居民地群组。

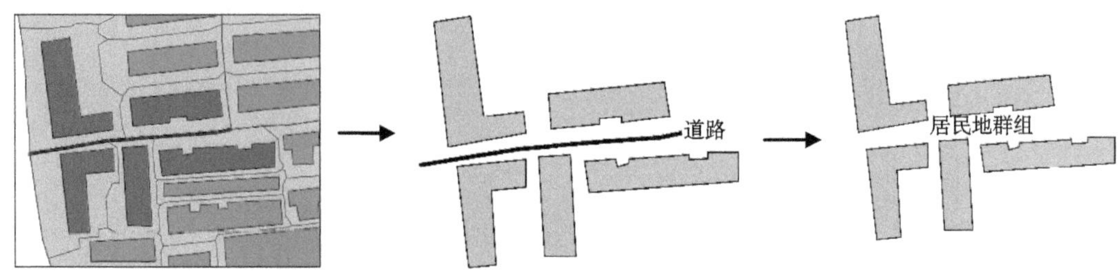

图 4.36　道路邻域居民地群组

3. 城市骨架线网确定方法的优势分析

由于骨架线网眼是对居民地范围的扩展，所以不同数据中居民地与道路相对位置的一些差异会被这种扩展弱化，从而能够在确定邻域居民地群组时保持较高的一致性。利用城市骨架线网确定道路邻域居民地群组具有较强的稳定性，使得不同来源的数据中的同名道路的邻域居民地群组具有较高的一致性，能够较好的避免距离阈值方法造成的不一致现象，提取一致性较高的道路邻域居民地群组，从而为后续居民地群组相似度的计算奠定了良好的基础。

4.4.3　邻域居民地群组相似度计算

1. 空间关系相似度计算

1)拓扑关系相似度

通常将居民地的邻居居民地数量作为其拓扑总数，由于大比例尺城市地图中的居民地之间一般为相离关系，所以直接确定居民地的邻居居民地较为困难。考虑到骨架线网眼之间均为相接拓扑关系，并且每个骨架线网眼中均唯一包含一个居民地，所以可通过计算骨架线网眼的邻居网眼数量代替居民地的邻居居民地数量，从而获得居民地的拓扑总数。同 3.3.3 节中一样，本章也只将具有公共边的两骨架线网眼互相视为邻居骨架线网眼。

举例说明：如图 4.37 所示，ID 号=1 的骨架线网眼与 ID 号=2、3、4、6 的骨架线网眼具有公共边，所以其邻居骨架线网眼数量为 4，由于 1 号骨架线网眼包含 ID 号=8 的居民地，所以 8 号居民地的邻居居民地数量也为 4，即拓扑总数为 4，其具体与 ID 号=3、4、6、9 的居民地为邻居关系。

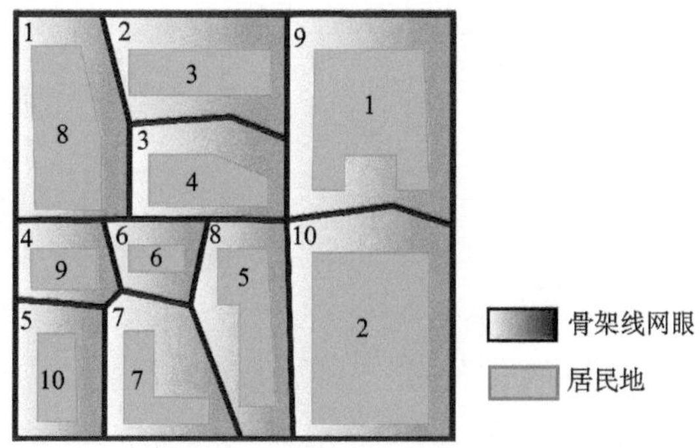

图 4.37　骨架线网眼和居民地示意图

所以对于一个总数为 n 的居民地群组 A 和一个总数为 m 的居民地群组 B，二者的拓扑相似度可通过式(4.18)计算(刘涛等，2011)：

$$\text{sim\_topo} = 1 - \frac{\left| \frac{\sum_{i=1}^{n} T_i^A}{n} - \frac{\sum_{j=1}^{m} T_j^B}{m} \right|}{\max\left(\frac{\sum_{i=1}^{n} T_i^A}{n}, \frac{\sum_{j=1}^{m} T_j^B}{m}\right)} \tag{4.18}$$

式中，T_i^A 为居民地群组 A 中第 $i\,(i=1,2,\cdots,n)$ 个居民地的拓扑总数；T_j^B 为居民地群组 B 中第 $j\,(j=1,2,\cdots,m)$ 个居民地的拓扑总数；sim_topo 即为居民地群组 A 和 B 之间的拓扑相似度。

2) 方向关系相似度

(1) 居民地群组整体方向计算。

道路邻域居民地群组一般沿道路分布，所以其整体呈现出一定的方向性，并且这种方向大多与道路延伸方向较为接近。在计算居民地群组整体方向时，利用居民地的几何中心代替居民地(江浩等，2009)，即将面群转化为点群计算(图 4.38)。通常利用标准差椭圆计算点群的整体方向。标准差椭圆是用来描述群组目标分布方向偏离的，是由经典统计分析学中的样本标准差扩展而来。空间统计中的欧氏距离，就相当于经典统计中的标准差。标准差表示观测值对均值的偏离情况，标准距离则表示各点的空间位置对平均中心位置或空间均值的偏离情况(刘涛等，2011)。

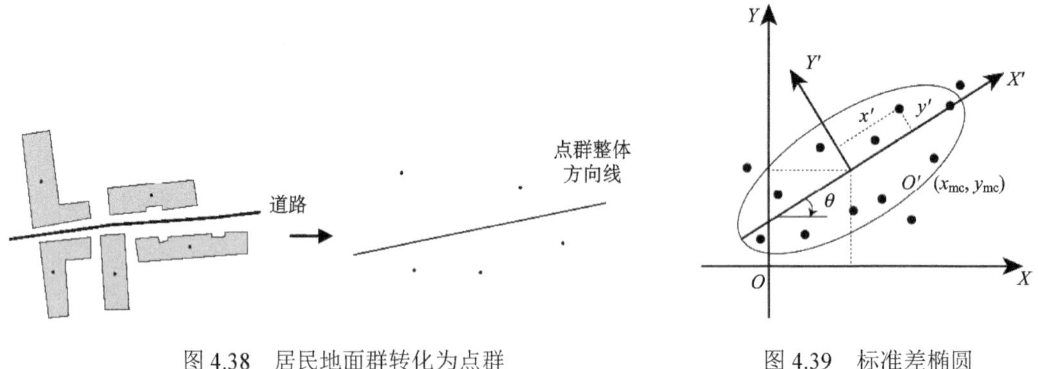

图 4.38　居民地面群转化为点群　　　　图 4.39　标准差椭圆

如图 4.39 所示，在离散点集的原始坐标系(XOY)下，假设存在某一方向，所有离散点到该方向的标准差距离最小，那么该方向与原坐标轴的 X 方向的夹角就是点集的定向方向。将坐标轴进行旋转形成新的坐标系($X'O'Y'$)，新坐标系的坐标原点为点集中所有点的平均值中点(x_{mc}, y_{mc})。标准差椭圆的具体计算步骤如下：

Ⅰ. 计算椭圆中心。标准差椭圆的中心为点群的分布中心，对一数量为 n 的点群，其平均中心为

$$(x_{mc}, y_{mc}) = \left(\frac{\sum_{i=1}^{n} x_i}{n}, \frac{\sum_{i=1}^{n} y_i}{n} \right) \tag{4.19}$$

Ⅱ. 坐标变换。对分布在研究区域内的每个点(x_i, y_i)进行坐标变换：$x_i' = x_i - x_{\mathrm{mc}}$，$y_i' = y_i - y_{\mathrm{mc}}$。

Ⅲ. 计算转角 θ。根据下面公式计算点群的整体分布方向：

$$\tan\theta = \frac{\left(\sum_{i=1}^{n} x_i'^2 - \sum_{i=1}^{n} y_i'^2\right) \pm \sqrt{\left(\sum_{i=1}^{n} x_i'^2 - \sum_{i=1}^{n} y_i'^2\right)^2 + 4\left(\sum_{i=1}^{n} x_i' y_i'\right)^2}}{2\sum_{i=1}^{n} x_i' y_i'} \tag{4.20}$$

对标准差椭圆夹角分别为 θ_1、θ_2 的两个居民地群组计算方向相似度时，需要进行归一化处理，具体的相似度计算公式为

$$\mathrm{sim\_dir}_1 = \left|\cos(\theta_1 - \theta_2)\right| \tag{4.21}$$

(2)居民地群组中单个居民地方向及其整体趋势计算。

居民地群组整体方向描述的是面群目标方向的“集中趋势”，但不能有效顾及居民地群组内单个面要素目标之间的方向一致性，很可能出现居民地群组整体方向虽然一致，但是其可能并不相似的情况，所以需要对居民地群组内单个居民地的方向进行计算并比较其整体趋势的相似性。面要素按照其轮廓形状划分，可分为比较规则的面要素(如建筑物等)和不规则的面要素(如水域、植被等)两类。由于居民地(建筑物)外形较为规则，所以通常利用最小面积外接矩形计算其方向。如图 4.40 所示，最小面积外接矩形的最长边与水平方向的夹角即为单个居民地的方向，该方向与人们的直观认知比较一致(刘涛等，2011)。

图 4.40　最小面积外接矩形计算居民地方向

将居民地群组中每个居民地的方向利用雷达图进行表示来计算居民地群组中单个居民地方向的整体趋势相似度，因为雷达图不仅包含了居民地群组中所有单个居民地的方向信息，而且能够反映其整体的方向分布趋势。如图 4.41 所示，居民地群组 1 和居民地群组 2 中单个居民地的方向的整体趋势较为近似，所以其对应的雷达图图形相似度较高，而与居民地群组 3 相比，单个居民地方向整体趋势差异较大，所以其对应的雷达图图形相似度较低。

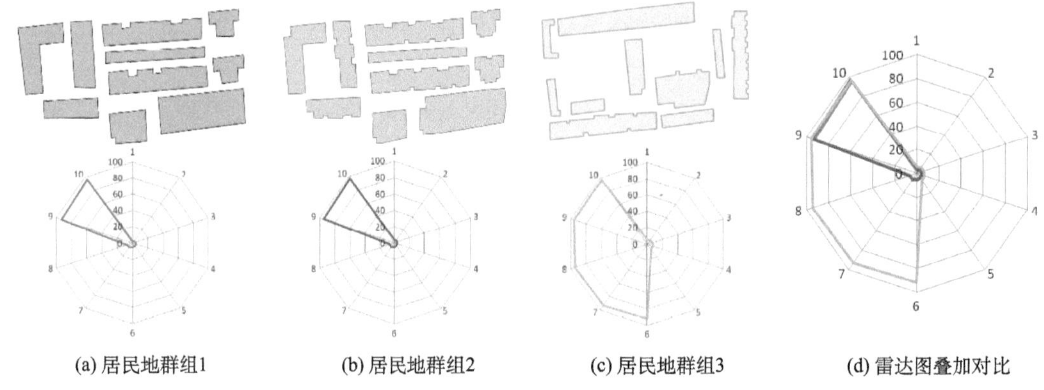

(a) 居民地群组1　(b) 居民地群组2　(c) 居民地群组3　(d) 雷达图叠加对比

图 4.41　居民地群组单个居民地方向整体趋势雷达图

所以通过雷达图能够较好反映居民地群组中单个居民地方向的整体趋势相似度，具体的相似度计算公式为

$$\mathrm{sim\_dir}_2 = 1 - \frac{\mathrm{OverlapArea}}{\max(\mathrm{Area}_1, \mathrm{Area}_2)} \tag{4.22}$$

式中，Area_1、Area_2 分别为两居民地群组雷达图的面积；OverlapArea 为两群组雷达图叠加图中重叠区域的面积。

3）度量（距离）关系相似度

空间距离能够反映面群要素之间的亲疏程度，空间距离越大，则分布越稀疏，空间距离越小则分布越密集。如图 4.42 所示，面状要素之间的距离可分为中心距离、极小距离和极大距离，选取中心距离作为空间距离的度量指标。

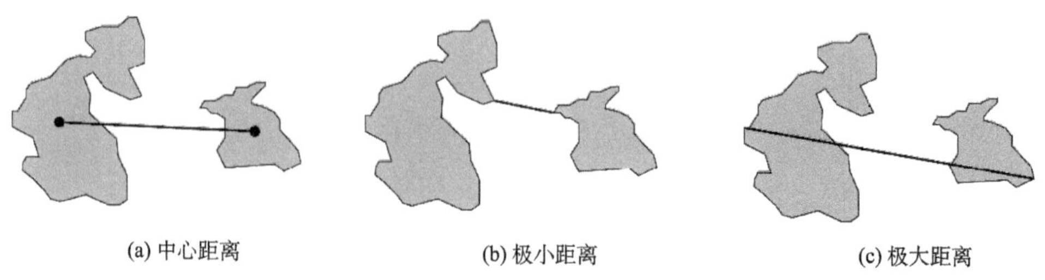

(a) 中心距离　(b) 极小距离　(c) 极大距离

图 4.42　面状要素空间距离分类

中心距离为两个面要素几何中心之间的距离，所以对两个居民地群组，其距离相似度计算公式为

$$\mathrm{sim\_dist} = 1 - \frac{|\mathrm{dis}_1 - \mathrm{dis}_2|}{\max(\mathrm{dis}_1, \mathrm{dis}_2)} \tag{4.23}$$

式中，dis_1、dis_2 为两个居民地群组中居民地之间的平均空间距离。

4）空间关系总体相似度

上面分别定义了道路邻域居民地群组空间关系的拓扑相似度、方向相似度以及距离相似度，根据 Egenhofer 和 Mark 提出的“拓扑关系起主导作用，其他可度量关系起提炼作用”的原则(Egenhofer et al.，1995)，突出拓扑关系在空间关系中的关键作用，在对居民地群组之间空间关系相似度进行整体度量时，对上述三种空间关系相似度分别赋予不同的权值。采用刘涛(2011)对拓扑关系、方向关系及距离关系的权值设置，将拓扑关系、方向关系及距离关系，分别赋予 0.4、0.3、0.3 的权值。所以，道路邻域居民地群组空间关系总相似度的计算公式为

$$\mathrm{SIM\_sr} = 0.4 \cdot \mathrm{sim\_topo} + 0.3 \cdot (0.5 \cdot \mathrm{sim\_dire}_1 + 0.5 \cdot \mathrm{sim\_dire}_2) + 0.3 \cdot \mathrm{sim\_dist} \tag{4.24}$$

需要特别指出：对于存在旋转偏差的数据匹配问题，居民地群组间的方向相似度受到旋转影响差异较大，所以在计算空间关系总相似度时应不考虑方向相似度，只计算群组间的拓扑相似度和距离相似度，仍根据上述原则设置权重值，具体计算公式为

$$\mathrm{SIM\_sr} = 0.6 \cdot \mathrm{sim\_topo}{+}{+}0.4 \cdot \mathrm{sim\_dist} \tag{4.25}$$

2. 几何特征相似度计算

1) 分布范围面积相似度

空间群组的几何特征通常包括群组个体数量、分布范围、分布密度、分布中心、分布轴线等。由于个体数量比较简单，对其单独进行讨论意义不大，且在空间关系中拓扑相似度的计算过程中已经隐含了对个体数量的描述，故邻域居民地群组的几何特征中不再考虑居民地的数量；同理，分布中心和分布轴线与计算方向时的方法比较类似，所以也不再进行计算。由于道路邻域居民地群组中居民地数量一般不会过多，故讨论其分布密度意义不大。所以对居民地群组的几何特征主要讨论其分布范围。

邻域居民地群组的分布范围是个不确定问题，选取合适的包容所有居民地的多边形作为分布范围，必须符合人的直观认知。其中，人类认知的视觉习惯特别是视觉认知的 Gestalt 原则是一个需要考虑的重要因素。传统方法中用凸壳来表达面群的分布范围是不太准确的，因为可能将大面积的没有居民地覆盖的凹部区域也视为面群的分布范围(艾廷华等，2002)。通过对三角网进行“剥皮”操作得到的居民地群组分布范围较为符合人类的视觉习惯(图 4.43)。将三个顶点均在邻域居民地群组轮廓上和道路上的三角形视为邻域居民地范围内的三角形，所以道路邻域居民地群组分布范围的面积可表示为

$$S_{\mathrm{area}} = S_{\mathrm{habitation}} + S_{\mathrm{triangle}} \tag{4.26}$$

式中，S_{area} 代表邻域居民地群组分布范围的总面积；$S_{\mathrm{habitation}}$ 代表邻域居民地群组中居民地的总面积；S_{triangle} 代表邻域范围内三角形的总面积。对于两个邻域范围面积分别为 S_{area1} 和 S_{area2} 的居民地群组，其分布范围面积相似度计算公式为

$$\mathrm{sim\_area} = 1 - \frac{|S_{\mathrm{area1}} - S_{\mathrm{area2}}|}{\max(S_{\mathrm{area1}}, S_{\mathrm{area2}})} \tag{4.27}$$

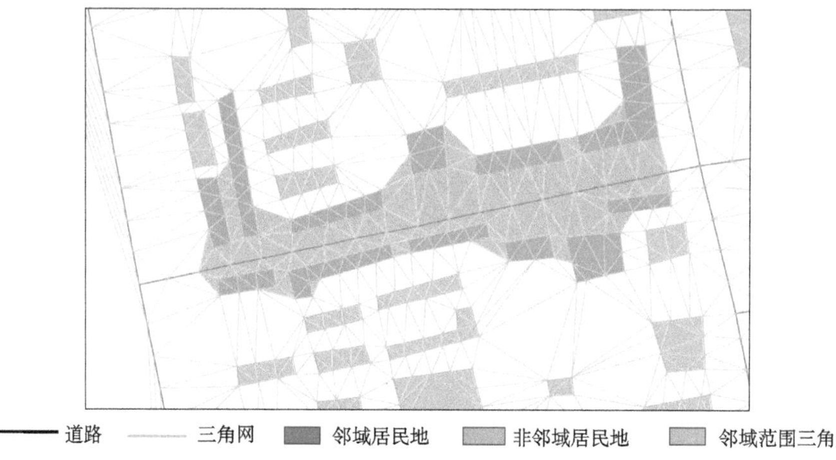

图 4.43　邻域居民地群组范围确定

2) 分布范围形状相似度

只对分布范围的面积进行相似度计算还不足以描述其相似度，因为可能出现形状差异很大的群组分布范围具有相同或相近的面积，所以需对分布范围的进行形状相似度计算。由于居民地群组分布范围多边形是形状不规则并且具有较多的结点，所以采用安晓亚等(2011)提出的多级弦长法对其进行形状描述。设形状描述函数为

$$f(l_i) = |P_i O_c| \tag{4.28}$$

以多边形边界上各点 P_i 到形心点 O_c 的距离$|P_iO_c|$作为形状描述函数的值，以轮廓上的某结点为匹配起始点 P_0 到轮廓上任一点 P_i 的弧长 l_i 作为形状描述的参数，所以两个居民地群组分布范围的形状相似度计算公式如下：

$$\text{sim\_shape} = 1 - \frac{\sqrt{\sum_{i=0}^{n}(f_1(l_i) - f_2(l_i))^2}}{\max\left(\sum_{i=0}^{n} f_1(l_i), \sum_{i=0}^{n} f_2(l_i)\right)} \tag{4.29}$$

3) 几何特征总体相似度

由于没有明显的侧重，所以邻域居民地群组几何特征的总相似度为分布范围面积相似度和形状相似度的平均值(刘涛，2011)，计算公式为

$$\text{SIM\_geo} = 0.5 \cdot \text{sim\_area} + 0.5 \cdot \text{sim\_shape} \tag{4.30}$$

3. 居民地群组总体相似度计算

空间目标相似性研究中，Bruns 等(1996)提到一个重要原则，即空间目标之间的拓扑、方向和距离关系是最为关键的。所以在计算两个居民地群组总体相似度时，主要突出群组的空间关系相似度，赋予邻域居民地群组的空间关系相似度较大的权重。参考经验值，将空间关系相似度权重设为 0.6，则几何特征相似度权重为 0.4(刘涛，2011)。所

以居民地群组总体相似度计算公式可表达为

$$\mathrm{SIM} = 0.6 \cdot \mathrm{SIM\_sr} + 0.4 \cdot \mathrm{SIM\_geo} \tag{4.31}$$

式中，SIM 为居民地群组总体相似度；SIM_sr 为居民地群组空间关系相似度；SIM_geo 为居民地群组几何特征相似度。

4.4.4　顾及邻域居民地群组相似性的道路网匹配

根据上述居民地群组的相似度计算方法，即可通过比较道路邻域居民地群组的相似性进行匹配判断。具体的匹配流程如图 4.44 所示：①对待匹配道路建立缓冲区，在匹配数据源中确定候选匹配对象。由于匹配数据之间位置偏差较大，所以缓冲区半径应设置较大，确保匹配对象能够落入候选匹配集中。②对匹配双方构建城市骨架线网，并确定每条道路的邻域居民地群组。③在候选匹配集中进行遍历，计算其中每条道路与待匹配道路的邻域居民地群组相似度，将相似度最大的作为该道路的匹配对象。

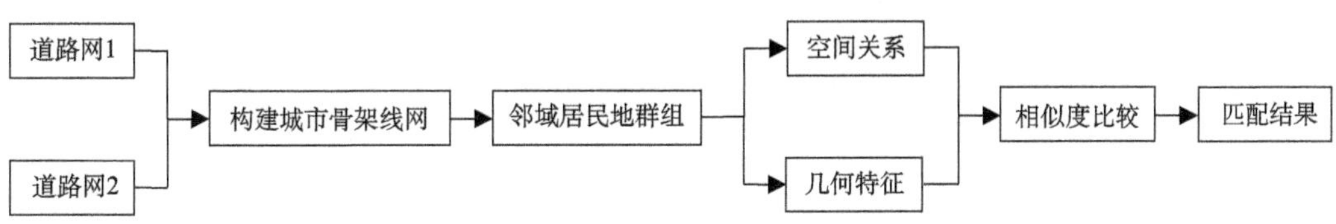

图 4.44　匹配流程

4.4.5　实例验证及对比分析

1. 本方法匹配实验

为验证本方法的正确性和有效性，选取北京中关村附近区域的矢量数据进行匹配实验。图 4.45(a)、图 4.45(b)和图 4.45(c)所示为该区域相同大比例尺三个不同来源的矢量数据，数据中均包含居民地和道路要素，道路网在交叉口处均断开，具体表现为路段形式，居民地数据则表现为散列状分布特点。首先对其进行数据预处理进行系统误差改正，从改正后匹配双方数据叠加效果图[图 4.45(d)和图 4.45(e)]中可以看出，数据源 1、数据源 2 之间仍存在一定的纵坐标位置偏差，数据源 1、数据源 3 之间则存在一定的旋转偏差。

因此分别对存在位置和旋转偏差的道路网数据利用本节提出的顾及道路邻域居民地群组相似性的方法进行匹配实验。图 4.46 为数据城市骨架线网构建效果，按照 4.4.4 中的匹配流程进行匹配，最终得到存在位置偏差和旋转偏差的道路网匹配结果，如图 4.47(a)和图 4.47(b)所示。表 4.9 为本方法部分具体匹配结果。

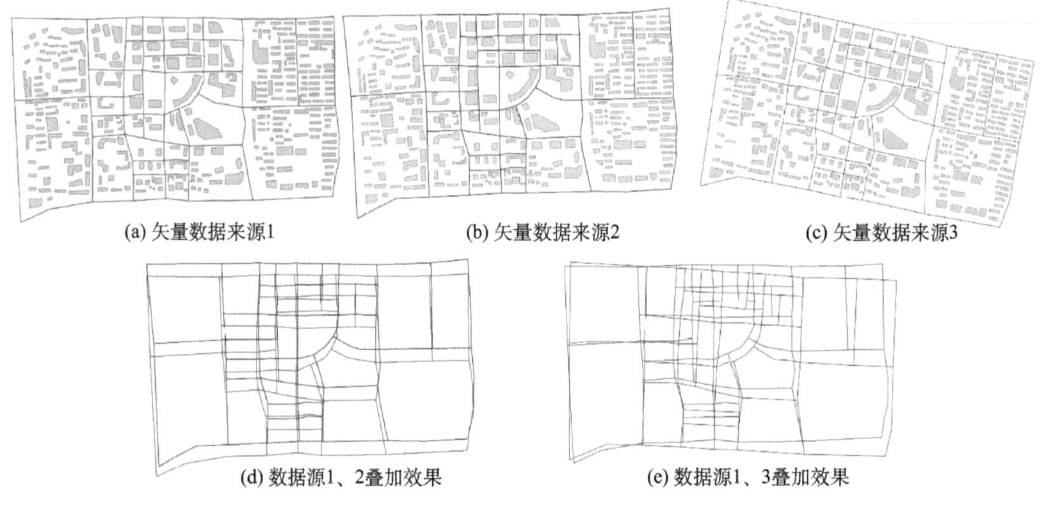

图 4.45　匹配实验数据

图 4.46　不同来源数据城市骨架线网构建

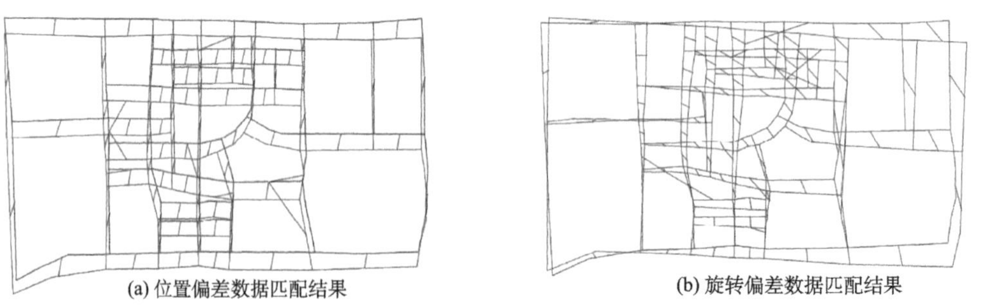

图 4.47　本匹配方法的匹配结果

表 4.9　位置及旋转偏差道路数据匹配结果(位置偏差/旋转偏差)

数据源 1 道路 ID	数据源 2 道路 ID	匹配双方邻域居民地群组相似度			匹配结果判断
		空间关系相似度	几何特征相似度	总相似度	
1/1	4/4	0.703/0.996	0.965/0.965	0.808/0.985	正确/正确
2/2	5/5	0.681/0.965	0.984/0.984	0.802/0.973	正确/正确
3/3	53/53	0.677/0.996	0.999/0.999	0.806/0.997	正确/正确
…	…	…	…	…	…

2. 对比实验

对相同的匹配数据利用道路网匹配方法中较为成熟的缓冲区增长算法进行对比实验分析。图 4.48(a)和图 4.48(b)分别为缓冲区增长算法对存在位置偏差和旋转偏差数据的匹配结果。

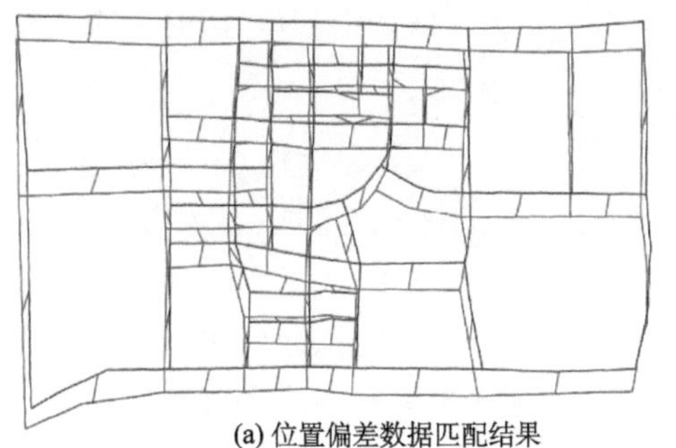
(a) 位置偏差数据匹配结果

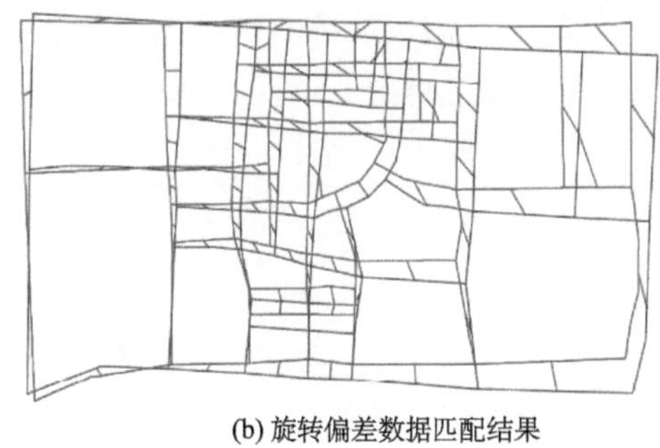
(b) 旋转偏差数据匹配结果

图 4.48　缓冲区增长算法匹配结果

表 4.10 为本方法和缓冲区增长算法对两种匹配情况的匹配结果的正确率统计，从表中得出对存在位置和旋转偏差的道路网数据，本方法优于缓冲区增长算法，表明本方法能够较好解决存在位置偏差以及旋转偏差的道路网数据的匹配问题。

表 4.10　不同匹配情况下两种方法匹配正确率比较

匹配情况	偏差	匹配正确率/%	
		本方法	缓冲区增长算法
匹配情况 1	位置偏差	84.7	29.0
匹配情况 2	旋转偏差	84.0	70.4

3. 实验结果对比分析

对两种方法的匹配结果作如下分析：由于匹配数据之间存在较大的位置偏差和旋转偏差，无法利用位置邻近原则对匹配过程进行约束，造成缓冲区增长算法的匹配正确率较低。但是道路数据间的位置和旋转偏差不会影响其邻域居民地群组的分布状况，即不会改变道路与居民地以及居民地群组之间的空间关系和几何特征，从而能够通过对道路邻域居民地群组的相似性度量进行匹配，这有效弥补了位置和旋转偏差对匹配的影响，故本方法能够得到较好的匹配结果。

4.4.6　算法优势分析

本节通过构建城市骨架线网，通过判断道路邻域环境的居民地群组相似性来确定道路匹配关系，解决存在位置或旋转偏差的道路数据间的匹配问题，其优势主要体现在以下几点：

(1) 采用顾及匹配实体邻域环境相似性的思路解决匹配问题，一定程度上避免了实体相似度较高但实际并不匹配的错误判断情况的出现，增强了匹配算法辨别同名实体的能力。

(2) 采用城市骨架线网的方法确定道路邻域的居民地群组，具有更强的稳定性，同名道路的居民地群组一致性更好，为其相似性判断创造了良好的前提条件。

(3) 邻域居民地群组相似性计算充分考虑了空间关系和几何特征相似性，较为全面地描述了居民地群组的特征，其相似度计算过程更为全面、准确。

4.5 避免全局遍历的道路网匹配策略研究

目前对空间数据匹配方面的研究主要集中于如何提高匹配结果的正确率方面，而对于匹配效率的关注和研究还相对较少。虽然空间数据匹配应首先保证其正确率，但是过低的匹配效率也对后续的数据更新等操作产生较大的影响，因此有必要对匹配效率进行研究。本节以道路网匹配为例，对道路网匹配过程中的搜索模式进行深入探索，提出一种基于道路分类的层次迭代匹配方法，该方法能够有效避免匹配过程中的全局遍历，只在少量候选匹配集中搜索匹配对象，提高了匹配效率。同时，该方法还能够在一定程度上增加匹配正确的概率。

4.5.1 道路网匹配搜索模式及匹配效率研究现状

1. 匹配搜索模式

在匹配过程中，通常采用全局遍历式的搜索模式来确定匹配对象，即在确定一条待匹配道路的匹配对象时，通常对数据中所有的道路进行相似性比较判断，将满足阈值要求的与其相似度最高的一条道路视为其匹配对象。如图 4.49 所示，数据源 1 中的待匹配道路 A 需要与数据源 2 中的所有道路进行判断，方可确定其匹配对象，根据图中数据共需进行 23 次判断。这种全局遍历搜索模式的不足之处在于：当道路网数据量较大时，匹配效率将会受到较大的影响，匹配效率通常不高。

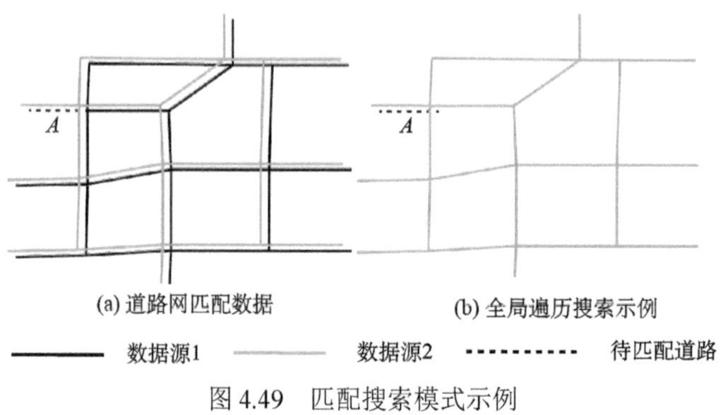

图 4.49　匹配搜索模式示例

2. 道路网匹配效率研究现状

目前提高道路网匹配效率的方法主要有构建外接矩形或缓冲区来获取候选匹配集（胡天硕等，2011）。如图 4.50 所示，对待匹配道路 *A* 构建缓冲区，候选匹配集的确定方法是判断数据源 2 中的道路是否落在缓冲区内，若在则加入候选匹配集。所以这一过程仍需对数据源 2 中的所有道路进行判断方可确定，仍要进行 23 次判断，即没有避免对数据源 2 的遍历。这些方法在一定程度上能够提高匹配效率，但仍无法避免全局遍历，其主要原因在于，构建缓冲区法等仍需对数据中所有的对象进行判断，只是通过一些简单省时的比较运算来代替原有复杂耗时的乘除、乘方等运算。同时这些方法还存在缓冲区阈值设置难等问题，从而无法保证匹配正确率。因此需要探索一种能够避免全局遍历搜索模式来提高匹配效率，同时这种匹配搜索模式还应保证匹配的正确率不受影响。

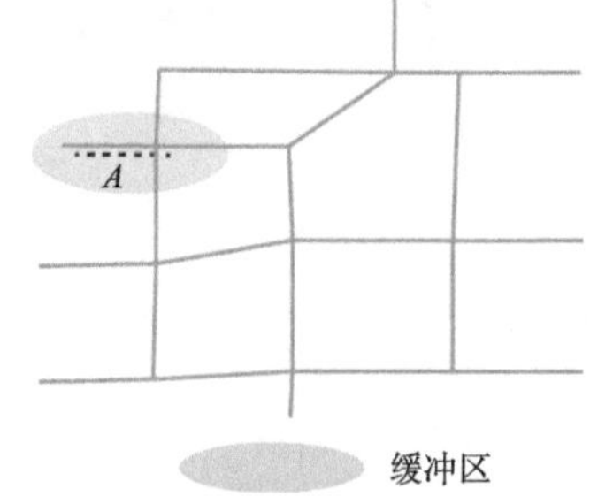

图 4.50　构建缓冲区获取候选匹配集示例

4.5.2　利用道路拓扑分类的层次迭代匹配方法

1. 基本思路

第一，根据拓扑关系对道路进行分类，将数量较少的道路类型划为匹配层中，剩余数量较多的道路类型则划为非匹配层；第二，对匹配层中的道路类型进行匹配，匹配时只需在另一数据源相同道路类型中搜索匹配对象，从而不仅避免了全局遍历，同时也减少了不同类型道路间的相互干扰，可同时提高匹配效率和正确率；第三，将非匹配层中剩余较多道路视为新的道路网重新分类，仍按数量多少划分为匹配层和非匹配层，按照相同方法匹配，如此迭代直至匹配结束；第四，对少量无匹配对象道路进行全局遍历检查，作为提高匹配正确率的有效补充。该方法不仅能够避免全局遍历的匹配搜索方式，从而提高匹配效率，还能在一定程度上提高匹配正确率。

2. 道路网拓扑分类

1）道路网拓扑关系构建

主要依据拓扑关系对道路网进行分类。道路网拓扑关系构建主要分为三步：①断链处理，即将道路相交处断开，使得拓扑构建前没有结点的道路交叉口形成新的结点；②接链处理，即将距离满足接链阈值的两个结点合并为一个结点；③构面处理，即对道路网中由道路构成的最小封闭区域构建道路网眼，道路网眼是道路网纵横交错形成的最小闭合区块。图 4.51 所示为道路网拓扑关系构建前后的对比情况。

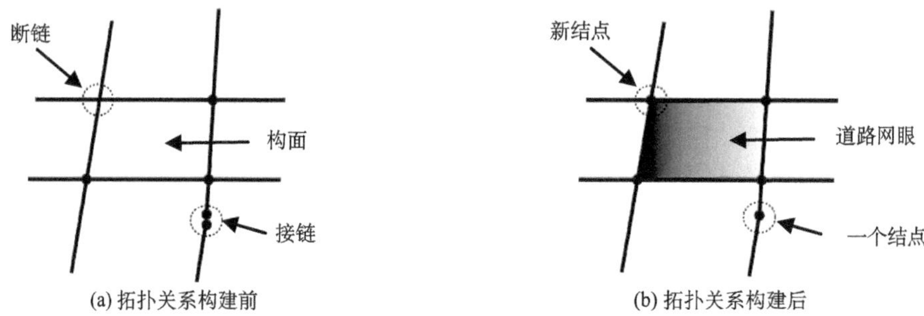

图 4.51　道路网拓扑关系构建

2) 道路网分类

道路网分类的依据是道路与道路之间、道路与道路网眼之间的拓扑关系，主要依托其数量关系划分道路类型。记 Start$N(L_i)$ 为与道路 L_i 首结点相连的其他道路数量；End$N(L_i)$ 为与道路 L_i 末结点相连的其他道路数量；$A(L_i)$ 为道路 L_i 参与构成的道路网眼数量，则按照下面的分类依据可将道路划分为图 4.52 所示的 I 类、II 类、III类、IV类、V 类。

I 类道路，Start$N(L_i)$>1 且 End$N(L_i)$=0，或者 Start$N(L_i)$=0 且 End$N(L_i)$>1，即道路首尾结点中，一个和其他道路无连接，另一个至少连接两条其他道路。

II 类道路，Start$N(L_i)$>1 且 End$N(L_i)$>1 且 $A(L_i)$=0，即道路首尾结点均至少连接两条其他道路，并且不参与构成道路网眼。

III类道路，Start$N(L_i)$>1 且 End$N(L_i)$>1 且 $A(L_i)$=1，即道路首尾结点均至少连接两条其他道路，并且只参与构成一个道路网眼。

IV类道路，Start$N(L_i)$>1 且 End$N(L_i)$>1 且 $A(L_i)$=2，即道路首尾结点均连接至少两条其他道路，并且参与构成两个道路网眼。

V 类道路，Start$N(L_i)$=0 且 End$N(L_i)$=0，即道路首尾结点均不和其他道路相连。

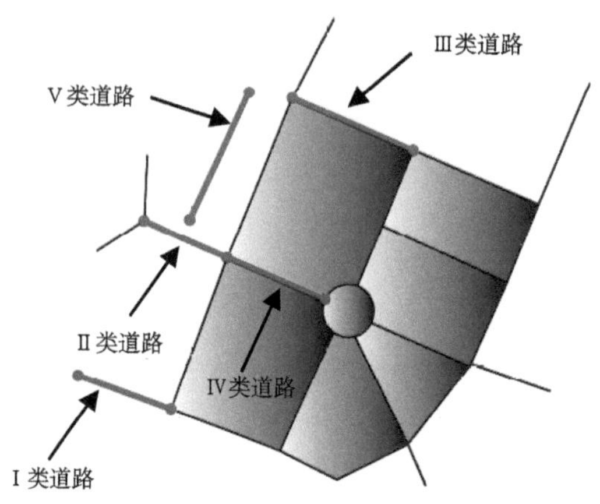

图 4.52　5 种不同类型道路示意图

3) 不同类型道路特点

图 4.53 为道路网分类实例，其中不同类型道路用不同线型和线宽表示；表 4.11 为不同类型道路的数量统计结果。由此可得 5 种类型道路的数量特点：Ⅰ类、Ⅱ类、Ⅲ类、Ⅴ类道路数量占道路总数量的比重很小，Ⅳ类道路数量所占比重很大。

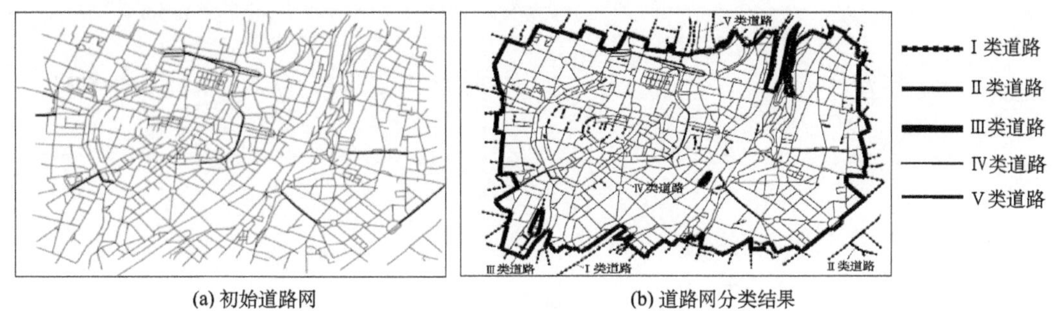

(a) 初始道路网　　(b) 道路网分类结果

图 4.53　道路网分类实例

表 4.11　不同类型道路数量统计

道路类型	数量	占道路总数比例/%
Ⅰ类	153	8.4
Ⅱ类	10	0.5
Ⅲ类	182	10.0
Ⅳ类	1480	81.0
Ⅴ类	2	0.1

3. 层次迭代匹配过程

1) 匹配层次划分

首先明确两个概念：匹配判断次数，即一条待匹配道路在另一数据源中搜索到匹配对象所需的判断次数；匹配判断总次数，即道路网中所有道路的匹配判断次数总和。

从理论上分析：道路分类后，两数据源中互相匹配的两条道路类型应相同，对某一条道路，其匹配对象必然存在于另一数据源和其类型相同的道路集合中，所以只需在与其类型相同的道路集合中进行搜索，即可得到匹配对象。道路分类结果中，Ⅰ类、Ⅱ类、Ⅲ类、Ⅴ类的道路数量较少，所以按照上述搜索模式能够避免对其他类型道路的搜索，从而大幅减少匹配判断次数；由于Ⅳ类道路数量很多，若对其仍按上述方法匹配，则其匹配判断次数减少幅度不大。所以道路分类后，将直接进行匹配的Ⅰ类、Ⅱ类、Ⅲ类、Ⅴ类道路划分至匹配层[图 4.54(a)、图 4.54(b)、图 4.54(c)、图 4.54(d)]，而将暂时不匹配的Ⅳ类道路划分至非匹配层[图 4.54(e)]。

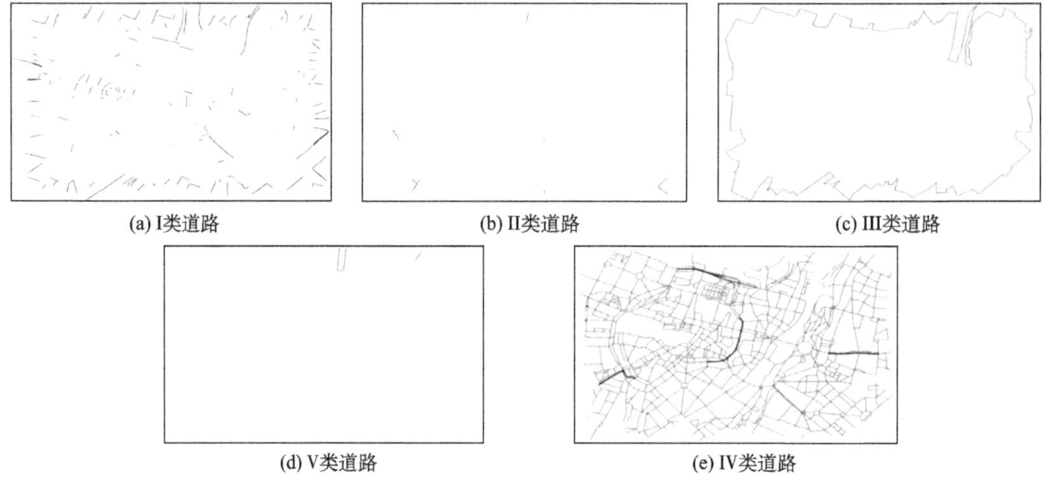

(a) I类道路　(b) II类道路　(c) III类道路

(d) V类道路　(e) IV类道路

图 4.54　不同类型道路显示

2）迭代过程

将非匹配层中未匹配的大量Ⅳ类道路视为未分类的新道路网［图 4.55(a)］，对其重新构建拓扑关系［图 4.55(b)］并分类，得到新的 I 类、II 类、III类、Ⅳ类、V 类道路［图 4.55(c)、图 4.55(d)、图 4.55(e)］。其中，新的 I 类、II 类、III类、V 类道路数量仍然很少，新Ⅳ类道路数量仍然很多，所以仍将 I 类、II 类、III类、V 类道路划分至匹配层，将Ⅳ类道路划分至非匹配层。重复上述过程直至所有道路完成匹配，即为迭代过程。迭代过程是本方法的核心，其有效避免了对分类后数量最多的Ⅳ类道路直接进行匹配，确保每次匹配只在少量道路集合中搜索匹配对象。

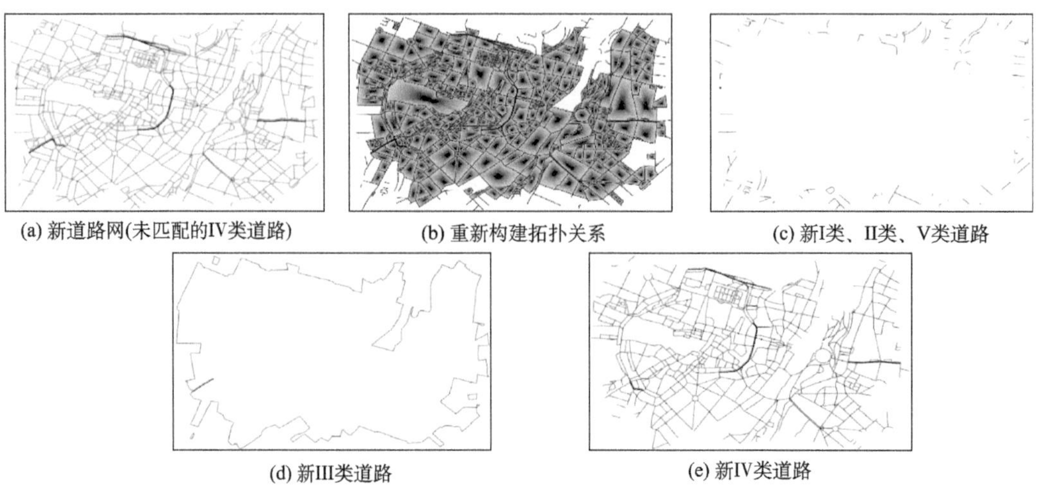

(a) 新道路网(未匹配的IV类道路)　(b) 重新构建拓扑关系　(c) 新I类、II类、V类道路

(d) 新III类道路　(e) 新IV类道路

图 4.55　新道路网及重新分类结果

3) 无匹配对象道路全局遍历检查

由于不同来源的道路数据具有不确定性，互相匹配的两条道路可能会被分为不同类型。由于只在相同类型道路集合中搜索匹配对象，所以可能造成原本存在匹配对象的道路被错误地判断为无匹配对象。通过对无匹配对象道路进行全局遍历检查的方法解决这一问题，即匹配结束后，对所有无匹配对象道路，重新在另一数据源中进行全局遍历，以判断其是否确实不存在匹配对象。全局遍历结束后，若存在道路与之匹配，则把其纳入匹配结果中来；若仍无匹配对象，此时可确定该道路确实不存在匹配对象，为新增或消失道路。无匹配对象道路全局遍历检查是对分类过程可能造成错误的有效补充，确保匹配结果的正确性，虽然在一定程度会增加匹配判断总次数，但是这种情况相对较少，因此不会产生较大影响。

4.5.3　实例验证及对比分析

1. 实验流程

本方法的实验流程如图 4.56 所示，具体有如下 5 个步骤。

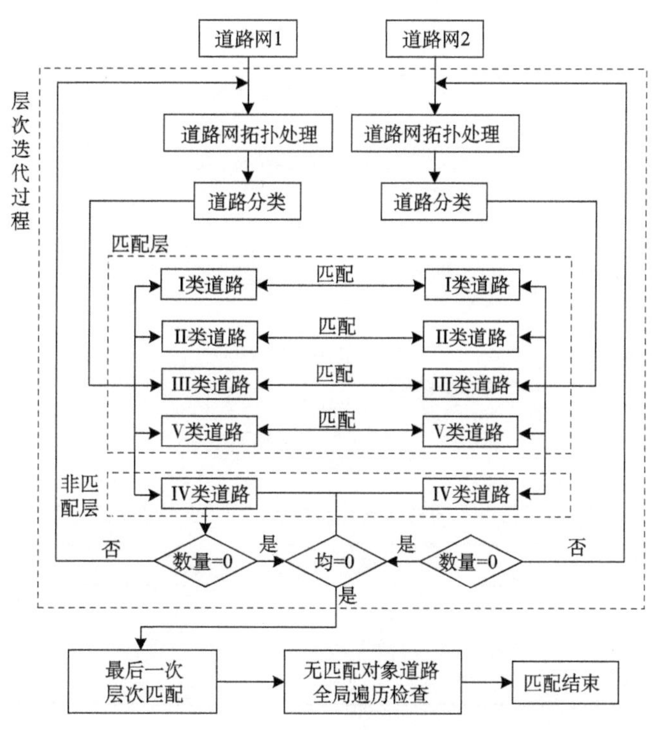

图 4.56　层次迭代匹配方法流程图

步骤一，对不同来源的道路网构建拓扑关系，并将其分为 I 类、II 类、III类、IV类、V 类。

步骤二，将Ⅰ类、Ⅱ类、Ⅲ类、Ⅴ类道路划为匹配层并匹配，将Ⅳ类道路划为非匹配层。

步骤三，判断匹配后双方Ⅳ类道路数量 $N_{Ⅳ1}$、$N_{Ⅳ2}$ 是否同时为 0：若 $N_{Ⅳ1}\neq0$ 且 $N_{Ⅳ2}\neq0$，则匹配双方同时转至步骤一；若 $N_{Ⅳ1}\neq0$ 且 $N_{Ⅳ2}=0$，或者 $N_{Ⅳ1}=0$ 且 $N_{Ⅳ2}\neq0$，则不等于 0 的一方转至步骤一；若 $N_{Ⅳ1}=0$ 且 $N_{Ⅳ2}=0$，则转至步骤 4。

步骤四，最后一次层次匹配。

步骤五，无匹配对象道路全局遍历检查。

2. 三种典型路网实验

为验证本方法的有效性和适用性，选择自由式、方格网式、环形放射式三种常见的不同形式的城市道路网数据进行实验，分别选择重庆、西安、成都 3 个城市(图 4.57)不同来源的相同比例尺道路数据作为上述三种路网形式的代表进行实验，其目的是探索路网形式的不同是否会影响拓扑关系的构建，继而影响后续的匹配过程，以检验本方法对不同形式道路网的适用性。表 4.12 的统计结果显示出三种形式道路网的数量呈增大趋势，可以此探索匹配效率与数据量之间的关系。就实验具体采用的匹配方法而言，由于这不是该方法的主要研究内容，因此采用已有较为成熟的缓冲区增长算法进行匹配。

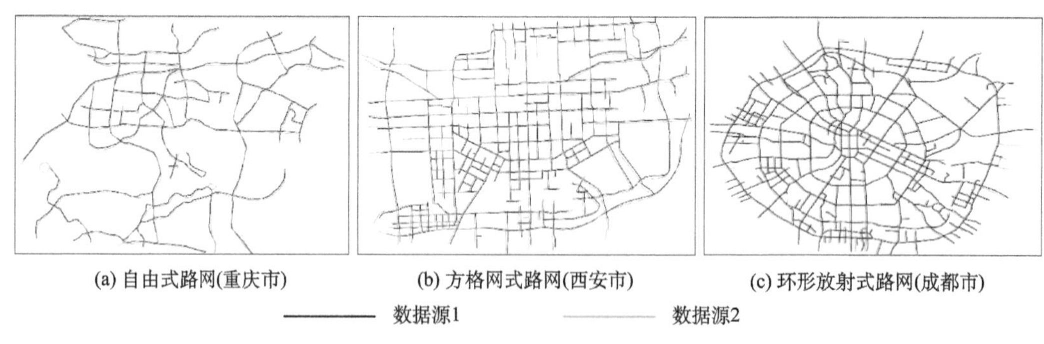

图 4.57　三种典型形式路网实验数据

表 4.12　三种不同形式道路网统计结果(数据源 1/数据源 2)

路网形式	道路总数	道路结点总数
自由式	133 / 141	923 / 804
方格网式	522 / 513	1340 / 1273
环形放射式	577 / 585	1872 / 1755

3. 匹配结果评价

图 4.58 为对三种道路网进行层次迭代匹配的结果(为清晰起见，仅显示局部匹配结果)，虚线连接的是两条互相匹配的道路。

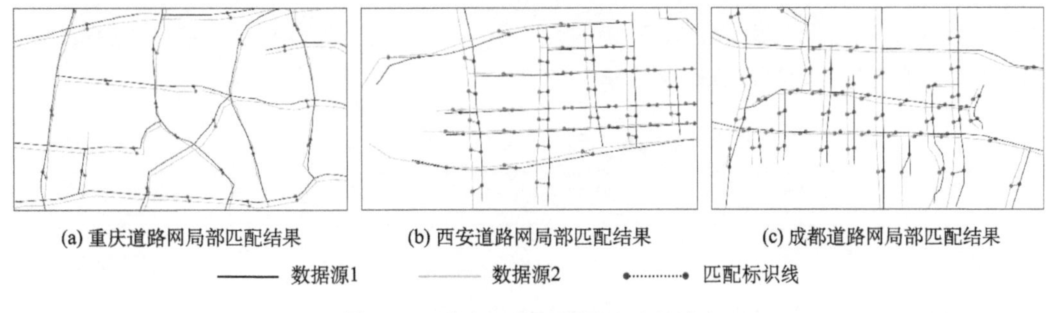

图 4.58　道路网匹配结果显示(局部)

表 4.13 为本方法匹配结果统计，三种不同形式的道路网匹配率和匹配正确率均超过 90%，表明本方法不会受道路网形式的影响和约束，对各种形式的道路网普遍适用。

表 4.13　本方法对三种不同形式道路网匹配结果

路网形式	正确匹配数	错误匹配数	误匹配数	正确未匹配数	错误未匹配数	匹配率/%	匹配正确率/%
自由式	109	0	1	0	2	98.2	99.1
方格网式	412	15	1	12	21	95.3	96.3
环形放射式	489	18	2	1	5	99.0	96.1

4. 对比实验及分析

对上节三组数据按照全局遍历式的匹配方法进行对比实验，并从匹配判断总次数、匹配效率、匹配质量三个方面进行对比分析。为了确保匹配效率不受匹配方法的影响，同样采用缓冲区增长算法进行对比实验。

1) 匹配判断总次数对比

设道路数据源 1 中的道路总数为 N_1，道路数据源 2 中的道路总数为 N_2，将数据源 1 中道路作为待匹配道路，用数据源 2 中道路进行匹配。对全局遍历式匹配方法，设其匹配判断总次数为 N_O，由于数据源 1 中每条道路在搜索匹配对象时需完成 N_2 次判断，则

$$N_O = N_1 \cdot N_2 \tag{4.32}$$

对层次迭代匹配方法，匹配判断总次数由层次迭代匹配判断次数和无匹配对象道路全局遍历检查判断次数两部分组成，设完成整个道路网匹配需要进行的判断次数为 N_{HI}，则

$$N_{\mathrm{HI}} = \sum_{i=1}^{m+1}(n_{1i} + n_{2i} + n_{3i} + n_{5i}) + n_{\mathrm{check}} \tag{4.33}$$

式中，n_{1i}、n_{2i}、n_{3i}、n_{5i} $(i=1,2,\cdots,m)$ 分别为 Ⅰ、Ⅱ、Ⅲ、Ⅴ类道路的匹配判断次数；m 为迭代次数；n_{check} 为无匹配对象道路全局遍历检查判断次数。设需进行全局遍历检查的无匹配对象道路数量为 N_{check}，则

$$n_{\mathrm{check}} = N_{\mathrm{check}} \cdot N_2 \tag{4.34}$$

从表 4.14 的匹配判断总次数统计结果看出，本方法的匹配判断总次数约为全局遍历式匹配方法的 1/5，证明有效避免了全局遍历。

表 4.14　匹配判断总次数统计

路网形式	层次迭代判断次数	遍历检查判断次数	本方法总次数	全局遍历法总次数
自由式	3190	564	3754	18753
方格网式	24281	42579	66860	267786
环形放射式	28962	12285	41247	337545

2) 匹配效率对比

主要利用匹配时间指标来衡量匹配效率。定义时间压缩比率的概念，设全局遍历式匹配方法完成道路网匹配的时间为 T_O，本方法完成匹配的时间为 T_N，时间压缩比率为 t_w，则

$$t_w = \frac{T_O - T_N}{T_O} \tag{4.35}$$

表 4.15 为全局遍历匹配方法和本方法的时间与时间压缩比率的统计结果。从中得出，在匹配时间方面，本方法明显少于全局遍历式匹配方法，时间压缩比率超过了 50%；并且时间压缩比率随着数据量的增大而增大，表明在处理数据量较大的道路网时，本方法更具优势，能够更大幅度减少匹配时间，从而提高匹配效率。

表 4.15　匹配时间对比

路网形式	数据量/KB	全局遍历法耗时/s	本方法耗时/s	时间压缩比例/%
自由式	114	4.866	2.184	55.1
方格网式	233	22.292	9.532	57.2
环形放射式	296	37.736	15.349	59.3

3) 匹配质量对比

表 4.16 为本方法与全局遍历方法的匹配率和匹配正确率的统计结果。本方法的匹配正确率高于全局遍历方法，除了在层次迭代匹配后进行无匹配对象道路全局遍历检查这一对匹配正确率的补充外，只在匹配层中同种类型的道路集内搜索匹配对象这一匹配策略减少了周围相邻道路的干扰，从而增大了匹配正确的概率，以下做具体分析。

表 4.16　匹配率、匹配正确率对比

路网形式	匹配率/%		匹配正确率/%	
	全局遍历法	本方法	全局遍历法	本方法
自由式	99.2	98.2	96.9	99.1
方格网式	96.6	95.3	95.7	96.3
环形放射式	98.7	99.0	94.3	96.1

全局遍历式匹配方法是在整个道路网中进行遍历来搜索匹配对象，一旦道路网分布密集，待匹配道路对应同名实体周围的相邻道路极易对其匹配产生干扰，从而增大匹配错误的概率。如图 4.59 所示，在待匹配道路 A 的周围不仅存在其对应的同名要素，而且存在干扰道路，一旦匹配方法选择不当或者匹配阈值设定不合理，就可能造成错误匹配。

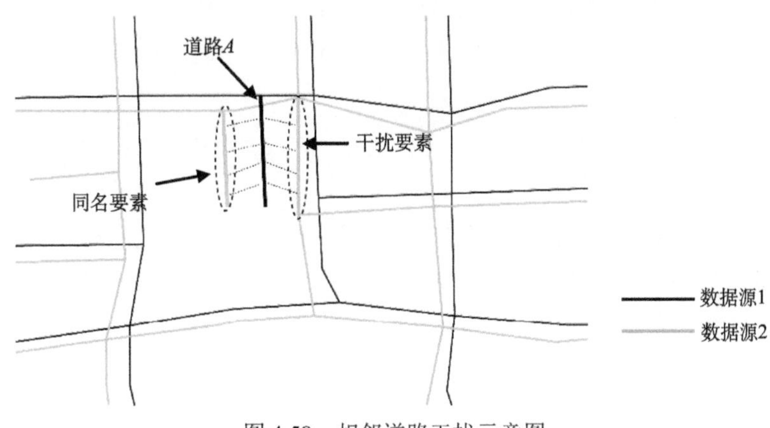

图 4.59　相邻道路干扰示意图

相反，本方法则能够有效减少同名要素周围相邻道路的干扰。如图 4.60 所示，匹配层中的 I 类、II 类、V 类道路均呈零散稀疏分布状态，道路之间距离较大，其周边相邻道路对同名实体产生干扰较小；III类道路则呈首尾相连状分布，这种分布也可减小相邻道路的干扰，这两种分布特点均能减小错误匹配概率。因此，本方法中的分层匹配模式，不仅能够有效提高匹配效率，还能够提高匹配正确率。

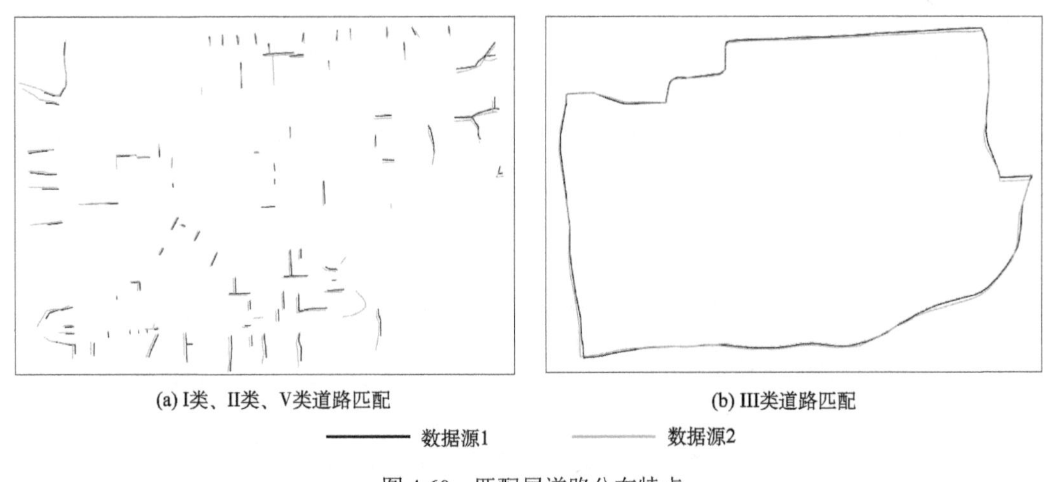

图 4.60　匹配层道路分布特点

4.5.4 算法优势分析

不同于其他利用道路分类进行匹配的方法，本节提出的利用道路分类的层次迭代匹配方法在进行道路匹配的关键之处在于：在匹配时，本方法对道路网进行多次分类，而不是仅仅一次，即道路分类是动态的，具体体现在本方法的“迭代”思想上。这是避免对占道路比重很大的Ⅳ类道路直接进行匹配的策略，将Ⅳ类道路视为“新的、未分类的”道路网按照拓扑关系重新分类，重复Ⅰ类、Ⅱ类、Ⅲ类、Ⅴ类道路的匹配过程，按照此方式进行迭代，直到道路网中所有道路均完成匹配。故层次迭代过程是本方法的核心，其保证道路网匹配过程中所有道路均以较少的判断次数完成匹配。总结来说，本方法具有以下 3 个方面的优势：

(1)匹配效率方面，本方法在匹配时能够避免全局遍历，从而大幅减少匹配判断次数，压缩匹配时间，提高匹配效率。

(2)匹配质量方面，本方法能够减小周围相邻道路的干扰，从而提高匹配的正确率；无匹配道路的遍历检查是对匹配正确率的有效补充。因此本方法并不以“牺牲”匹配质量来换取匹配效率的提高。

(3)适用范围方面，本方法不受道路形式的影响，适用于多种形态的道路网匹配，并且更加适用于数据量大、分布密度较大的道路网之间的匹配。

参 考 文 献

艾廷华, 刘耀林. 2002. 保持空间分布特征的点群化简方法[J]. 测绘学报, 31(2): 175-181.

安晓亚, 孙群, 肖强, 等. 2011. 一种形状多级描述方法及在多尺度空间数据几何相似度量中的应用[J]. 测绘学报, 40(4): 495-501.

陈波, 武芳, 钱海忠. 2008. 道路网自动选取方法研究[J]. 中国图象图形学报, 13(12): 2388-2393.

邓敏, 徐凯, 赵彬彬, 等. 2010. 基于结构化空间关系信息的结点层次匹配方法[J]. 武汉大学学报·信息科学版, 35(8): 1023-1027.

丁虹. 2004. 空间相似性理论与计算模型的研究[D]. 武汉: 武汉大学博士学位论文.

付仲良, 邵世维, 童春芽. 2010. 基于正切空间的多尺度面实体形状匹配[J]. 计算机工程, 36(17): 216-220.

胡天硕, 毛政元. 2011. 线实体候选匹配集的优化方法研究[J]. 测绘科学, 36(2): 132-135.

江浩, 褚衍东, 闫浩文, 等. 2009. 多尺度地理空间点群目标相似关系的计算研究[J]. 地理与地理信息科学, 25(6): 1-4.

刘承科. 2007. 应用空间语法理论对香港道路网建模及分析[D]. 青岛: 青岛大学硕士学位论文.

刘东琴, 苏山舞. 2005. 多空间数据库位置匹配方法及其应用[J]. 测绘科学, 30(2): 78-80.

刘涛. 2011. 空间群(组)目标相似关系及计算模型研究[D]. 武汉: 武汉大学博士学位论文.

刘涛, 闫浩文. 2013. 空间面群目标几何相似度计算模型[J]. 地球信息科学学报, 15(5): 635-642.

刘涛, 杜清运, 闫浩文. 2011. 空间点群目标相似度计算[J]. 武汉大学学报 · 信息科学版, 36(10): 1149-1153.

刘涛, 杨树文, 李轶鲲, 等. 2013. 空间线群目标方向相似度计算模型[J]. 测绘科学, 38(1): 156-159.

鲁学东, 秦承志, 张洪岩, 等. 2005. 空间认知模式及其应用[J]. 遥感学报, 9(3): 277-285.

栾学晨, 杨必胜. 2009. 城市复杂道路网的 Stroke 生成方法[J]. 地理与地理信息科学, 25(1): 49-52.

钱海忠, 武芳, 陈波, 等. 2007. 采用斜拉式弯曲划分的曲线化简方法[J]. 测绘学报, 36(4): 443-449.

钱海忠, 张钊, 翟银凤, 等. 2010. 特征识别、Stroke 与极化变换结合的道路网选取[J]. 测绘科学技术学报, 27(5): 371-378.

邵世维, 2011. 基于几何特征的多尺度矢量面状实体匹配方法研究与应用[D]. 武汉: 武汉大学博士学位论文.

田晶, 何道, 周梦杰. 2013. 运用主成分分析识别道路网中的网格模式[J]. 武汉大学学报·信息科学版, 38(5): 604-607.

童小华, 邓愫愫, 史文中. 2007. 基于概率的地图实体匹配方法[J]. 测绘学报, 36(2): 210-217.

王家耀, 陈毓芬. 2001. 理论地图学[M]. 北京: 解放军出版社.

邬伦, 刘瑜, 张晶, 等. 2001. 地理信息系统——原理、方法和应用[M]. 北京: 科学出版社.

吴建华. 2010. 顾及环境相似的多特征组合实体匹配方法[J]. 地理与地理信息科学, 26(4): 1-6.

武芳, 朱鲲鹏. 2008. 线要素化简算法几何精度评估[J]. 武汉大学学报·信息科学版, 33(6): 600-603.

徐柱, 刘彩凤, 张红等. 2012. 基于路划网络功能评价的道路选取方法[J]. 测绘学报, 41(5): 769-776.

叶彭姚, 陈小鸿. 2011. 基于道路骨架性的城市道路等级划分方法[J]. 同济大学学报(自然科学版), 39(6): 853-878.

游雄. 1992. 视觉感知对制图综合的作用[J]. 测绘学报, 21(3): 224-232.

喻岗, 刘刚. 2012. 面向 2D 对象形状识别的空间模糊查询研究[J]. 计算机工程与应用, 48(16): 185-189.

朱长青, 史文中. 2006. 空间分析建模与原理[M]. 北京: 科学出版社.

Ang Y H, Li Zhao, Ong S H. 1995. Image retrieval based on multidimensional feature properties[J]. SPIE: 47-57.

Bruns H T, Egenhofer M. 1996. Similarity of Spatial Scenes[C]. Delft: Seventh International Symposium on Spatial Data Handling.

Douglas D H, Peucker T K. 1973. Algorithms for the reduction of the number of points required to represent a digitized line or its caricature[J]. The Canadian Cartographer, 10(2): 112-122.

Egenhofer M, Franzosa R. 1991. Point-set topological spatial relationships[J]. International Journal of Geographical Information Systems, 5 (2): 161-174.

Egenhofer M, Mark D. 1995. Naïve geography[A]//Frank A, Kuhn W. Spatial Information Theory—A Theoretical Basis for GIS[C]. Semmering. Austria: International Conference COSIT'95.

Hillier B. 1996. Space is the Machine: A Configurational Theory of Architecture[M]. New York: Cambridge University Press.

Hu M K. 1961. Pattern recognition by moment invariant[J]. IRE, 49: 1428.

Jiang B, Claramunt C. 2004. A structural approach to the model generalization of an urban street network [J]. GeoInformatic, 8(2): 157-171.

Li Z L, Openshaw S. 1994. Line feature's self-adapted generalization algorithm based on impersonality generalized natural law[J]. Translation of Wuhan Technical University of Surveying and Mapping, (1): 49-58.

McMaster R B. 1987. Automated line generalization[J]. Cartographica, 24(2): 74-111.

Saalfeld A. 1988. Automated map compliation[J]. International Journal of Geographical Information Systems, 2 (3): 217-228.

Saaty T L. 1980. The Analytic Hierarchy Process[M]. New York: Mc Gtaw Hill.

Thomson R C, Richardson D E. 1999. The "Good Continuation" Principle of Perceptual Organization Applied to the Generalization of Road Network[C]. Ottawa, Canada: Proceedings of the 19th International Cartographic Conference.

Zhang M. 2009. Methods and Implementations of Road-network Matching [D]. Munich(Germany): Technical University of Munich: 47-94.

第 5 章　道路网与居民地联动匹配方法

5.1　联动匹配概述

空间数据匹配的关键是同名实体匹配，即识别出相同地区不同来源地理空间数据中表达现实世界同一地理实体的空间要素。本节重点阐述了联动匹配的相关基础理论知识，为后续道路和道路联动匹配、道路和居民地联动匹配奠定理论基础。

5.1.1　联动匹配定义

无论在现实世界还是地图上，道路和道路要素、道路和居民地要素都是相互联系，互为约束的。例如，人们在熟悉或寻找某条陌生街道时，通过运用自己大脑中已经熟知的街道或者建筑物作为定位参考，可以快速地找寻出未知的道路。正是基于这种定位参考的思想，提出一种联动匹配策略，为匹配数据双方增加拓扑约束条件，从而缩小匹配对象搜索范围，有效提高匹配效率和正确率；同时，道路和居民地联动匹配的方法拓宽了线要素和面要素匹配的方法途径，是本章的主要创新点之一。

所谓联动匹配，即模仿人在读图时通过特征地物和空间关联寻找目标地物的思维过程，将匹配看作是一种特征目标寻找、信息关联传递的推理过程。具体体现为通过一个要素匹配带动另一个要素匹配，当一个要素匹配结束时，和该要素关联的其他要素根据关联关系，也随即完成匹配，而不需要单独进行匹配。所以联动匹配实现的关键就是待匹配要素与其邻域要素之间关联关系的构建，其实质就是实现匹配信息在各要素之间的传递。

联动匹配能够简化匹配过程，提高匹配效率。如图 5.1 所示，以道路网匹配为例，假设突出的高等级骨干道路如 $S_{10\text{-}0}$ 和 $P_{10\text{-}0}$ 是起始匹配对象，那么当 $S_{10\text{-}0}$ 和 $P_{10\text{-}0}$ 完成匹配时，和其具有关联关系的其他低等级道路也随即完成匹配，而不用再一次进行相似性评价，由此实现了一条道路匹配带动多条道路的联动匹配。

图 5.1　道路网联动匹配示例

5.1.2　邻域环境要素类型界定

在大比例尺城市地图中，道路和居民地占有很大比重，是两类最重要的要素，约占城市地图 95%的信息量。因此为了突出重点研究对象，联动匹配暂不考虑城市中的水系、植被等其他要素的参与。图 5.2 为某大比例尺城市地图示例，由图中可以看出，城市地图中的居民地呈散列状态分布在纵横交错的道路网中，二者相辅相成，相互关联，互为约束。因此，以同名道路要素为例，同名道路的邻域环境既可以是与其相同类型的道路要素，又可以是与其不同类型的居民地要素。这种同名实体邻域环境的界定增强了匹配中邻域要素的定位参考作用，有效地缩小了候选匹配对象的选取范围。

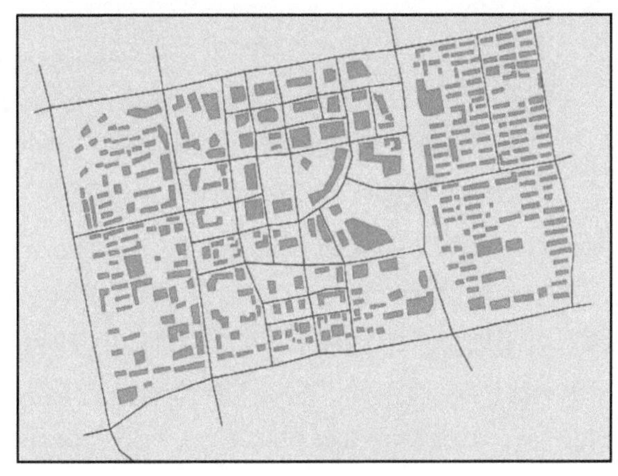

图 5.2　某城市地图示例

5.1.3　联动匹配方法优势分析

联动匹配策略在匹配过程的优势主要体现在以下几个方面：

(1) 避免全局遍历搜索候选匹配对象。联动匹配的特点是以待匹配要素的邻域要素作为定位参考，只在少量匹配集中搜索匹配对象，所以有效避免了匹配过程中的全局遍历，提高了匹配效率。

(2) 简化匹配过程，提高匹配正确率。通过一个要素匹配带动另一个要素匹配的联动匹配能够简化匹配过程，降低匹配中的复杂性和不确定性，从而进一步提高匹配正确率。

(3) 为匹配过程增加不同要素间控制和约束。联动匹配即将匹配看作是一种特征目标寻找、信息关联传递的推理过程，所以在匹配中充分考虑道路周边的建筑物、居民地周边道路等的定位参考作用，从而在匹配过程中增加了拓扑约束条件，更有利于提高匹配质量。

5.2 顾及上下级空间关系相似性的道路网联动匹配方法

现有道路网匹配方法中，大多利用道路自身结点和弧段特征进行匹配，而较少注意道路邻域要素在道路网匹配中的重要定位参考作用，从而影响匹配效率和正确率的进一步提高。针对上述问题，提出一种顾及上下级空间关系相似性的道路网联动匹配方法，详细阐述了该算法的实现过程，对比实验验证了算法的科学性和有效性。

5.2.1 顾及上下级空间关系相似性的联动匹配思路

对于同名道路要素来说，除了其自身结点弧段特征具有高度相似性外，其邻域环境内的道路要素在空间关系上也应具有相似性。有时只从道路自身几何特征出发进行相似性评价得到的匹配结果可能是不可靠的，如可能出现两条或多条道路要素在位置、形状、方向上具有很高的相似性，但它们并不匹配的情况(吴建华，2010)。图 5.3 中的示例图很好地说明了上述情况，匹配双方数据间存在较大的几何位置偏差，若是从道路自身结点和弧段特征进行匹配，则 *A*2 和 *B*1 匹配的可能性比较大，而实际上 *A*1 和 *B*1 才是一对同名实体。由此可见，若在匹配过程中考虑 *A*1 和 *B*1 的周边道路空间分布情况，可容易得出正确匹配结果。所以为了增强匹配过程中同名实体的识别能力，应该顾及同名实体邻域环境的相似性，这种相似性在道路网匹配中主要体现为上下级空间关系(拓扑关系，方向关系，距离关系)相似性。具体算法思路为：模仿人在读图时通过特征地物和空间关联寻找目标地物的思维过程，将匹配看作是一种特征目标寻找、信息关联传递的推理过程。在匹配过程中以上下级空间关系相似性为约束条件，以相邻道路作为定位参考，构造具有明显层次特性的道路网联动匹配模型，最后，以突出的骨干道路作为起始匹配对象，实现匹配信息在道路之间的传递，达到联动匹配的目的。

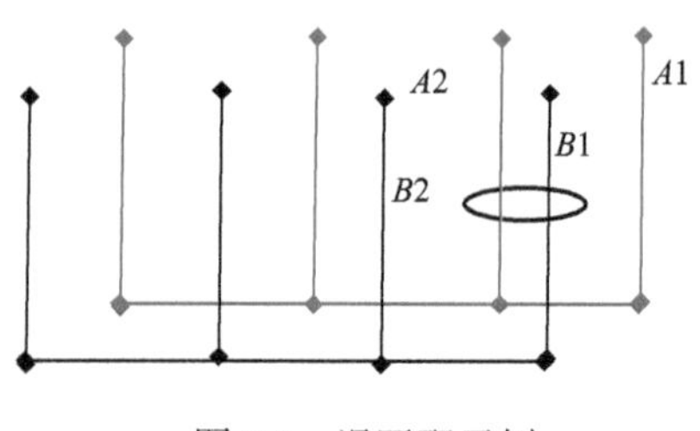

图 5.3 误匹配示例

5.2.2 构建道路网联动匹配模型

在实际矢量地图中，道路网通常是被分段采集的，这种分段采集往往具有随意性，使得由“结点-弧段”组成的道路数据过于琐碎，不利于道路网空间关系量化表达，增加了匹配的复杂性和不确定性。为了构建具有明显层次结构特征的道路网联动匹配模型，本节利用道路 Stroke 技术（相关技术介绍参见 4.1.2 节）对道路弧段进行重新组织，使道路的整体连贯性得以保持，更加符合人类的认知习惯。

1. 道路和道路骨架关联树构建

利用相关构建方法对道路网提取 Stroke，如图 5.4（b）所示，并按照长度和通达性两种指标，进行等级评价，共分为 10 级道路，即选取重要性前 10%的道路作为 10 级道路（最高级），选取重要性前 10%～20%的道路作为 9 级道路，以此类推，如图 5.4（c）所示，加粗实线为各等级道路示意。

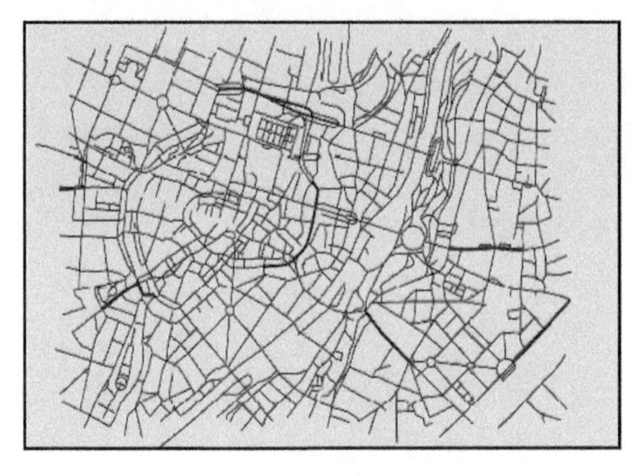

(a) 某城市道路网

(b) 道路Stroke提取

(c) 道路Stroke等级划分

图 5.4　城市道路网 Stroke 提取和等级划分结果

利用 Stroke 技术对整个城市道路网进行分类分级后，高等级的道路 Stroke，如同一棵树的主干和粗枝，可反映出整个城市的大致形态结构，因此，高等级道路 Stroke，也即主要道路，是整个城市的骨架，而那些较低等级的道路 Stroke，就像树的细枝和树叶。如此，对整个城市道路网有了层次化的认知，将这种层次化认知模型映射到一个树状结构中，称之为骨架关联树，如图 5.5 所示。在这种层次化认知模型中，每条高等级的道路 Stroke 可能与多条较低等级的道路 Stroke 具有关联关系，每条较低等级的道路 Stroke 可能与更多的更低等级的道路 Stroke 具有关联关系，因此这种骨架关联树具备以下特性：

(1) 相同等级道路 Stroke 之间是网状关系，不同等级道路 Stroke 之间形成层次结构关系；

(2) 一条高等级道路 Stroke 可能具备多个子结点；

(3) 一条低等级道路 Stroke 可能具备多个根结点。

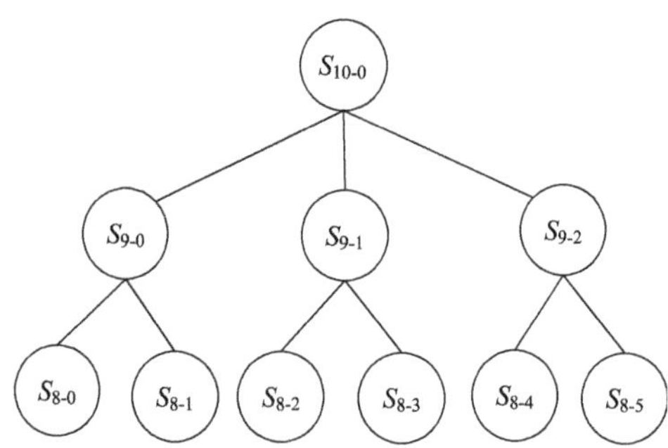

图 5.5　道路网骨架关联树

骨架关联树构建的关键问题是如何找到根结点，提出一种基于树状结构索引的骨架关联树构建方法。对于整个城市道路网而言，选取最高等级的一条道路 Stroke 作为该骨架关联树的根结点，将与该道路相交或相邻的较低等级的道路 Stroke 作为子结点，之后，对每个子结点按照同样的方法找到各自的子结点，经过这样的索引过程，便构成了一条完整的骨架关联树。为了便于对道路进行存储和读取，将数据源 *A* 中道路 Stroke 命名为 $S_{n\text{-}i}$，其中 n 代表道路等级，i 代表该条道路在该等级道路层中的编号。同理，数据源 *B* 中的道路 Stroke 命名为 $P_{m\text{-}j}$。

2. 道路和道路联动匹配模型构建

在图 5.3 所示的示例中，人眼之所以能够判断出道路 *A*1 和 *B*1 是一对同名实体，是因为人脑对两个目标信息的获取并非是独立的，而是通过对两者的关联信息比较进行的。正是基于此，将人脑的这种感知能力通过结构化的方式表示出来，并进行相互关联分析，在模拟人脑这种综合信息的能力的基础上，构建道路网联动匹配模型，为道路网匹配提供新的思路。

联动匹配模型的构建原理如下，通过道路网骨架关联树，可以寻找多源空间数据在层次结构上的整体性和差异性。归纳、分析数据源 *A* 与数据源 *B* 中每一条高等级道路 Stroke 和与其具有关联关系的低等级 Stroke 在空间数据中的分布状态，通过寻找两数据源结构相似的骨架关联树来构建道路网联动匹配模型，实现道路联动匹配的目的。

这种关联关系的构建可以通过图 5.6 的示意性说明较好地阐释其原理。如图 5.6(a) 和图 5.6(b) 所示，选取突出的骨干道路如 $S_{10\text{-}0}$ 和 $P_{10\text{-}0}$ 作为起始匹配对象，对同一区域的数据源 *A* 和数据源 *B* 分别以 $S_{10\text{-}0}$ 和 $P_{10\text{-}0}$ 为起点建立各自的道路网骨架关联树，使其具有树状结构关系；对两个骨架关联树进行结构相似性比对，找出两数据源道路中结构相似的部分，并将这些结构相似的道路按照等级由高到低的顺序排列，如图 5.6(c)所示；这些结构相似道路即可构成道路网联动匹配模型，如图 5.6(d)。其余的不具有结构相似性的部分则是新增或消失的部分，可以在数据更新过程中直接对数据集进行增加或删除等操作。

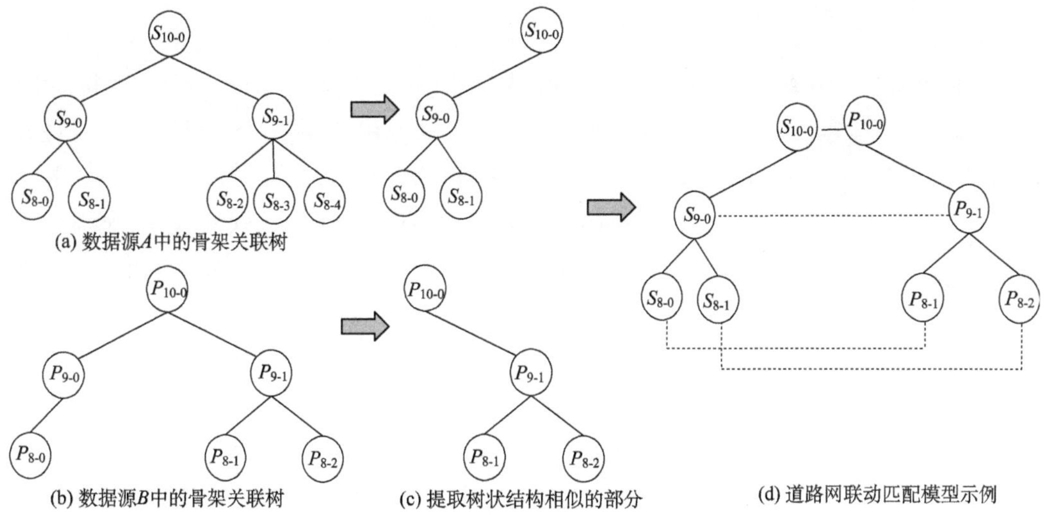

图 5.6　道路网联动匹配模型构建原理

5.2.3　道路网上下级空间关系相似性计算

如图 5.7 所示，在构建道路网联动匹配模型时，一条高等级 Stroke 可能与多条低等级 Stroke 相交或相邻，这不利于匹配信息准确快速的传递，甚至会影响匹配效率。因此引入上下级空间关系相似性对匹配过程进行约束，以突出的骨干道路作为重要定位参考，通过待匹配道路相对于骨干道路在空间关系上的有序性和相似性来引导匹配进程，从而实现道路网联动匹配。

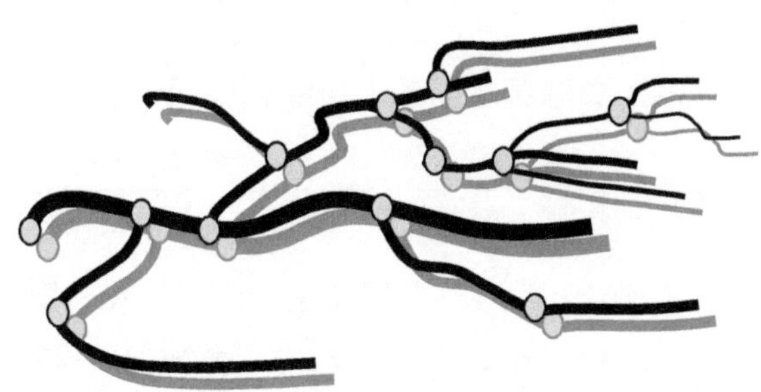

图 5.7　骨架关联树多结点示例

当然，本节所说的空间关系是一条道路相对于骨干道路的空间关系(上下级拓扑关系、上下级方向关系、上下级距离关系等)，这些关系虽然表达上不严格一致，但也绝不会违背制图规则。由于在构建道路网 Stroke 时，将同一等级的道路连接为一条 Stroke，而这些道路有可能名称不同，因此很难用语义特征来判断相似性情况，故暂不予考虑语义相似性。

1. 道路和道路上下级拓扑相似性

线要素之间的拓扑关系可以粗略的归纳为相邻(部分重合)、重合、相交(相接)和相离四种关系。参考传统的拓扑关系概念邻域图(Egenhofer et al.，1991；1995)，如图 5.8 所示，因为在道路网中相交和相邻的道路关联相似性比较大，故将相交和相邻视为邻域内关系，空间关系相似性主要就是计算邻域内道路间的空间关系相似性。通常将目标道路的邻域道路数量作为其拓扑总数，根据骨架关联树的特点，将拓扑相似性分为上级拓扑相似性和下级拓扑相似性两部分。即以一对同名道路的上一等级邻域道路数量作为上级拓扑总数，以该条道路的下一等级邻域道路数量作为下级拓扑总数。举例说明：如图 5.9 所示，道路 $S_{8\text{-}1}$ 的道路等级为 8，与 $S_{8\text{-}1}$ 相交或相邻的 9 级道路数量为 2，则该条道路的上级拓扑总数为 2。与 $S_{8\text{-}1}$ 相交或相邻的 7 级道路数量为 4，那么该条道路的上下级拓扑总数为 6。

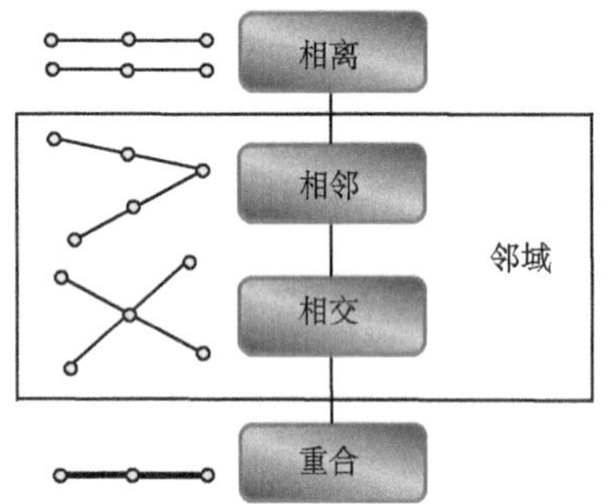

图 5.8　线要素间拓扑关系邻域图

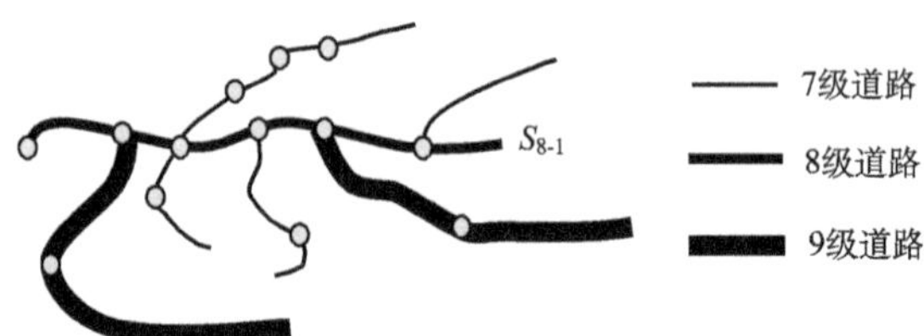

图 5.9　线要素拓扑总数计算示例

按照这种计算方法，两组数据源之间的上下级拓扑相似性可表示为

$$\text{Sim\_topo}=\left(1-\frac{|T_{i上}^{A}-T_{j上}^{B}|}{\max(T_{i上}^{A},T_{j上}^{B})}\right)\cdot\left(1-\frac{|T_{i下}^{A}-T_{j下}^{B}|}{\max(T_{i下}^{A},T_{j下}^{B})}\right) \tag{5.1}$$

式中，$T_{i上}^{A}$ 为数据源 A 中第 $i\,(i=1,2,\cdots,n)$ 个线要素的上级拓扑总数；$T_{j上}^{B}$ 为数据源 B 中第 $j\,(j=1,2,\cdots,m)$ 个线要素的上级拓扑总数；同理，$T_{i下}^{A}$ 为数据源 A 中第 $i\,(i=1,2,\cdots,n)$ 个线要素的下级拓扑总数；$T_{j下}^{B}$ 为数据源 B 中第 $j\,(j=1,2,\cdots,m)$ 个线要素的下级拓扑总数；Sim_topo 为数据源 A 中第 i 个线要素和数据源 B 第 j 个线要素之间的上下级拓扑相似度

量值。

2. 道路和道路上下级方向相似性计算

方向特征是线要素匹配中的重要判断指标。为了更准确地确定道路间关联关系，采用目标道路自身方向和目标道路邻域道路群组方向相结合的方法进行道路方向相似性计算。

1) 目标道路自身方向相似性计算

Stroke 的方向分为整体方向和局部方向，整体方向是指用 Stroke 首末结点的连线相对于水平轴旋转的角度来近似描述，局部方向可用组成该条 Stroke 的小弧段的方位角表示。现实中，多源数据由于来源不同，采集方法不同，相互之间在局部细节形态上可能差异较大，当把道路弧段连接成 Stroke 时，原来的同名道路之间都会存在或多或少的位置偏差，这给 Stroke 方向计算带来了困难。如图 5.10 所示，两幅不同的数据集中同名 Stroke 分别为 $S_{7\text{-}1}$ 和 $P_{7\text{-}1}$，两者的整体方向分别为 θ_1 和 θ_2，经过计算，得到 θ_1=122.78°和 θ_2=136.67°，两者的差异度为 13.89°。这是因为组成 $S_{7\text{-}1}$ 和 $P_{7\text{-}1}$ 的道路弧段个数不同，造成了位置偏差。

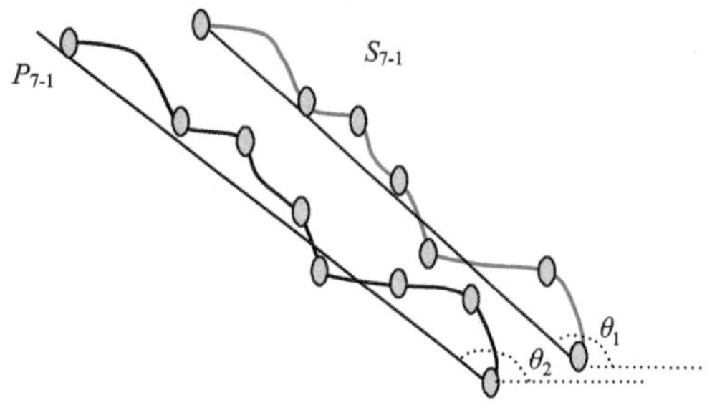

图 5.10　道路网局部差异情况

针对上述情况，通过连接道路 Stroke 的特征点形成新的弧段，将各弧段的相关长度系数作为权值，对各弧段的方位角加权求值，以此作为度量 Stroke 自身方向的指标，具体 Stroke 方向关系相似性(Sim_dir_1)计算参考 4.4.3 节。

2) 上下级方向相似性计算

若只是从目标道路自身弧段特征出发进行方向相似性计算，那么容易出现图 5.3 所示的误匹配情况。所以此处在单个道路方向度量的基础上引入上下级道路方向相似性计算，以目标道路周边的邻域道路作为重要参考，进行道路群组的方向相似性计算。以图 5.9 中的 8 级道路 $S_{8\text{-}1}$ 为例，在 $S_{8\text{-}1}$ 邻域内的 9 级道路有 2 条，在 $S_{8\text{-}1}$ 邻域内的 7 级道路有 4 条，那么 $S_{8\text{-}1}$ 的上下级道路总数为 6 条，这 6 条上下级道路就相当于一个道路群组，道路群组方向相似性的计算方法如下。首先利用上一小节中道路自身方向的计算方法计算单个道路的方向，然后以坐标原点为原点，以一定长度为半径，将线要素的方向关系用离散点表示，并拟合该离散点群的标准差椭圆，即将线群转化为点群计算，如图 5.11 所示。标准差椭圆是用来描述群组目标分布方向偏离的，是由经典统计分析学中的样本标准差扩展而来。空间统计中的欧氏距离，就相当于经典统计中的标准差。标准差表示观测值对均值的偏离情况，标准距离则表示各点的空间位置对平均中心位置或空间均值的偏离情况(刘涛等，2013)。

在离散点集的原始坐标系(*XOY*)下，假设存在某一方向，所有离散点到该方向的标准差距离最小，那么该方向与原坐标轴的 *X* 方向的夹角就是点集的定向方向。将坐标轴进行旋转形成新的坐标系（$X'O'Y'$），新坐标系的坐标原点为点集中所有点的平均值中点（x_{mc}, y_{mc}）。标准差椭圆的计算方法简述如下：

(1)坐标变换。对分布在研究区域内的每个点(x_i, y_i)进行坐标变换：$x_i' = x_i - x_{mc}$，$y_i' = y_i - y_{mc}$。

(2)计算转角 θ。根据下面公式计算点群的整体分布方向：

$$\tan\theta = \frac{\left(\sum_{i=1}^{n} x_i'^2 - \sum_{i=1}^{n} y_i'^2\right) \pm \sqrt{\left(\sum_{i=1}^{n} x_i'^2 - \sum_{i=1}^{n} y_i'^2\right)^2 + 4\left(\sum_{i=1}^{n} x_i' y_i'\right)^2}}{2\sum_{i=1}^{n} x_i' y_i'} \tag{5.2}$$

(3)计算沿长轴方向的标准差 δ_x 和短轴方向的标准差 δ_y：

$$\delta_x = \sqrt{\frac{\sum_{i=1}^{n}\left(x_i'\cos\theta - y_i'\sin\theta\right)^2}{n}},\quad \delta_y = \sqrt{\frac{\sum_{i=1}^{n}\left(x_i'\cos\theta + y_i'\sin\theta\right)^2}{n}} \tag{5.3}$$

有了椭圆中心、转角、长、短轴，就可以确定一个标准差椭圆(如图 5.12 所示)。

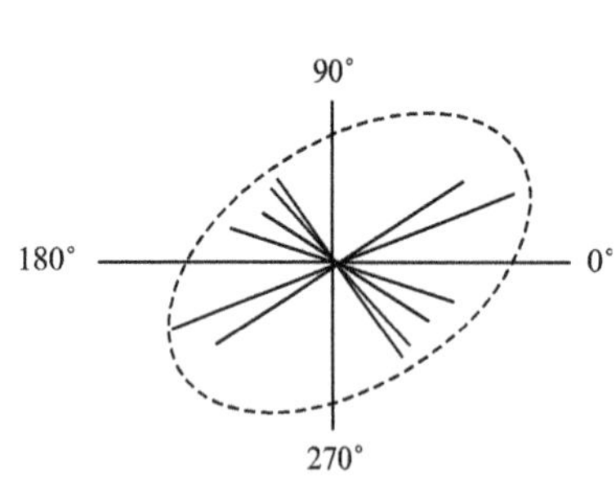

图 5.11　拟合椭圆示意图

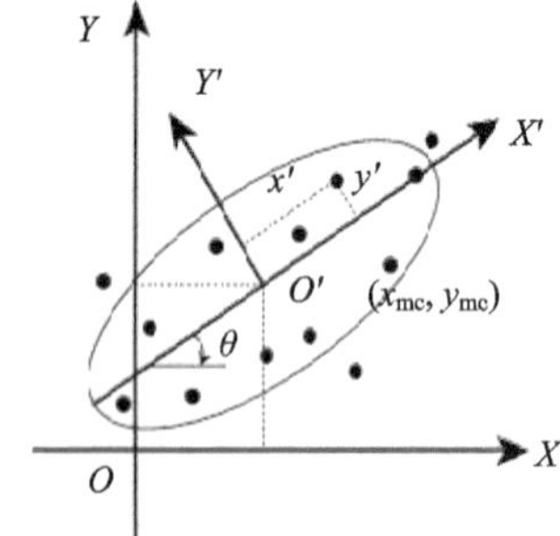

图 5.12　标准差椭圆

对于生成的标准差椭圆，椭圆的长轴方向代表了对应的点群的主要分布方向，所有点到该方向的标准差距离最小。对于标准差椭圆夹角分别为 θ_1、θ_2 的两个道路群组进行方向相似性计算，同时对计算结果进行归一化处理，可以取 θ 的余弦来计算其相似性，具体的相似性计算公式为

$$\text{Sim\_dir}_2 = \left|\cos(\theta_1 - \theta_2)\right| \tag{5.4}$$

3)道路和道路上下级距离相似性计算

常见的线要素距离度量方法有 3 种：欧氏距离，Hausdorff 距离和 Fréchet 距离。根据人对道路距离的认知习惯，采用欧氏距离作为距离度量指标，提出一种顾及上下级关系的距离度量方法。即提取目标道路中心点，计算目标道路中心点与其邻域内上级和下

级所有道路的中心点距离，然后对这些距离求和，进行加权求平均值，以此平均值作为目标道路的距离度量值，称这样的距离值为平均中心距离值。所以对于数据源 A 和数据源 B 中的两条道路，其上下级距离相似度计算公式为

$$\text{Sim\_dis} = 1 - \frac{|\text{dis}_1\text{-dis}_2|}{\max(\text{dis}_1,\text{dis}_2)} \tag{5.5}$$

4) 道路和道路上下级空间关系总相似性

上面分别定义了邻域道路空间关系的拓扑、方向和距离相似性，根据 Egenhofer 和 Mark (1995) 提出的"拓扑关系起主导作用，其他可度量关系起提炼作用"的原则，突出拓扑关系在空间关系中的关键作用，在对邻域道路之间空间关系相似性进行整体度量时，对上述三种空间关系相似性分别赋予不同的权值。采用刘涛 (2011) 提出的对拓扑、方向以及距离关系的权值设置方法，对以上 3 种空间关系相似性度量分别赋予不同的权值。即对上下级拓扑相似度、方向相似度和距离相似度，分别赋予 0.4、0.3、0.3 的权值。所以，邻域道路空间关系总相似度的计算公式为

$$\text{Sim\_sr} = 0.4 \cdot \text{Sim\_topo} + 0.3 \cdot (0.5 \cdot \text{Sim\_dir}_1 + 0.5 \cdot \text{Sim\_dir}_2) + 0.3 \cdot \text{Sim\_dis} \tag{5.6}$$

5.2.4　道路和道路联动匹配流程

1. 联动匹配过程

道路网联动匹配的特点就是通过一条高等级道路的匹配带动与其具有关联关系的多条低等级道路进行匹配，而要实现准确联动匹配的前提是道路本身的特征相似和其上下级道路空间关系相似保持高度一致性。基于这一原则，假设两数据源中目标道路和参考道路的上级拓扑总数和下级拓扑总数均相等，且上下级空间关系总相似性数值大致相同，如果两者在一定条件下同时成立，证明目标道路组成的道路群组和参考道路组成的道路群组两两互为同名道路。其具体匹配过程采用以下步骤进行。

步骤一，添加匹配标记变量。将两数据源中所有未匹配的道路添加匹配标记变量 $N_{\text{UL}}=0$，若在匹配过程中有道路匹配成功，则 $N_{\text{UL}}=1$。对于 $N_{\text{UL}}=1$ 的道路，就不会再作为待匹配道路参与匹配。

步骤二，选取突出骨干道路作为匹配的起始对象。设数据源 A 中 10 级和 9 级道路集合为 $A=\{a_1,a_2,\cdots,a_m\}$，数据源 B 中与其对应的 10 级和 9 级道路集合为 $B=\{b_1,b_2,\cdots,b_n\}$，将集合 A 和集合 B 中的道路运用缓冲区增长法进行匹配，并将匹配成功的道路 N_{UL} 赋值为 1。值得注意的是，若连续选取集合 A 和集合 B 中的道路均未匹配成功，那么只有寻求操作员协助标注起始匹配对象。

步骤三，匹配标记变量判断。将数据源 A 中 $N_{\text{UL}}=0$ 的道路添加到集合 S，同理，将数据源 B 中 $N_{\text{UL}}=0$ 的道路添加到集合 V。

步骤四，匹配信息在道路网联动匹配模型间的传递。在集合 A 中任意选择一条道路

$a_i(i \in (0,m))$，选择集合 B 中与 a_i 对应的同名道路 $b_j(j \in (0,n))$。

步骤五，在集合 S 中选取与 a_i 相交或相邻的低等级(8 级或 8 级以下)道路 c；同理，在集合 V 中选取与 b_j 相交或相邻的低等级(8 级或 8 级以下)道路 d。若道路 c 和道路 d 是相同等级(Grade)道路，那么寻找道路 c 的上下级道路，组成目标局部道路网络 $H=\{a_1,a_2,\cdots,a_i,c,\cdots,\varepsilon_i\}$，寻找道路 d 的上下级道路，组成参考局部道路网络 $G=\{b_1,b_2,\cdots,b_j,d,\cdots,v_j\}$，并转到步骤六。若道路 c 和道路 d 不是相同等级道路，重新在集合 V 中选取与 b_j 相交或相邻的低等级(8 级或 8 级以下)道路 d' 重复上述步骤，直到没有满足与道路 c 等级相同的道路为止，这时转到步骤四。

步骤六，上下级空间关系相似性计算。若(H，G)中道路 c 和道路 d 的上级拓扑总数和下级拓扑总数都相等，且上下级空间关系总相似性大于设置的阈值。若上述假设成立，转到步骤七。若上述假设不成立，转到步骤八。

步骤七，道路 c 和道路 d 互为同名道路，集合 H 和 G 中的道路两两之间可能也互为同名道路。对集合 H 与 G 中的道路进行缓冲区增长法判断，确定两两同名道路之间的对应关系，转到步骤九。

步骤八，计算(H,G)中道路的上下级空间关系总相似性，若相似性数值大于阈值，则道路 c 和道路 d 是一对同名道路，将道路 c 和道路 d 的 N_{UL} 值赋值为 1，并转到步骤十；若相似性数值小于阈值，删除集合 G 中的道路，选取在空间位置上与道路 b_j 相交或相邻的另一条低等级道路 d'，并保持道路 c 不变，转到步骤五。

步骤九，将集合 H 和 G 中的道路 N_{UL} 赋值为 1，并选取集合 H 和 G 的同名道路作为新的起始对象 a_i' 和 b_j'，继续上述步骤五的处理，直到这条骨架关联树匹配结束。

步骤十，将该对同名道路 N_{UL} 赋值为 1，并以此为新的起始对象 a_i' 和 b_j'，继续上述步骤五的处理，直到这条骨架关联关系树匹配结束。

匹配流程框图如图 5.13 所示。

2. 特殊情况处理

道路网十分复杂，具有较强的不确定性，在利用本方法进行匹配时需要考虑下面两种特殊情况。

1)道路等级评价时同名道路被划分为不同的道路等级

在对道路网进行等级评价时，两幅图中的同名道路可能被划分为不同的等级，由于本方法只在相同等级的道路集合中搜索关联匹配对象，这就造成了原本存在匹配对象的要素被错误地判断为无匹配对象的情况。

针对这种情况，采用“缓冲区增长匹配”的思路解决。当数据源 A 中的道路在对应的数据源 B 中搜索判断后，若无匹配对象，尚不能断定其不存在匹配关系，而要将其加入道路“候选匹配集”中。当联动匹配整体结束后，对缓冲匹配集中的每条道路，重新在道路数据源 B 中进行整体遍历判断其是否确实不存在匹配对象。若存在道路与之匹配，则把其纳入匹配结果中来；若仍无匹配对象，此时确定该道路不存在匹配关系，判断为新增道路。

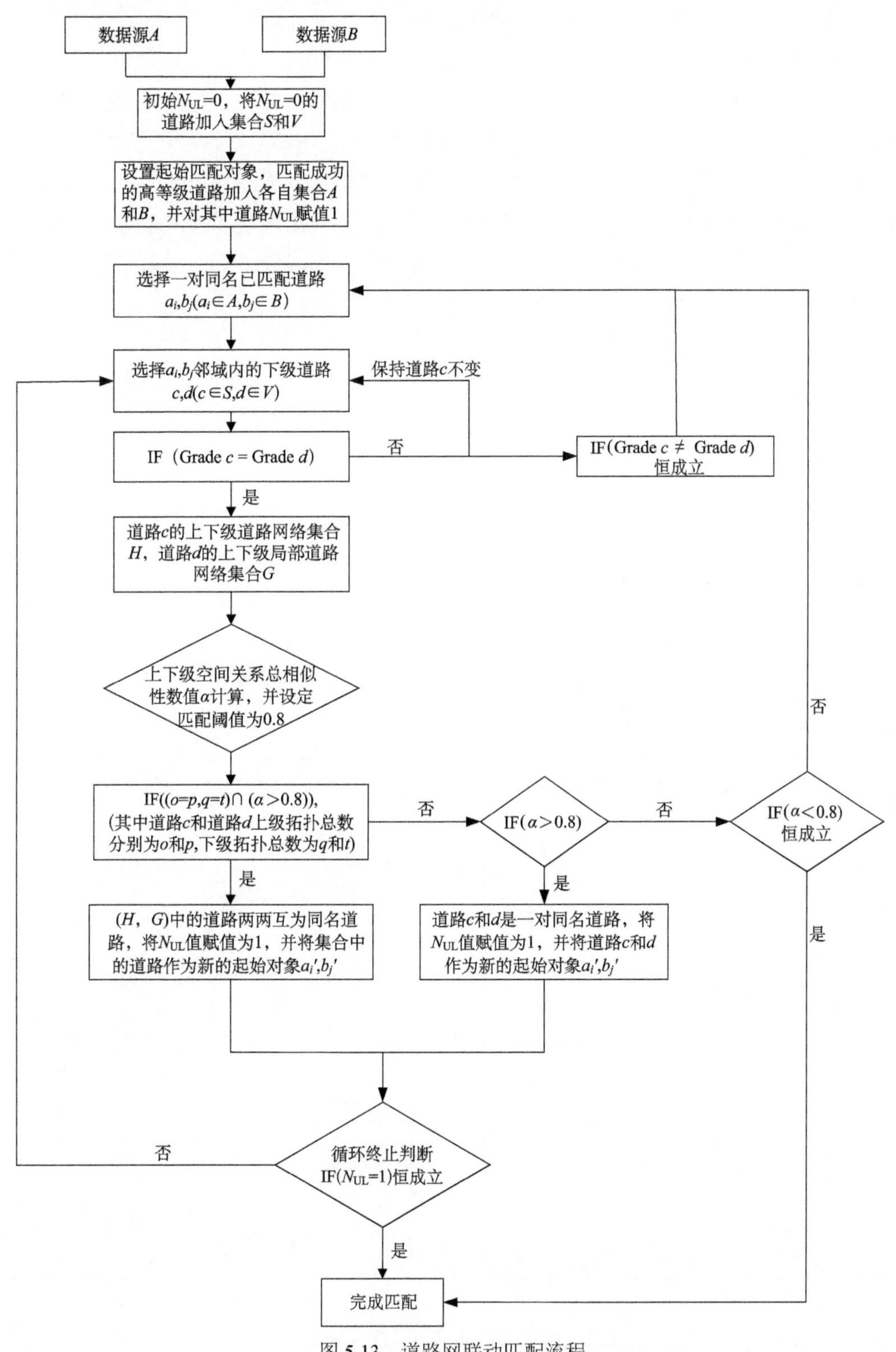

图 5.13　道路网联动匹配流程

“缓冲区增长匹配”确保了匹配结果的正确，虽然一定程度上增加了匹配判断总次数，但是这种情况相对很少，因此不会对匹配效率产生较大影响。

2)无法满足联动匹配模型中道路间关联关系构建条件

联动匹配流程图中判断匹配信息传递结束的条件是双方数据中道路的数据的匹配标记变量值同时为1，这是理想的理论情况。实际情况中，如果某区域经历了大面积重建，就会出现部分区域道路不满足构建关联模型的阈值的情况，无法完成匹配信息的传递，其道路匹配标记变量值依然为 0。若仍按原流程进行则会出现误匹配或者无匹配情况。针对这类对象，只能将标记值为0的未匹配道路加入新的候选匹配图层。把双方看成是新的数据源，采用“缓冲区增长匹配”方法进行匹配。若此过程后仍存在匹配标识值为0的道路，则将其判定为新增道路。

5.2.5　匹配实验与对比分析

1. 实验数据及对比实验方法

为验证本方法的有效性和适用性，选择环形放射式、方格网式和混合式3种不同形式的城市道路网数据进行试验，分别选择成都、西安和北京3组不同来源相同比例尺的数据作为上述路网代表进行试验，目的是测试路网形式不同是否会影响联动匹配信息传递，从而检验本方法的适用性。3种路网形式数据叠加显示效果如图5.14(a)、图5.15(a)、图5.16(a)所示，由图中可以看出，尽管经过了数据预处理和系统误差纠正，两幅图之间仍存在一定的位置偏差。

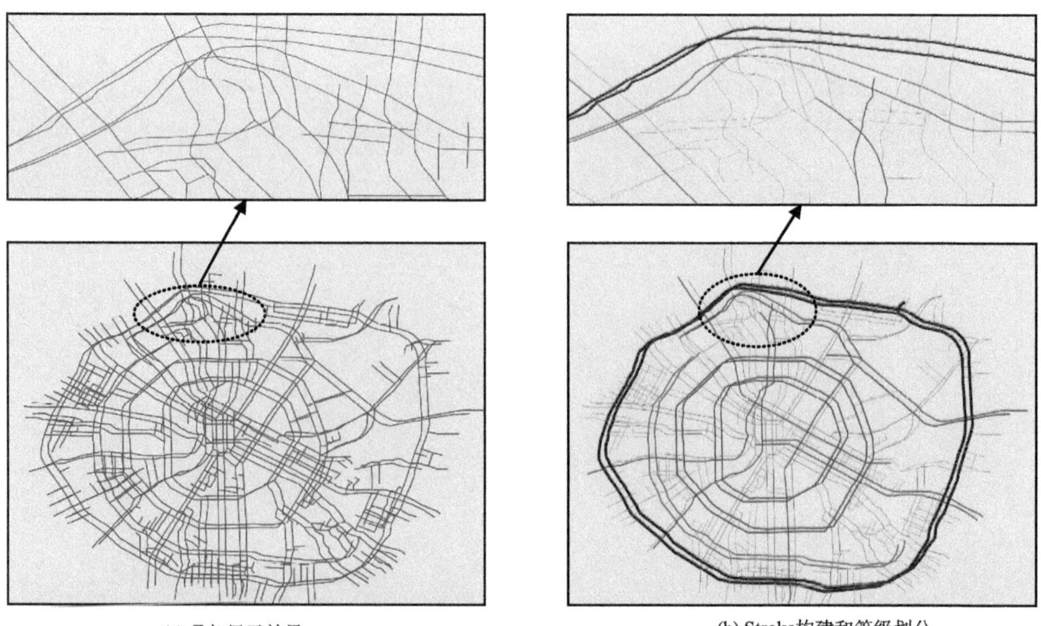

(a) 叠加显示效果　　(b) Stroke构建和等级划分

图5.14　环形放射式道路数据预处理

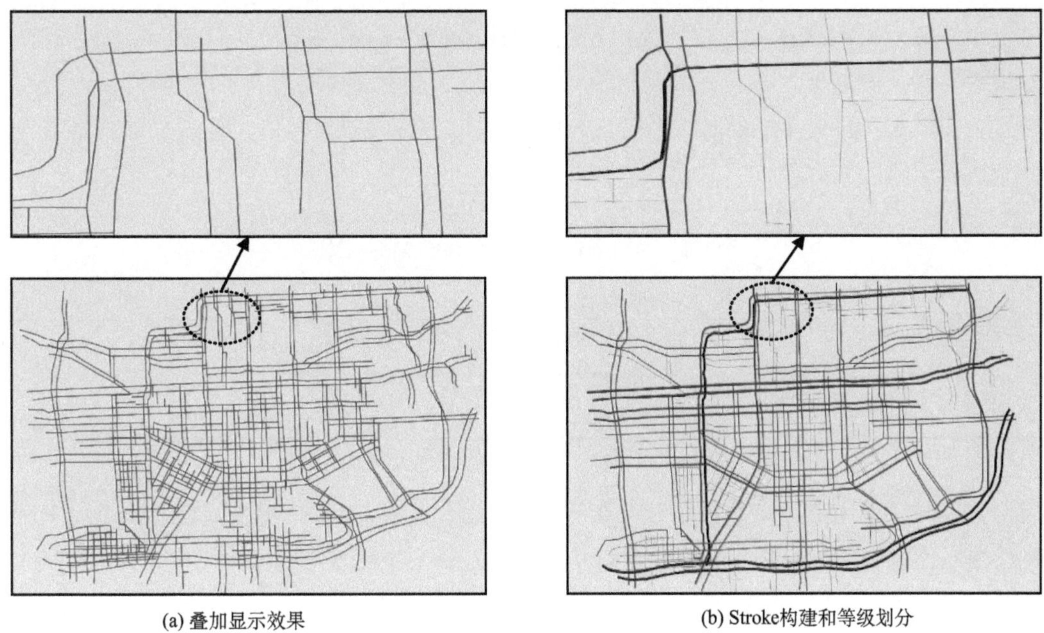

图 5.15　方格网式道路数据预处理

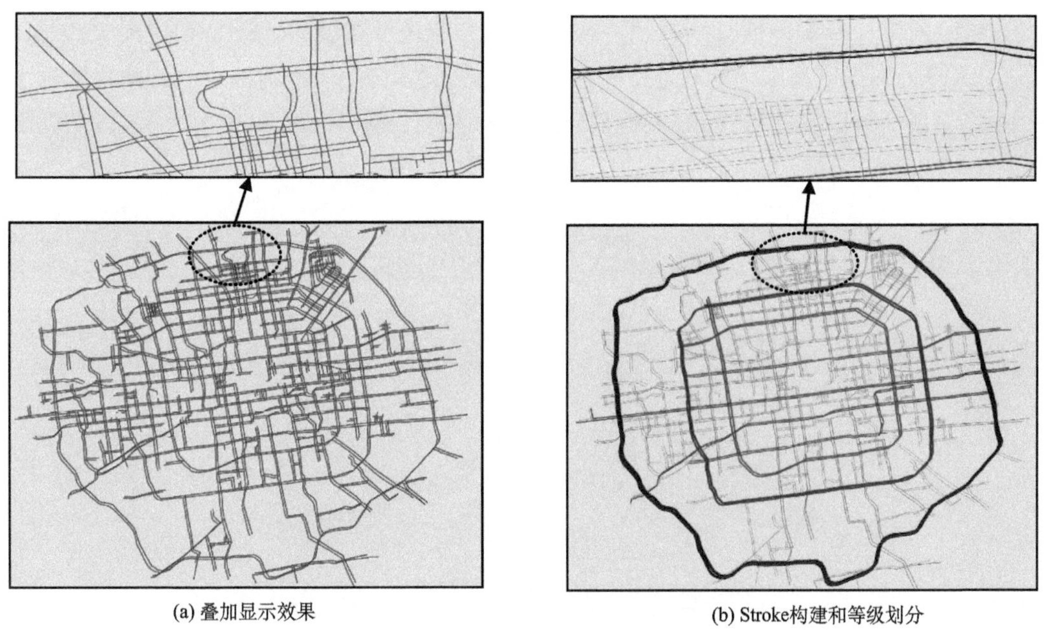

图 5.16　混合式道路数据预处理

2. 匹配结果

对不同路网形式的数据构建 Stroke 并进行等级划分，完成构建 Stroke 的叠加效果如图 5.14(b)、图 5.15(b)、图 5.16(b)所示。由图中可以看出，环形放射式和混合式道路网构完 Stroke 后同名道路大多被划分为相同等级，而方格网式道路网构完 Stroke 后存在较多的同名道路被划分为不同等级的情况，这在匹配过程中就要用到 5.2.4 中特殊情况处理的方法。表 5.1 的统计结果显示经过 Stroke 提取后道路网数据得以大幅度简化，这有利于提高联动匹配效率。

表 5.1　道路网数据提取 Stroke 前后对比

道路类型	道路网弧段数量(前后)	Stroke 数量(前后)
环形放射式	577/585	136/140
方格网式	522/513	113/114
混合式	1092/1101	220/230

分别对 3 组道路类型数据构建骨架关联树，然后按照 5.2.4 节所述试验步骤进行空间关系相似性计算，从而使匹配结果得以从高等级道路传递到低等级道路，实现联动匹配。图 5.17 为环形放射式道路数据中一条高等级骨干道路的匹配结果示意，由图中可以看出一条高等级道路带动了数条低等级道路进行匹配，取得很好的匹配结果，有效提高匹配效率。图 5.18(a)、图 5.19(a)、图 5.20(a)分别为本方法进行匹配得到的结果，图中短线为匹配标识线。同时，对同样数据采用层次结构方法进行试验，图 5.18(b)、图 5.19(b)、图 5.20(b)分别为层次结构方法进行匹配得到的结果。由表 5.2 可知，层次结构方法对于 3 种不同路网形式道路数据匹配正确率分别为 68.33%、69.81%和 76.92%，而本方法匹配正确率均超过 75%。

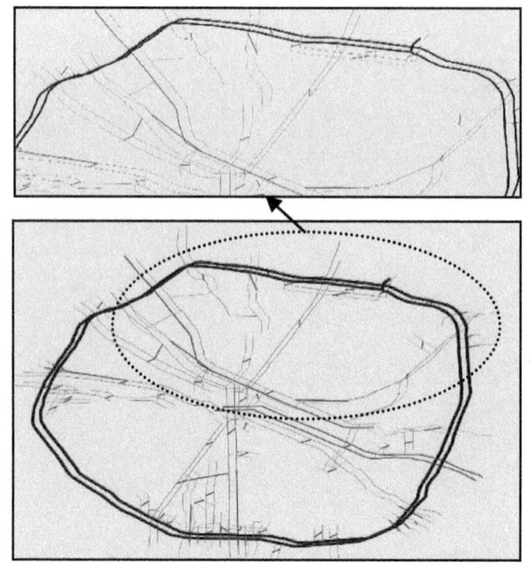

图5.17　一条高等级骨干道路联动匹配结果示例

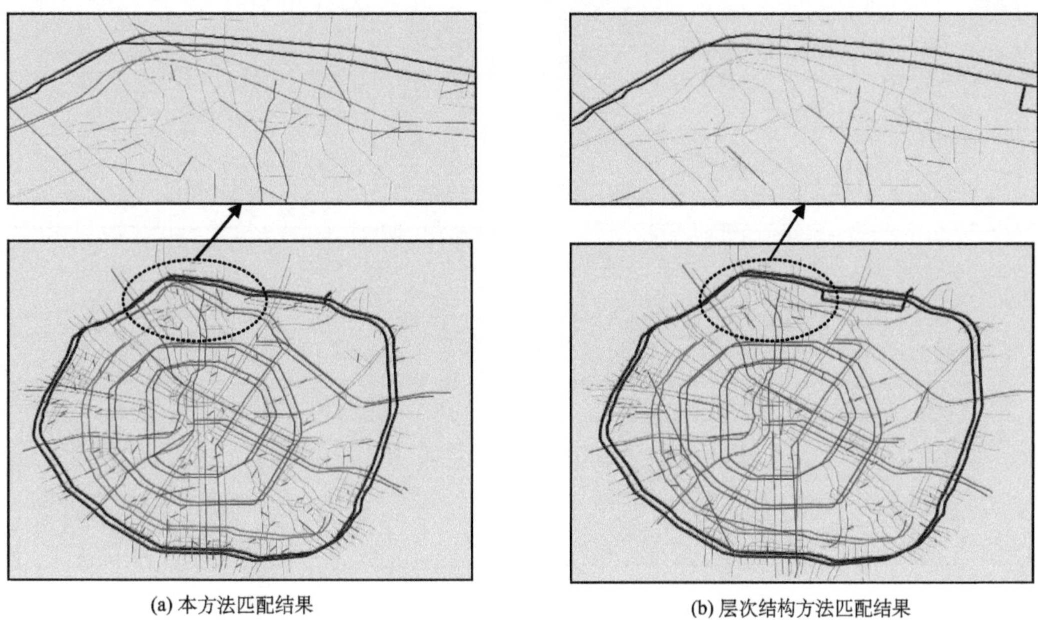

图 5.18　环形放射式路网匹配结果

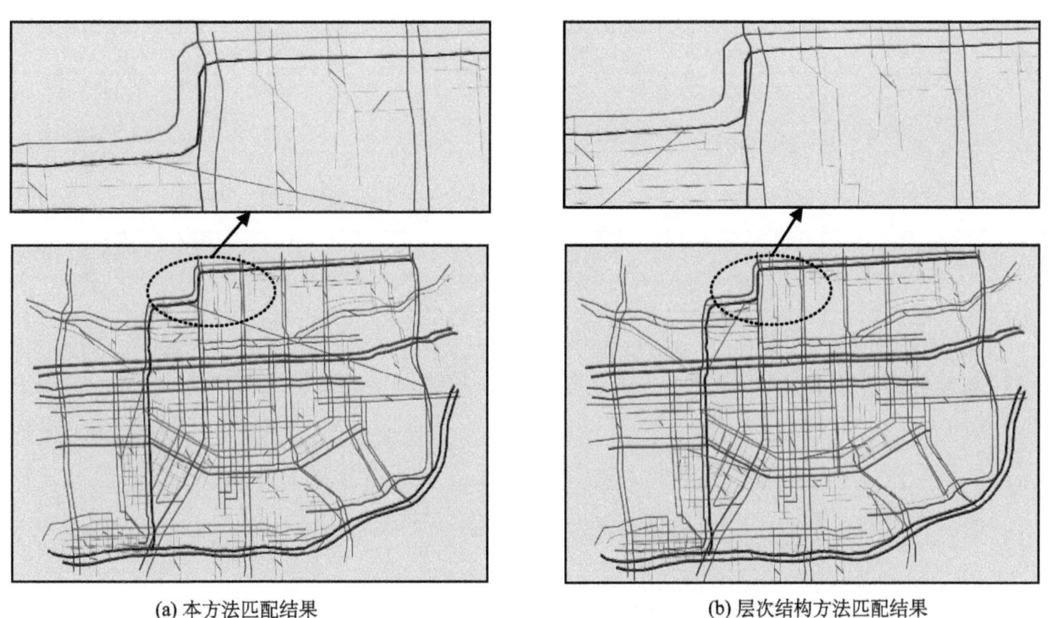

图 5.19　方格网式路网匹配结果

根据实验结果进行统计，从匹配率与匹配正确率两方面进行实验对比分析。匹配率、匹配正确率是衡量匹配结果质量的重要指标，其中匹配率又称查全率，是指匹配结果中实现匹配的要素个数与同名要素个数的比值；匹配正确率是指匹配结果中正确匹配的要素个数与匹配要素个数的比值。实验结果如表 5.2 所示。

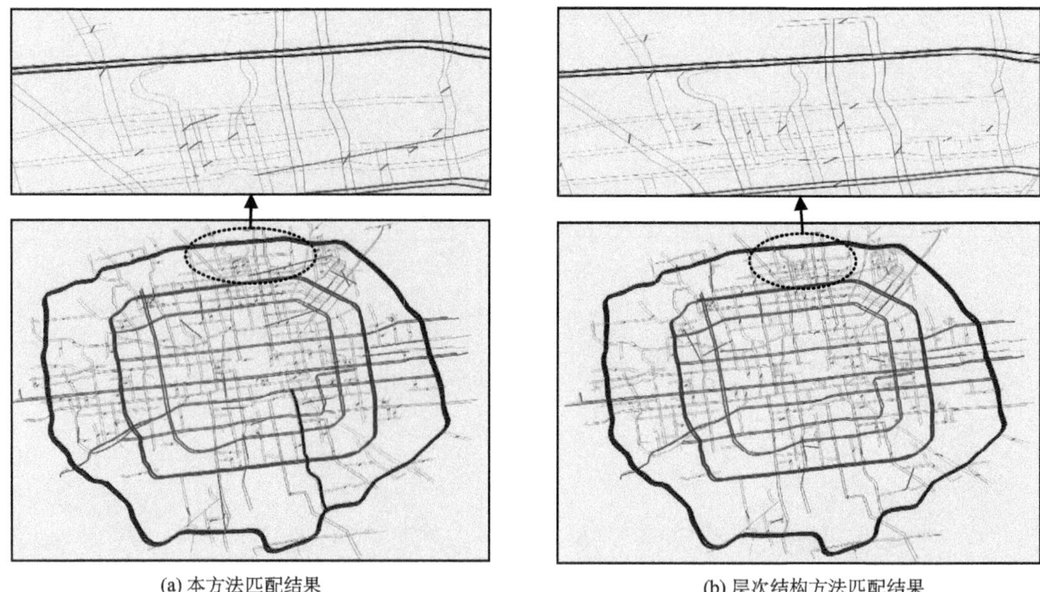

(a) 本方法匹配结果　(b) 层次结构方法匹配结果

图 5.20　混合式路网匹配结果

表 5.2　匹配结果对比　（单位：%）

路网形式	匹配方法	匹配率	未匹配率	匹配正确率	匹配错误率
环形放射式(成都)	本方法	87.50	12.50	80.67	19.33
	层次结构法	44.12	55.88	68.33	31.67
方格网式(西安)	本方法	72.57	27.43	76.83	23.17
	层次结构法	46.90	53.10	69.81	30.19
混合式(北京)	本方法	81.81	18.19	83.33	16.67
	层次结构法	59.09	40.91	76.92	23.08

表 5.3 所示为联动匹配方法、层次结构方法传统缓冲区增长方法匹配时间的统计结果。从中得出，在匹配消耗时间方面，联动匹配方法与层次结构法时间耗时相当，但是与传统缓冲区增长法相比，联动匹配方法大幅减少了匹配时间，缓冲区匹配方法的耗时大约是本方法的 2 倍。因此联动匹配方法有效提高了匹配效率。

3. 实验结果分析

对两种算法的匹配结果做如下分析：

(1) 本方法在避免了全局遍历搜索候选匹配对象的基础上，采取了一条高等级道路匹配结果带动多条与其相关的低等级道路进行匹配的联动匹配策略，从而减少了匹配判断时间，提高了匹配效率。

表 5.3　匹配时间对比

路网形式	匹配方法	匹配时间/s
环形放射式(成都)	本方法	25.44
	层次结构法	23.25
	缓冲区增长法	51.56
方格网式(西安)	本方法	10.43
	层次结构法	13.74
	缓冲区增长法	22.29
混合式(北京)	本方法	43.56
	层次结构法	44.74
	缓冲区增长法	112.70

(2) 本方法在道路网进行 Stroke 提取和等级划分后，利用道路网上下级空间关系相似性构建道路网联动匹配模型，充分发挥骨干道路在匹配过程中定位参考的优势，对于位置偏差较大的道路数据具有较强的适应性，故本方法得到较好的匹配结果。而刘海龙等(2013)所述的层次结构方法没有顾及道路邻域要素对匹配结果的影响，所以对于几何位置偏差较大的数据适应性相对较差。

(3) 对于本方法匹配结果中出现的错误情况，原因在于不同来源的道路数据存在较强的不确定性，同名道路空间特征和几何特征相似度也可能较低，而非同名道路间也可能具有较高的相似度，这也可能造成错误匹配。但是，这种情况出现概率较小，所以本方法基本能够保证大部分的道路匹配结果的正确性。

5.3　利用城市骨架线技术的道路和居民地联动匹配方法

同名道路或者居民地数据间由于数据一致性程度不高，往往存在较大几何位置偏差或者居民地数据形状同质化较高的情况，这时若只考虑对道路或者居民地单独进行匹配，通常不能取得较好的匹配效果。究其原因是没有从制图员的角度综合考量该要素所处的环境，对道路和居民地联动匹配方面的研究还相对较少。本节基于城市骨架线网建立道路和居民地之间的关联关系，提出一种利用城市骨架线技术的道路和居民地联动匹配方法来解决上述问题。

5.3.1　基本思想

无论在现实世界还是地图上，道路和居民地要素都是相互联系，互为约束的。例如，人们在寻找某一建筑物时，通常根据该建筑物位于某某路与某某路交会来进行寻找；与此同时，人们在熟悉某条陌生街道时，也会根据该街道周围建筑物分布情况作为参考。由此可见，道路和居民地可以作为彼此的重要定位条件。本节正是基于此，模仿人在读图时通过特征地物和空间关联寻找目标地物的思维过程，提出一种道路和居民地联动匹配方法。本方法的主要步骤是：依据第 2 章中城市骨架线网相关概念和构建方法，首先对整个城市空间中的道路和居民地要素构建城市骨架线网；然后通过道路、骨架线、骨架线网眼以及居民地之间的拓扑关系构建道路和居民地联动匹配传递模型；最后根据该模型实现道路和居民地要素之间相互的匹配联动。如流程图所示(图 5.21)。

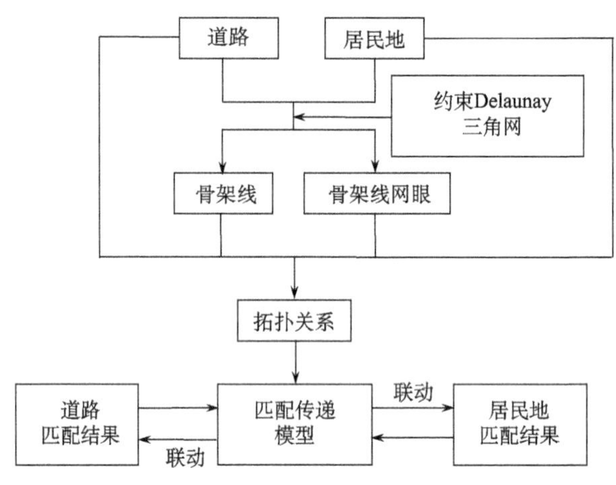

图 5.21　道路和居民地联动匹配流程图

5.3.2　道路和居民地联动匹配模型构建

道路和居民地联动匹配实际上是一种通过拓扑关系来传递匹配结果的思想，符合人类进行匹配时的认知过程。由此根据 2.4 节中建立的道路、骨架线、骨架线网眼及居民地之间的关联关系，构建联动匹配模型来实现道路和居民地的联动匹配。即当居民地数据一致性比较好时，可以通过居民地匹配带动道路匹配；当道路数据一致性比较好时，可以通过道路匹配带动居民地匹配。

居民地匹配结果能够根据包含关系传递给骨架线网眼，从而使得骨架线网眼匹配结果可以根据这种包含关系自动获得；根据关联关系，能够在构成骨架线网眼的骨架线之间获得匹配结果，从而骨架线完成匹配，也即完成了道路的匹配，从而能够实现居民地匹配结果传递给道路，实现居民地匹配带动道路匹配的联动匹配效果。

反过来，道路匹配结果通过关联关系能够传递到骨架线网眼，完成骨架线网眼的匹配，而骨架线网眼匹配结果再根据包含关系能够传递到居民地，从而实现道路匹配带动居民地匹配的联动匹配效果。如图 5.22 所示，数据源 A 与数据源 B 的匹配结果可按照上述的联动匹配传递模型一步步进行传递，从而实现由一个要素匹配结果带动另一个要素匹配的联动匹配。

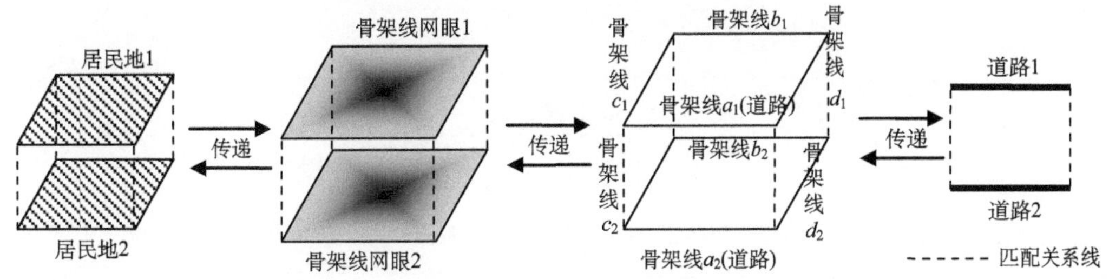

图 5.22　道路和居民地联动匹配模型

5.3.3　道路和居民地联动匹配流程

1. *居民地匹配联动道路匹配*

居民地匹配联动道路匹配的步骤如下：

步骤一，获取居民地、骨架线网眼、骨架线、道路之间的拓扑关系，将其存入对应类变量中。

步骤二，对数据双方中的居民地要素进行匹配，具体的匹配方法可以选择面积重叠率匹配法、缓冲区匹配法等，得到居民地匹配结果。

步骤三，根据拓扑关系与匹配传递模型，将居民地匹配结果传递到其包含于的骨架线网眼中，获得骨架线网眼的匹配结果。

步骤四，根据拓扑关系，获得每个骨架线网眼包含的骨架线集合，设骨架线集合中道路骨架线数量为 N_R，再进行下面三种判断。

(1) 若 $N_R=0$，则该骨架线网眼的匹配结果无须传递给骨架线；

(2) 若 $N_R=1$，则双方骨架线网眼中这唯一一条道路骨架线互相匹配，得到道路匹配结果；

(3) 若 $N_R \geqslant 2$，则需对这些道路骨架线进行小范围的精确匹配，匹配结果即为最终的道路匹配结果。

需特别说明的是：通常一个骨架线网眼中一般最多只包含两条道路骨架线，故道路匹配关系的获得相对比较简单，只有在极少数情况下道路骨架线数量才大于 2 条，这是由骨架线网眼的构成方法决定的。所以可认为骨架线网眼的匹配结果可直接传递到道路，从而获得道路匹配结果，匹配流程如图 5.23 所示。整个联动匹配流程中，步骤四最复杂并且最关键，所以其处理结果的优劣直接关系到道路匹配的结果。至此，即完成了通过居民地要素匹配联动道路要素的匹配。

2. *道路匹配联动居民地匹配*

道路匹配联动居民地匹配的过程与居民地匹配联动道路匹配的过程有所不同，其采用拓扑关系不能一次性将匹配结果进行传递，根据骨架线分类进行改进，采用如下的步骤进行。

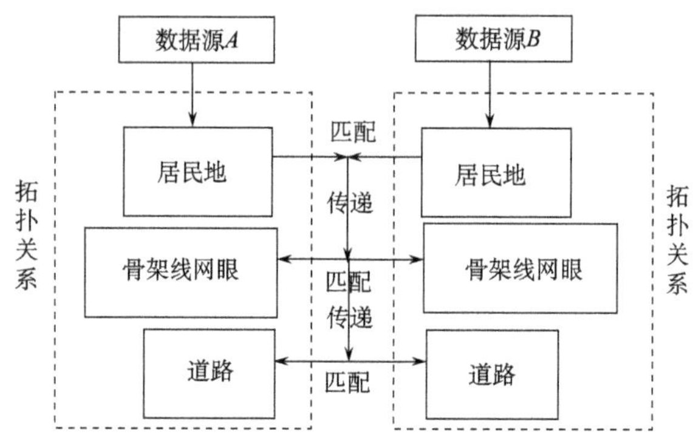

图 5.23　居民地匹配联动道路匹配流程图

步骤一，获取道路、骨架线、骨架线网眼、居民地之间的拓扑关系，将其存入对应类变量中。

步骤二，对数据双方中的道路要素进行匹配，具体的匹配方法可以选择缓冲区增长算法、Hausdorff 距离判断法等，得到道路匹配结果；同时对空白区域骨架线进行匹配，得到其匹配结果。

步骤三，判断骨架线网中的骨架线类型，得到 5 类骨架线(参考 4.5.2 节道路分类方法)。

步骤四，将III类骨架线的匹配结果传递到其关联的唯一骨架线网眼中，获取外围骨架线网眼的匹配结果，并将外围骨架线网眼匹配结果传递到其包含的居民地中，获取部分居民地匹配结果。

步骤五，如图 5.24(a)所示，设经过外围匹配后，未匹配的居民地数量为 N_{UH}，①若 $N_{UH}\neq 0$，则剔除 I 类、II 类、III类、V 类骨架线，将剩余骨架线视为新的未判断类型的骨架线，跳回步骤三[图 5.24(b)和图 5.24(c)]；②若 $N_{UH}=0$，则结束匹配，此时所有居民地要素均取得匹配关系[图 5.24(d)]。匹配流程图如图 5.25 所示。

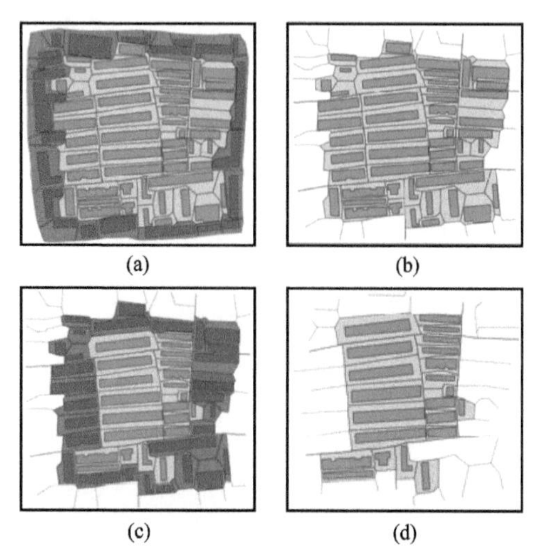

图 5.24　道路联动居民地匹配示例

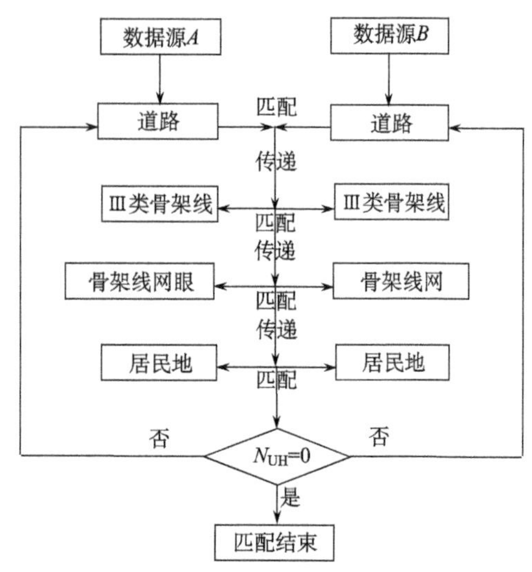

图 5.25　道路匹配联动居民地匹配流程图

根据上述步骤可以得出，通过道路要素匹配联动居民地要素匹配是一个迭代匹配的过程，骨架线(道路)匹配结果不能一次性通过拓扑关系传递给居民地，这是由于一条骨架线(Ⅳ类骨架线)可能关联两个骨架线网眼，这就使得匹配关系传递变得复杂；由于Ⅲ类骨架线只关联 1 个骨架线网眼，所以其匹配关系能够直接传递；通过迭代操作使得所有的道路结果均能直接传递给骨架线网眼，从而传递给居民地，实现联动匹配。

5.3.4　匹配实验与对比分析

1. 道路和居民地数据来源

选取某城市同一区域、相同比例尺的四幅不同来源的数据作为实验数据，进行算法验证。两两数据源叠加显示效果如图 5.26 所示。其中，图 5.26(a)中居民地数据一致性比较好，道路数据存在较大位置偏差。图 5.26(b)中道路数据一致性比较好，居民地数据存在较大位置偏差。

(a) 道路偏差数据叠加显示效果

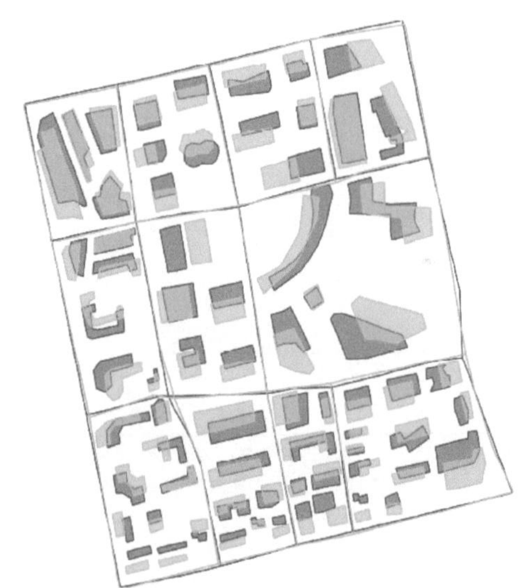

(b) 居民地偏差数据叠加显示效果

图 5.26　匹配数据叠加显示效果

根据上文介绍，首先对两组匹配数据分别构建城市骨架线网并对其进行化简，得到图 5.27 所示效果；然后分别获取两数据源中居民地、骨架线网眼、骨架线、道路之间的拓扑关系，以图 5.27(a)中的道路偏差数据为例，得到如表 5.4～表 5.7 所示的拓扑关系统计表。

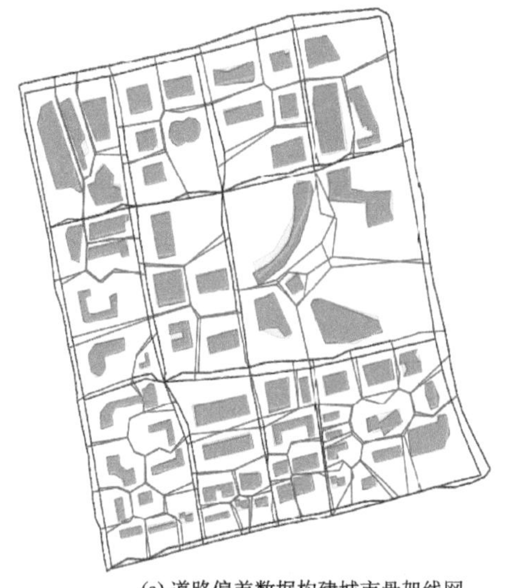
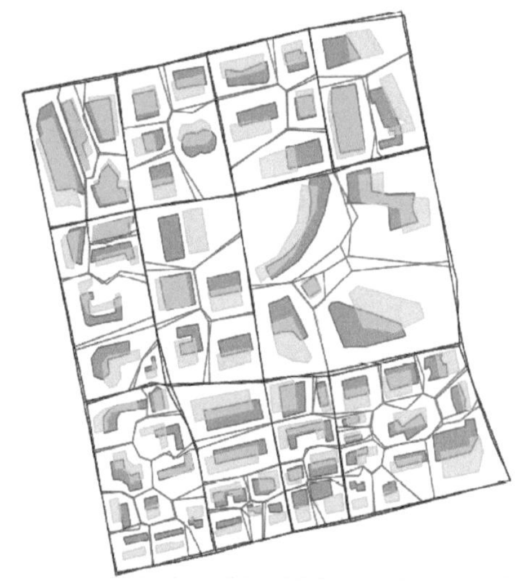
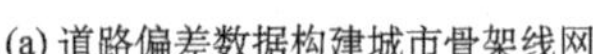

(a) 道路偏差数据构建城市骨架线网　　(b) 居民地偏差数据构建城市骨架线网

图 5.27　构建城市骨架线网

表 5.4　数据源 *A* 拓扑关系表(以居民地为参考)(部分)

居民地 ID	包含于骨架线网眼 ID	关联的骨架线 ID 集合(0：空白区域骨架线；1：道路骨架线)
1	6	6(0)、7(0)、951(0)、958(1)、1008(1)、1016(1)、1017(1)
2	3	3(0)、5(0)、947(1)、951(1)
3	4	3(0)、8(0)、13(0)、948(1)、949(1)
4	8	7(0)、15(0)、33(0)、1013(1)、1014(1)、1015(1)
⋮	⋮	⋮
68	45	74(0)、75(0)、76(0)、89(0)、975(1)、978(1)

表 5.5　数据源 *B* 拓扑关系表(以居民地为参考)(部分)

居民地 ID	包含于骨架线网 ID	关联的骨架线 ID 集合(0：空白区域骨架线；1：道路骨架线)
1	2	1(0)、4(0)、886(1)、892(1)、893(1)
2	3	2(0)、16(0)、884(0)、889(1)
3	4	3(0)、4(0)、9(0)、13(0)、16(0)、888(1)、890(1)、891(1)
4	1	1(0)、2(0)、3(0)、9(0)、13(0)、885(1)
⋮	⋮	⋮
68	58	109(0)、114(0)、116(0)、121(0)、133(0)、134(0)、8(1)

表 5.6　数据源 *A* 拓扑关系表(以道路为参考)(部分)

道路 ID	骨架线网眼 ID(左/右)	居民地 ID(左/右)
945	14 / 17	24 / 26
946	1 / 9	29 / 23
⋮	⋮	⋮
1040	26 / NULL	69 / NULL

表 5.7　数据源 *B* 拓扑关系表(以道路为参考)(部分)

道路 ID	骨架线网眼 ID(左/右)	居民地 ID(左/右)
885	1 / NULL	4 / NULL
886	2 / NULL	1 / NULL
⋮	⋮	⋮
888	4 / 16	3 / 30

2. 本节方法匹配实验

1) 居民地匹配联动道路匹配实验

对图 5.27(a)中的道路偏差数据进行居民地匹配联动道路匹配实验，并用经典的缓冲区增长方法做对比实验。采用面积重叠率判断法对两数据中的居民地要素进行匹配，得到图 5.28 所示的居民地匹配结果，其中短线连接的是两个互相匹配的居民地，具体匹配结果如表 5.8 所示。

表 5.8　居民地匹配结果(部分)

居民地 ID(数据源 *A*)	匹配居民地 ID(数据源 *B*)
1	27
2	8
3	9
⋮	⋮

根据居民地匹配结果，即可根据拓扑关系将匹配结果进行传递得到道路匹配结果，而不需要进行单独的道路匹配，从而简化了匹配过程。如表 5.8 所示，数据源 *A* 中 ID 号为 2 的居民地与数据源 *B* 中 ID 号为 8 的居民地匹配；通过拓扑关系将居民地匹配结果传递可得对应网眼的匹配结果，数据源 *A* 中 ID 号为 3 的网眼与数据源 *B* 中 ID 号为 9 的网眼匹配；再次通过拓扑关系将网眼匹配结果传递可得关联的道路骨架线匹配结果，数据源 *A* 中 ID 号为 947、951 的道路骨架线与数据源 *B* 中 ID 号为 890、894 的道路骨架线匹配，通过对这 2 条道路骨架线进行匹配得到其匹配关系为 947 与 890 相匹配、951 与 894 相匹配。图 5.29 所示为居民地匹配结果所联动的道路匹配最终结果，具体匹配结果如表 5.9 所示。

2) 道路匹配联动居民地匹配实验

对图 5.26(b)中的居民地偏差数据进行道路匹配联动居民地匹配实验。采用缓冲区增长算法对两数据中的骨架线要素进行匹配，得到匹配结果如图 5.30 所示，具体结果如表 5.10 所示。

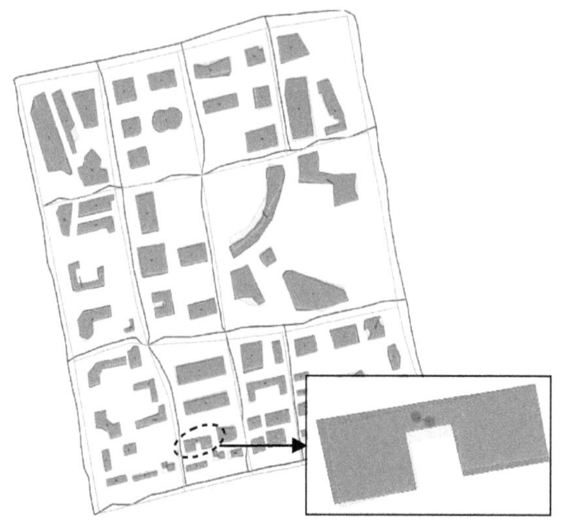

图 5.28　居民地匹配结果

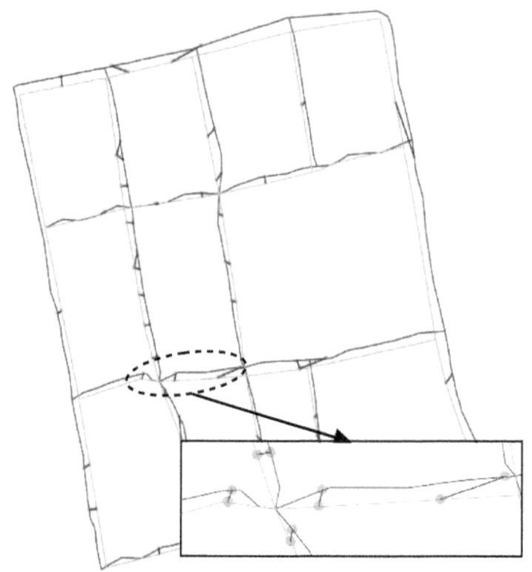

图 5.29　居民地匹配结果联动道路匹配结果

表 5.9　居民地匹配结果联动道路匹配结果(部分)

数据源 *A* 道路 ID	数据源 *B* 道路 ID
945	889
946	888
947	890
948	891
⋮	⋮

图 5.30　骨架线匹配结果

表 5.10　道路匹配结果（部分）

数据源 C 道路 ID	数据源 D 匹配道路 ID
951	894
958	895
⋮	⋮

因为骨架线是匹配的，所以每条道路所参与构成的骨架线网眼也是匹配的，从而得到骨架线网眼的匹配结果，进而每个骨架线网眼中所包含的居民地也是匹配的，由此根据一条道路的匹配结果得到居民地的匹配结果如图 5.31 所示，具体匹配结果如表 5.11 所示。

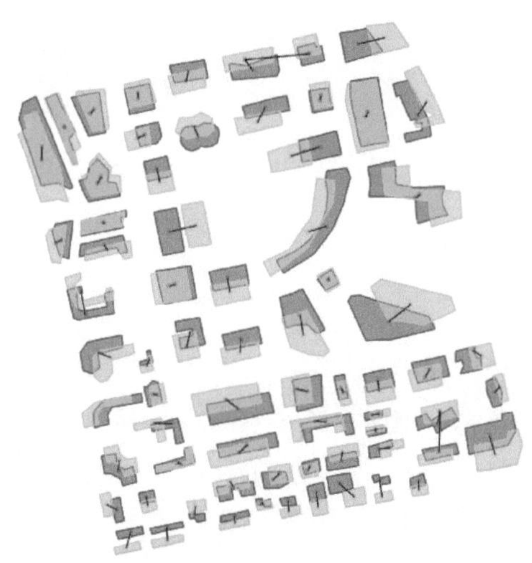

图 5.31　道路匹配结果联动居民地匹配结果

表 5.11　道路匹配结果联动居民地匹配结果（部分）

数据源 C 居民地 ID	数据源 D 匹配居民地 ID
1	24
2	8
3	7
⋮	⋮

3. 对比实验

对图 5.26(a) 中的数据用道路缓冲区增长方法经进行对比实验，经反复实验，发现当缓冲区半径为 20 时，道路匹配正确率相对高，实验结果如图 5.32 所示。

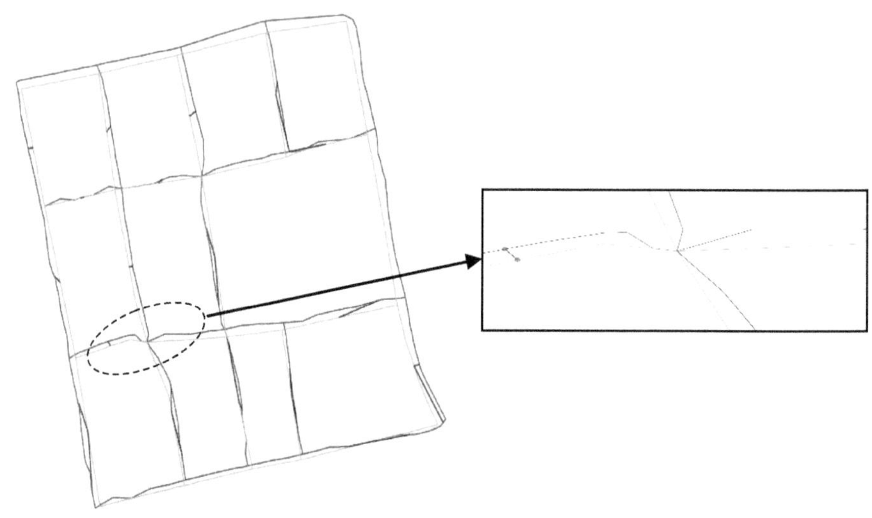

图 5.32　道路偏差数据缓冲区增长法匹配结果

对图 5.26(b)中的居民地数据用缓冲区面积重叠率法进行对比实验，缓冲区半径为 7.5，其实验结果如图 5.33 所示。

4. 实验分析

根据实验结果进行结果统计，从匹配率，匹配正确率两方面进行实验对比分析。匹配率、匹配正确率是衡量匹配结果质量的重要指标，其中匹配率又称查全率，是指匹配结果中实现匹配的要素个数与同名要素个数的比值；匹配正确率是指匹配结果中正确匹配的要素个数与匹配要素个数的比值。实验结果如表 5.12 和表 5.13 所示。

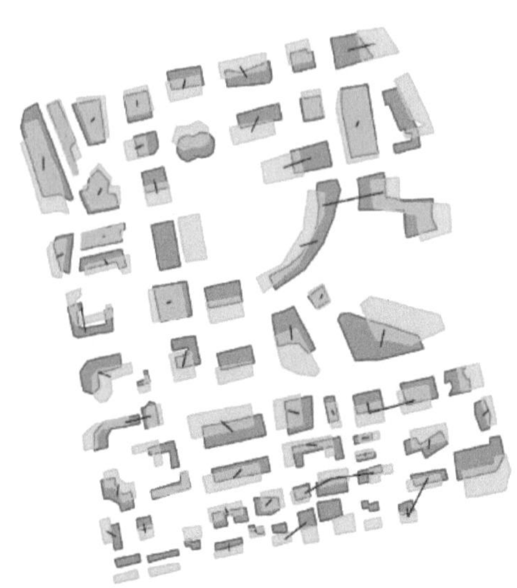

图 5.33　居民地偏差数据缓冲区面积重叠率法匹配结果

表 5.12　居民地匹配联动道路匹配结果质量评价　（单位：%）

匹配方法	匹配率	匹配正确率
居民地匹配结果	95.5	92.3
居民地匹配结果联动道路匹配	93.3	89.3
偏差道路缓冲区增长法匹配	83.3	64

表 5.13　道路匹配联动居民地匹配结果质量评价　（单位：%）

匹配方法	匹配率	匹配正确率
道路匹配结果	93.3	92.8
道路匹配结果联动居民地匹配	92.7	93.7
偏差居民地缓冲区法匹配	72.5	78

从表 5.12 和表 5.13 中可以得出，当道路和居民地数据一方存在位置偏差时，传统的缓冲区增长法和缓冲区面积重叠率法都是通过增大缓冲区半径来增加同名实体的重叠，但同时也会增加与周边要素的重叠，形成错误匹配。本方法实现了居民地匹配联动道路匹配或者道路匹配联动居民地匹配，只要有一方要素数据一致性较好，就可以使数据一致性较差的要素很好的实现匹配。

值得注意的是，联动匹配的质量受到联动源要素匹配质量影响较大。例如，居民地匹配结果质量高，则其联动的道路匹配结果质量也相对较高；反之，居民地匹配结果质量较低，则其联动的道路匹配结果质量也相对较低。因为通过传递模型不仅能够将正确的匹配结果传递给另一种要素，同时也将其错误进行了传递。道路匹配、居民地匹配的结果不可能达到100%的正确率，所以这些错误的匹配结果也会传递到相应的另一种要素的匹配。这是联动匹配难以避免的问题。

避免这种错误传递的方法是，在一种要素匹配结束后，对其质量进行评价，设定适当的联动匹配传递阈值，若其匹配正确率大于阈值，则可将其结果传递给另一种要素的匹配；若匹配正确率小于阈值则不能将结果进行传递，需要通过检查对匹配结果进行修改达到传递阈值。通过这种方法能够有效避免错误的传递，从而提高联动匹配的正确率。

当道路和居民地数据一致性都相对不好时，本方法就会退化为常规算法。这时，可以先采用第 4 章中所述的方法对道路网进行匹配，然后再用道路匹配联动居民地匹配的策略实现道路和居民地的联动匹配。

5.3.5　算法优势分析

本节通过构建城市骨架线网，将地图中在空间上分离的道路和居民地要素依托拓扑关系进行联系，解决了由于数据一致性程度不高导致存在较大几何位置偏差或者居民地数据形状同质化较高的匹配问题，其优势主要体现在以下三点。

(1) 从人在熟悉陌生环境的思维习惯入手，使道路和居民地成为彼此匹配中的定位参考，避免了单一要素匹配时不确定性，增强了匹配算法辨别同名实体的能力。

(2) 对道路和居民地要素进行联动匹配，只要有一种要素的数据一致性较好，就能够带动另一种要素取得很好的匹配效果。

(3) 通过一种要素的匹配带动另一种要素的匹配能够有效简化匹配过程，从而为空间数据匹配提供新的方法和手段，同时也为后续的数据更新与融合等提供新的技术支撑。

5.4　采用层次推理的多尺度道路和居民地联动匹配方法

多尺度道路或者居民地数据间存在大量复杂的非一对一匹配对应关系，目前匹配方法大多采取同种要素单独匹配的策略，这不利于进一步提高空间数据复杂匹配对应关系的识别能力。针对这一问题，本节借助前文所述相关理论和技术方法，提出一种采用层次推理的多尺度道路和居民地联动匹配方法，该方法以相邻要素作为约束，能够避免同种要素单独匹配中复杂匹配对应关系识别的不确定性，能够有效解决道路和居民地匹配中 1∶N 匹配问题。

5.4.1　研究思路

在大比例尺城市矢量地图中，城市主干路将城市划分为若干个大街区，次一级的道路将大街区又进一步划分为若干个小街区，而城市支路又将小街区进一步细分，这种区域分割具有鲜明的层次性，符合人类的空间认知习惯(赵彬彬等，2010)。同时，在多尺度道路和居民地数据中，同名居民地要素在从大比例尺向小比例尺变换时，虽然会出现轮廓化简、与其邻域要素合并等局部特征改变的情况，但是有一点是不会改变的，即任意一个大比例尺面状居民地必定与其对应小比例尺面状居民地位于同一街区内，这就可以作为多尺度道路和居民地的重要判断依据，为多尺度道路和居民地联动匹配提供了可能。具体算法思路为：依据街区划分的方式对道路网进行区域分割，对不同数据源中的区域边界道路进行匹配，在道路网匹配的同时建立居民地之间的粗匹配对应关系，然后以已匹配的道路作为定位参考，对街区内的居民地进行精确匹配，从而实现多尺度道路和居民地联动匹配。

5.4.2　构建多尺度道路和居民地联动匹配模型

在大比例尺城市矢量地图中，多级道路网将居民地划分在不同的街区中，最底层的街区区域由面状居民地、空白区域和围成该区域边界的相交道路构成(钱海忠等，2007)。街区的划分符合人类的空间认知，可以使道路和居民地互相约束，互相定位参考。基于这种街区划分方法，通过城市骨架线网建立道路和居民地的关联关系，对道路网提取 Stroke 及等级评价，进而对骨架 Stroke 网眼进行区域分割，构建具有明显层次结构特征的多尺度道路和居民地联动匹配模型，为多尺度道路和居民地联动匹配提供新的思路。

1. 骨架 Stroke 网眼

对城市骨架线中的道路骨架线再进行 Stroke 提取和等级划分即可得到具有明显层次结构特征的城市骨架 Stroke 线，如图 5.34(a)、图 5.34(b)、图 5.34(c)所示。与城市骨架线网眼一样，将城市骨架 Stroke 线围成的最小闭合区块称为“骨架 Stroke 网眼”[图 5.34(d)]，骨架 Stroke 网眼并不是真实存在的地理对象，而是人们对城市道路和居民地结构形态的空间认知抽象出来的面要素对象。

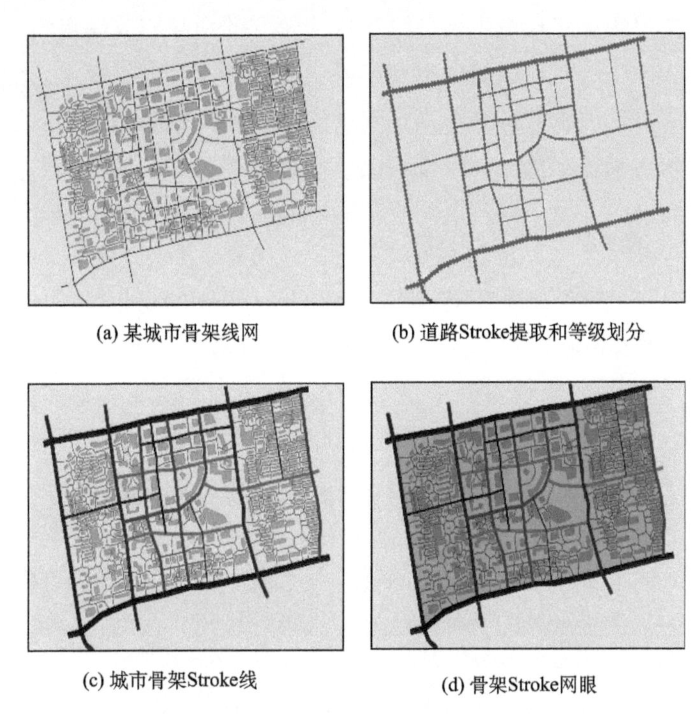

(a) 某城市骨架线网　(b) 道路Stroke提取和等级划分

(c) 城市骨架Stroke线　(d) 骨架Stroke网眼

图 5.34　城市骨架 Stroke 线网构建

城市骨架 Stroke 线网建立后，其形成的骨架 Stroke 网眼具有以下 4 个特点。

(1) 骨架 Stroke 网眼由空白区域骨架线和道路网组成外围区域，在道路存在的空白区域，其骨架线可以用道路代替，使得道路网匹配可以成为居民地匹配过程中的重要定位参考。

(2) 由于对道路网进行了明确的等级划分，所以骨架 Stroke 网眼具有明显的层次结构关系，即每一条主要网眼与多条次要网眼相连，每一条次要网眼可能会与更多的更为次要的网眼相连，这有利于实现通过一个高等级网眼匹配带动多个低等级网眼匹配。

(3) 每个骨架 Stroke 网眼之间都是无缝连接的，能够方便空间关系探测，为解决骨架 Stroke 网眼非一对一匹配提供了可能。

(4) 骨架 Stroke 网眼轮廓较为规则，这就弱化了居民地轮廓特征，从而减少了复杂度，降低了匹配的不确定性。

综上所述，对骨架 Stroke 网眼实施匹配，是解决多尺度道路和居民地联动匹配的一种有效途径。

2. 多尺度道路和居民地联动匹配模型构建

参照城市街区划分的基本规律，以骨架 Stroke 网眼为基础，基于道路等级对骨架 Stroke 网眼进行区域剖分，形成一种由大到小、由外及内的层次化封闭区域，在这个封闭区域中每一个高等级道路形成主要分割，次一等级的道路将高等级道路围成的封闭区域进一步分割形成更小的封闭区域，据此形成由主要到次要渐进梯次划分的区域剖分模型，这种具有层次推理性质的模型即为多尺度道路和居民地联动匹配模型。

多尺度道路和居民地联动匹配模型构建方法如下：

步骤一，最大封闭区域提取。根据前文所述的城市骨架 Stroke 线分类方法，判断骨架 Stroke 线中的骨架线类型，得到 5 类骨架线。城市地图中最大的封闭区域是由Ⅲ类骨架线围成的，所以优先提取Ⅲ类骨架 Stroke 线以形成最大的封闭区域。

步骤二，加入中介中心性和对称性两个指标，对Ⅰ类、Ⅱ类、Ⅳ类、Ⅴ类骨架 Stroke 线(参考 4.5.2 节道路分类方法)中的道路骨架线重新进行 Stroke 提取和重要性排序。

步骤三，选取等级最高、能够对封闭区域形成有效分割的道路，这样较大的封闭区域被分割为两个子区域。当封闭区域内存在多条能够对区域形成有效分割的道路时，优先选取等级高、分割后区域对称性最好的道路。本节提出一种区域分割对称性计算方法，即通过计算分割后两个子区域面积差值的绝对值与两个子区域总面积的比值得到δ，显然δ 越接近于 0，则两个子区域的对称性越好。选择等级高、分割对称性最好的道路作为该骨架 Stroke 网眼下一级剖分的最终道路，并转到步骤四。

步骤四，记录并保留参与剖分的道路骨架线和骨架 Stroke 网眼之间的隶属关系，然后剔除Ⅰ类、Ⅱ类、Ⅲ类、Ⅴ类骨架 Stroke 线，将两个封闭子区域中剩余的道路骨架线视为新的未判断类型的骨架线，跳回步骤一，直到封闭区域内不存在可以有效分割的道路为止。如图 5.35 所示为区域剖分效果图。

基于上述步骤构建的具有层次推理特性的联动匹配模型使得骨干道路在匹配中充分发挥定位参考作用，在骨干道路完成匹配的同时，与其相邻的居民地也随即完成匹配，这种道路网由大到小、由表及里逐级迭代推理的匹配策略能够有效缩小候选匹配集、提高匹配正确率。

5.4.3 道路和居民地复杂匹配关系转化

在 5.3.3 节中，利用城市骨架线建立了道路和居民地之间的拓扑关系，使得在地图上原本在空间上处于分离状态、没有任何联系的道路和居民地要素，通过骨架线网眼而联系起来；基于 Stroke 技术对高等级道路进行了区域分割，为多尺度道路和居民地联动匹配

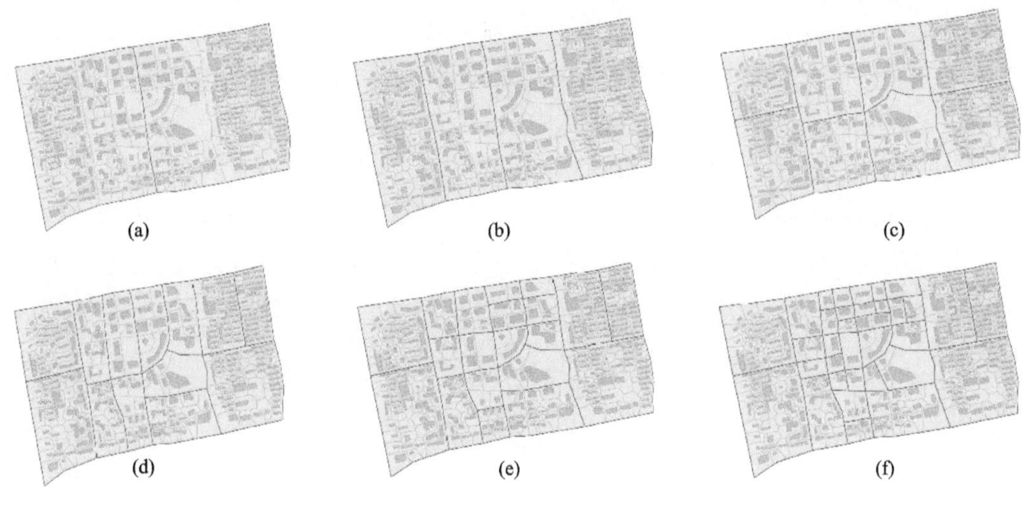

图 5.35　道路网区域剖分效果图

奠定了基础。而作为最基本剖分单元的骨架 Stroke 网眼(街区)是联动匹配的关键，其内部道路和居民地复杂匹配对应关系快速、准确的识别，将直接影响匹配效率和正确率的提高，下面将就基本剖分单元内道路和居民地的复杂匹配关系识别与转化进行详细阐述。

1. 道路网复杂匹配关系转化

1) 基于道路 Stroke 的道路网匹配关系转化

受采集精度和制图综合的影响，道路的匹配情况相当复杂，同一地区不同来源不同尺度空间数据中同名道路的匹配关系一般可以划分为四类(图 5.36)：即 1∶0，1∶1，1∶N 和 M∶N。现有道路匹配方法大多从单独弧段直接出发，结合各种相似性指标对匹配算法约束，从而导致匹配关系呈现复杂的 1∶N 和 M∶N 匹配类型。

然而，若是从人类对于空间的认知习惯出发，将同一条道路作为一个整体进行匹配，则有利于快速识别复杂的匹配对应关系，提高匹配正确率。由于道路结点或弧段不便于从整体上进行结构分析，因此可以把道路 Stroke 作为多尺度道路网匹配中的基本单元进行匹配，一条道路 Stroke 由一条或若干条道路弧段组成，也就是说可以把道路网复杂的 M∶N 匹配对应关系抽象成 1∶M 或者 1∶1 的匹配类型，从而有效降低道路匹配中的复杂性和不确定性，提高匹配正确率。

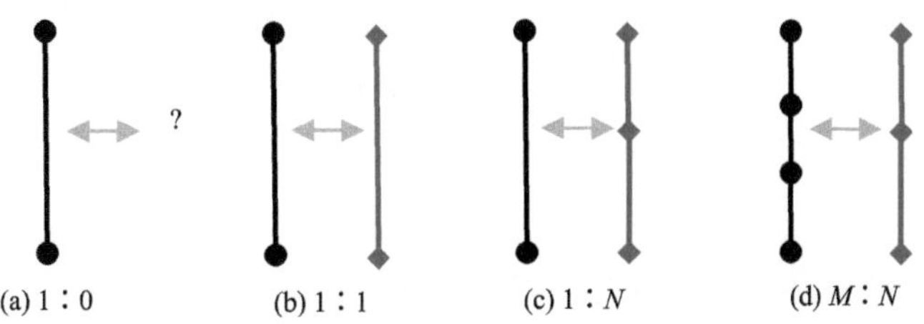

图 5.36　同名道路匹配关系示例

2) 道路 Stroke 相似性计算

道路匹配的实质是同名实体特征相似性的度量，大多采用多个指标综合判断的匹配策略。下面将以道路 Stroke 之间的长度相似性、方向相似性、距离相似性以及道路 Stroke 和其邻域居民地的拓扑相似性为匹配指标，并通过层次分析法确定整体相似度，从而更好地实现多尺度道路网匹配。

(1) 长度相似性。长度是线要素的重要特征之一。同名道路 Stroke 在长度上应该是接近的，显然两个待匹配道路 Stroke 长度差异越小，其是同名实体的可能性越大。设两条道路 Stroke 的长度为 L_{StrA}、L_{StrB}，则其长度相似性评价关系式为

$$L_{\mathrm{length}} = 1 - \frac{\left|L_{\mathrm{StrA}} - L_{\mathrm{StrB}}\right|}{\max(L_{\mathrm{StrA}}, L_{\mathrm{StrB}})} \tag{5.7}$$

(2) 方向相似性。方向特征是线要素匹配中的又一重要判断指标。参照前文中所述的目标道路自身方向相似性计算方法，将组成道路 Stroke 的所有小弧段首末结点的方向角加权求均值作为道路 Stroke 的方向指标，同时，考虑在多尺度道路网数据中，即便是同一条道路 Stroke，所组成的弧段数量也不尽相同，所以将各弧段的相关长度系数作为权值约束。设组成 Stroke 的道路弧段总长度为 L，第 i 个道路弧段的长度为 L_i，则相关长度系数为

$$\lambda_{\mathrm{rate}} = \frac{L_i}{L} \tag{5.8}$$

将该值作为计算方向均值的权值，得到描述整条道路 Stroke 方向的计算模型：

$$\theta_{均值} = \lambda_1\theta_1 + \lambda_2\theta_2 + \cdots + \lambda_i\theta_i \tag{5.9}$$

式中，θ_i 为第 i 条连线与 x 轴正方向的夹角。依据此度量方法，得出目标道路自身方向相似性的计算公式为

$$L_{\mathrm{direction}} = 1 - \frac{\Delta\theta_{均值}}{\Delta\theta_{\mathrm{tolerance}}} \tag{5.10}$$

式中，$\Delta\theta_{均值}$ 为两条 Stroke 方向均值的差值，即 $\Delta\theta_{均值} = |\theta_{均值1} - \theta_{均值2}|$ ；$\Delta\theta_{\mathrm{tolerance}}$ 为两条待匹配 Stroke 间的方向均值差异阈值。

(3) 距离相似性。根据人对道路的空间认知习惯，采用 Hausdorff 距离反映两条 Stroke 空间位置上的邻近程度。那么，两条道路 Stroke 的距离相似性可表示为

$$L_{\mathrm{distance}} = 1 - \frac{\mathrm{Hausdorff}(L_1, L_2)}{\Delta_{\mathrm{tolerance}}} \tag{5.11}$$

式中，$\Delta_{\mathrm{tolerance}}$ 为距离阈值。

(4) 拓扑相似性。

将一条道路 Stroke 参与构成的骨架 Stroke 网眼中包含的居民地视为其邻域居民地，由此可用这条道路的邻域居民地作为定位参考来实现道路网匹配。通常将目标道路的邻

域居民地数量作为其拓扑总数，通过计算目标道路参与构成的骨架 Stroke 网眼数量来确定道路的邻域居民地数量，那么两条道路 Stroke 的拓扑相似性可表示为

$$L_{\text{topology}} = 1 - \frac{|T_1 - T_2|}{\max(T_1, T_2)} \tag{5.12}$$

式中，T_1，T_2 分别为两条待匹配道路 Stroke 的拓扑总数。

3) 总相似性

刘海龙等(2015)提出利用层次分析法确定相似权值的方法，对长度相似性、方向相似性、距离相似性、拓扑相似性计算权值，分别赋予权值 0.2、0.2、0.3、0.3，那么整体相似性可表示为

$$\text{Sim} = 0.2L_{\text{length}} + 0.2L_{\text{direction}} + 0.3L_{\text{distance}} + 0.3L_{\text{topology}} \tag{5.13}$$

2. 居民地复杂匹配关系转化

1) 基于骨架 Stroke 网眼的居民地复杂匹配关系转化

同一地区不同来源地图数据库中同名实体可能的匹配关系可以概括为四种情况，如表 5.14 所示。

表 5.14　居民地匹配关系类型

序号	匹配关系	说明
1	1∶1	两幅图中都有，并且是一对一关系
2	1∶0 或 0∶1	出现新增或者已消失居民地情况
3	1∶N	一幅图中的一个实体对应另一幅图中的多个实体
4	N∶M	一幅图中的 N 个实体对应另一幅图中的 M 个实体

由表中可知，在多尺度城市地图匹配中，居民地复杂匹配关系主要指的是一对多、多对多匹配关系。

如前文所述，简单的面状要素拓扑关系可划分为 8 种，即相离、相接、相交、覆盖、被覆盖、包含、被包含、相等（图 3.50），而在大比例尺城市地图中，面状居民地之间的拓扑关系主要包括上述关系中的相离、相接、包含和覆盖，其中情况最为普遍的是相离关系，相接、包含和覆盖相对很少(可忽略不计)。而相离关系不确定性较强，无法将其定量化描述。相比而言，相接关系由于具有公共边或公共结点使得其定量描述较为可行。

由于骨架线网眼之间为无缝连接，匹配对象转化的同时也使得要素间的拓扑关系得到了统一和简化：原有居民地之间的大量复杂的相离关系和少量其他关系均统一为简单的相接关系。拓扑关系的统一和简化的优势在于：①使得复杂多样的拓扑关系变得统一，有利于后续的匹配计算；②降低了数据源间本身可能存在的几何位置偏差，为其内部所

对应的居民地一对多、多对多关系识别提供了快捷方式。

骨架 Stroke 网眼匹配模式与一般面要素匹配相同，也可分为 1∶0，1∶1，1∶N，N∶M 等对应关系，下面将重点对骨架 Stroke 网眼一对多、多对多匹配关系识别进行研究。

2) 骨架 Stroke 网眼一对多、多对多匹配对应关系识别

由于骨架 Stroke 网眼降低了居民地的几何位置偏差，所以对于经过道路网匹配后产生的多尺度面状居民地候选匹配对应关系，可以通过计算骨架 Stroke 网眼的面积重叠率进行一对多、多对多匹配对应关系识别。

面积重叠率方法以面要素或面要素缓冲区之间的面积重叠程度作为匹配依据，重叠度越高，则匹配的可能性就越大。设两个数据源中有两个面要素 A_1、B_1 的面积分别为 Area1、Area2，二者重叠的面积为 Area3，那么，它们的面积重叠率计算公式为

$$\mathrm{Sim}(A_1,B_1)=\frac{\mathrm{Area3}}{\mathrm{Area1}} \tag{5.14}$$

$$\mathrm{Sim}(B_1,A_1)=\frac{\mathrm{Area3}}{\mathrm{Area2}} \tag{5.15}$$

显然，当 Sim(A_1，B_1) 和 Sim(B_1，A_1) 有一个大于阈值 (如 0.5) 时，则它们存在匹配的可能性；且当 Sim(A_1，B_1) 接近于 1 时，表明面要素 A_1 是整体与面要素 B_1 匹配，同理，当 Sim(B_1，A_1) 接近于 1 时，表明面要素 B_1 是整体与面要素 A_1 匹配，当 Sim(A_1，B_1) 和 Sim(B_1，A_1) 都接近于 1 时，表明 A_1 和 B_1 是 1∶1 匹配。

具体的匹配对应关系识别计算思路为：对于位于同一街区单元内的骨架 Stroke 网眼，记小比例尺数据源 A 中的面要素候选集为 $A=\{a_1,a_2,\cdots,a_m\}$，大比例尺数据源 B 中与其对应的面要素候选集为 $B=\{b_1,b_2,\cdots,b_n\}$，两个候选集中的实体个数可能不相等，即 m 可能不等于 n，同名实体匹配的最终目的是使数据集中的每一个要素都能找到与之对应的同名实体。在候选集 A 和候选集 B 中分别选取面要素 $a_i, i=1,2,\cdots,m$ 和 $b_j, j=1,2,\cdots,n$，如果 $\mathrm{Sim}(a_i,b_j)$ 和 $\mathrm{Sim}(b_j,a_i)$ 都大于阈值 $S(0\leqslant S\leqslant 1)$，则说明 a_i,b_j 是 1∶1 匹配对应关系，如图 5.37(a) 所示。如果 $\mathrm{Sim}(a_i,b_j)$ 和 $\mathrm{Sim}(a_i,b_k)$ 都大于阈值 $S(0\leqslant S\leqslant 1)$，则说明 a_i 的匹配实体为 b_j,b_k，是 1∶N 匹配对应关系，如图 5.37(b) 所示。同理，如果 a_i 和 $\{b_l,b_t\}$ 匹配，a_s 和 $\{b_l,b_p\}$ 匹配，那么 $\{a_i,a_s\}$ 和 $\{b_l,b_t,b_p\}$ 匹配，是 N∶M 匹配对应关系，如图 5.37(c) 所示。

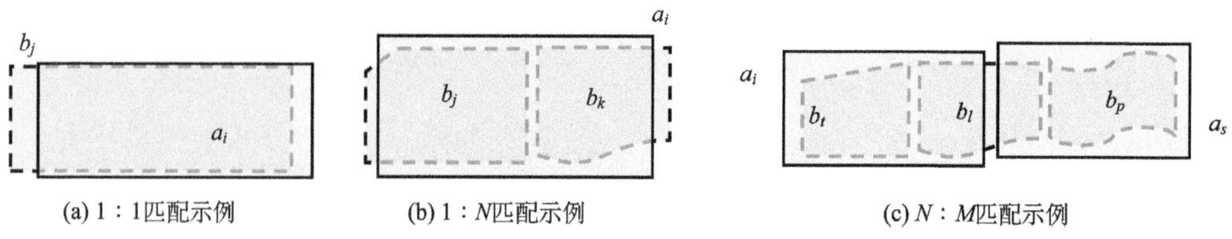

图 5.37　匹配对应关系示例

5.4.4　匹配过程

多尺度道路和居民地联动匹配流程采用以下步骤。

步骤一，获取道路 Stroke、骨架 Stroke 线、骨架 Stroke 网眼之间的拓扑关系，将其存在相应的变量中。

步骤二，对封闭区域进行有效分割，构建具有明显层次推理特性的多尺度道路和居民地联动匹配模型，并记录参与剖分的外围轮廓道路 Stroke(III类骨架 Stroke 线)。

步骤三，从多尺度道路和居民地联动匹配模型中选取突出的外围轮廓道路 Stroke(III类骨架 Stroke 线)进行道路 Stroke 相似性计算，得到道路网匹配结果。

步骤四，提取已经匹配的外围轮廓道路 Stroke 所对应的骨架 Stroke 网眼，以已经匹配的外围轮廓道路作为粗约束定位参考，对匹配双方骨架 Stroke 网眼内的居民地进行一对多、多对多匹配对应关系识别，得到居民地匹配结果。

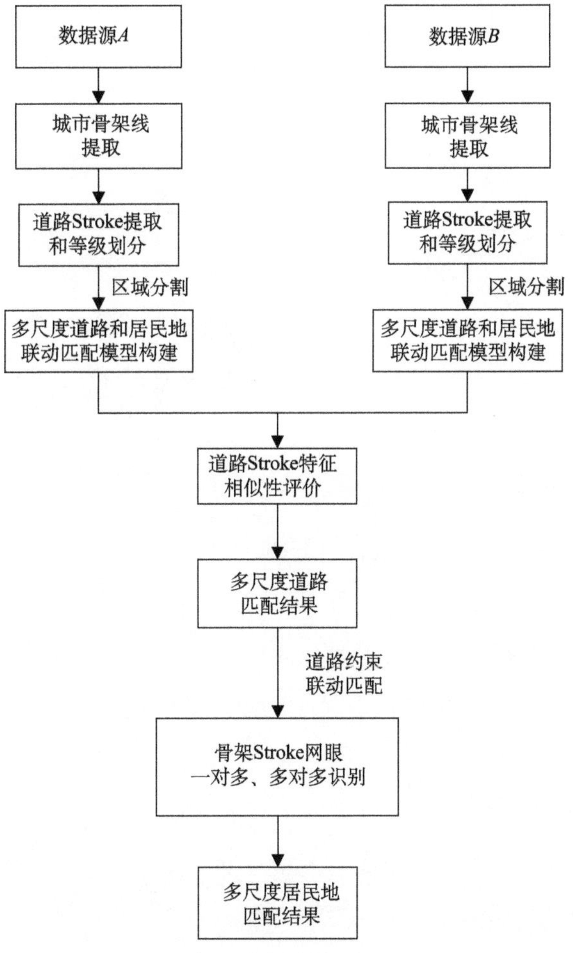

图 5.38　多尺度道路和居民地联动匹配流程

步骤五，对于没有道路约束的骨架 Stroke 网眼内部的居民地，可以用已经匹配的网眼作为拓扑约束，而后完成剩下的网眼的匹配。

步骤六，将骨架 Stroke 网眼匹配结果传递给其所对应的居民地，此时所有居民地要素均已取得匹配对应关系。匹配流程图如图 5.38 所示。

5.4.5 匹配实验与对比分析

1. 匹配数据来源

选取某城市中心区域道路和居民地要素作为匹配数据源，图 5.39(a)是比例尺为 1∶1 万的居民地数据，该数据包含居民地 155 个；图 5.39(b)是比例尺为 1∶2 万的居民地数据，该数据包含居民地 93 个。

分别对图 5.39 中的数据构建城市骨架线网，并对道路网提取 Stroke 并进行等级划分，构建多尺度道路和居民地联动匹配模型，如图 5.40 所示。

图 5.39 中道路和居民地数据叠加显示如图 5.41 (a)所示，图 5.40 中的数据叠加显示如图 5.41(b)所示，由图可知，叠加显示数据经过系统误差纠正后仍存在一定的几何位置偏差。

(a) 1∶1万道路和居民地数据

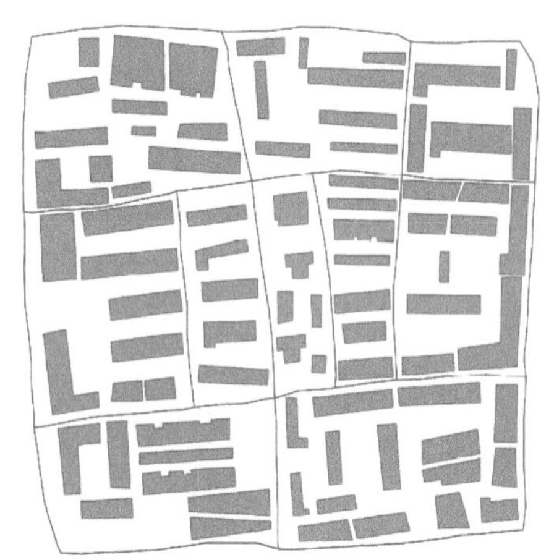

(b) 1∶2万道路和居民地数据

图 5.39　不同尺度居民地数据来源

2. 本节方法实验及对比实验

对图 5.41(b)中的数据依据 5.4.4 节所述的匹配过程进行多尺度道路居民地联动匹配，匹配结果如图 5.42 所示。

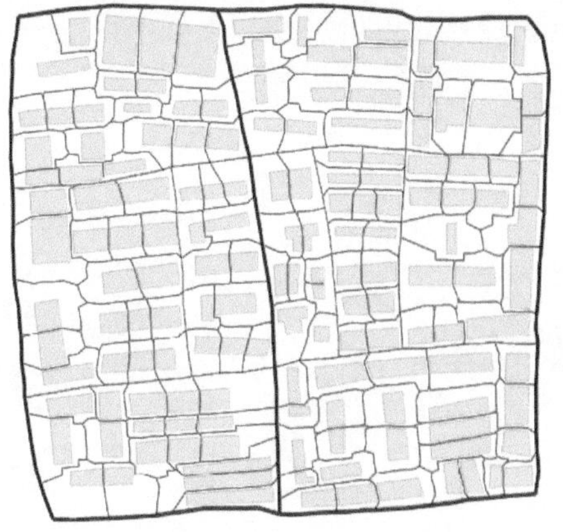

(a) 1：1万道路和居民地联动匹配模型构建

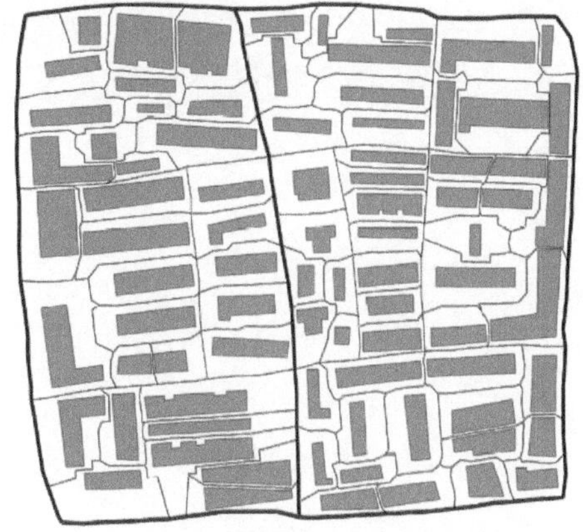

(b) 1：2万道路和居民地联动匹配模型构建

图 5.40　构建多尺度道路和居民地联动匹配模型

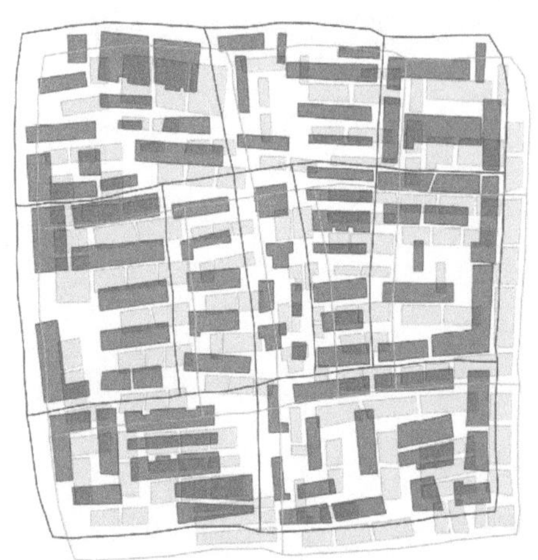

(a) 原始数据叠加显示

(b) 构建联动匹配模型后叠加显示

图 5.41　多尺度道路和居民地数据叠加显示

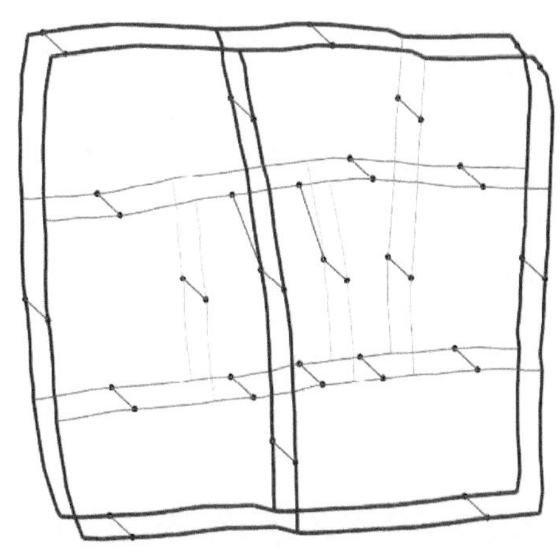

(a) 道路Stroke匹配结果

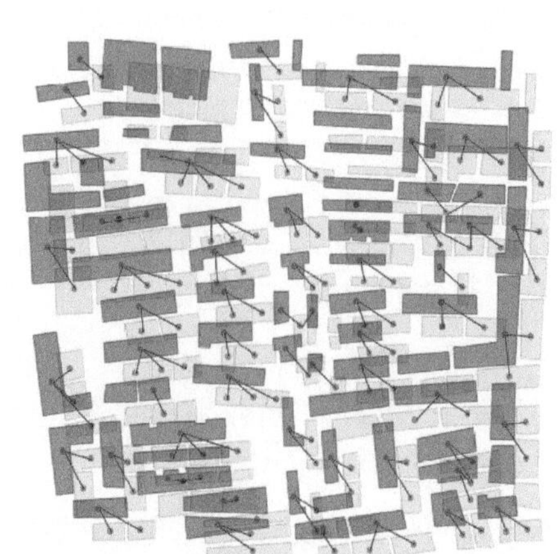

(b) 居民地匹配结果

图 5.42　本节方法匹配结果

对图 5.41(a)中的多尺度道路和居民地数据用经典的居民地面积重叠率匹配方法和道路 Hausdorff 距离匹配方法做对比实验，其匹配结果如图 5.43 所示。

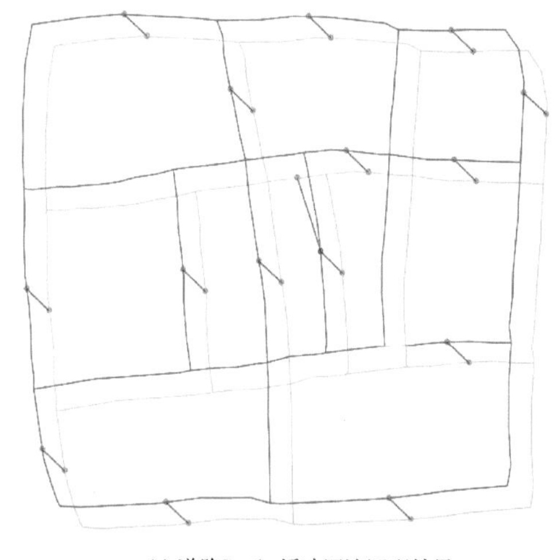

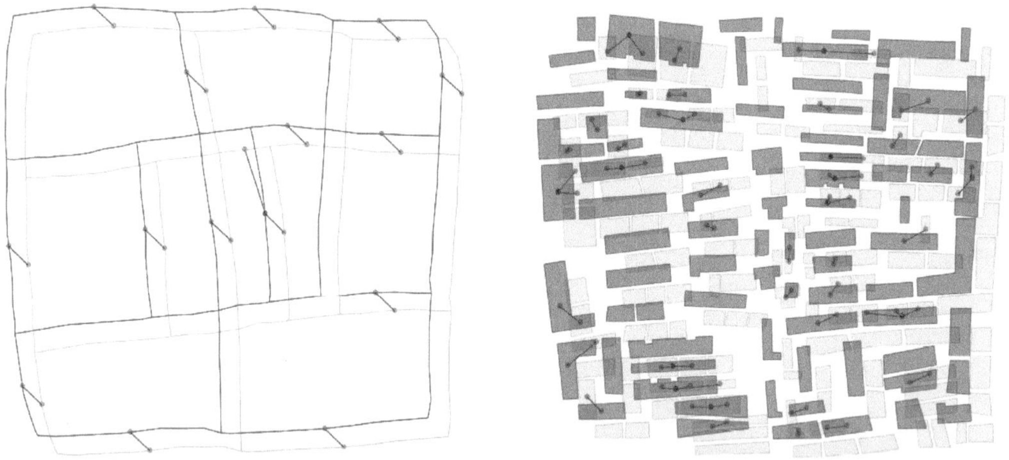

(a) 道路Stroke缓冲区法匹配结果

(b) 居民地面积重叠率法匹配结果

图 5.43　对比实验方法匹配结果

3. 实验分析

对本节方法及对比实验匹配结果进行统计，从匹配率和匹配正确率两方面来进行匹配质量评价，统计结果如表 5.15 所示。

表 5.15　匹配结果质量评价　　　　（单位：%）

匹配方法	匹配率	匹配正确率
本节道路匹配方法	75.0	90.5
道路缓冲区匹配方法	57.1	81.3
本节居民地匹配方法	78.8	85.7
居民地面积重叠率匹配方法	46.3	35.1

由表 5.15 可知，当多尺度道路或者居民地数据存在一定的几何位置偏差时，并且还存在着复杂的非一对一匹配对应关系时，单独对居民地进行匹配，其匹配正确率为 35.1%，单独对道路进行匹配，其匹配正确率为 81.3%；但是若采用本节方法，道路的匹配正确率达到 90.5%，居民地匹配正确率达到 85.7%，本章方法使多尺度道路和居民地匹配质量得到进一步改善。

本节方法在多尺度居民地匹配中之所以能取得较好的匹配效果，是因为在居民地匹配中顾及道路的定位参考作用，以道路匹配带动居民地匹配，使道路成为居民地匹配中的全局约束性作用，进而有效缩小居民地候选匹配集，从而提高居民地匹配正确率。

对于居民地多对多匹配情况，本章方法没有取得很好的匹配效果。这是因为在匹配中，一条道路 Stroke 往往对应多个居民地，无法形成有效的定位参考，从而影响骨架 Stroke 网眼匹配对应关系的识别，从而造成错误的多对多匹配对应关系。避免这种错误的方法是，在完成骨架线 Stroke 网眼一对多匹配对应关系识别后，进行匹配结果质量评价，以已经识别的一对多匹配对应关系的网眼作为定位参考，由外而内、渐进梯次的进行网眼多对多匹配对应关系识别，从而实现多尺度居民地多对多匹配对应关系的识别。

5.4.6　算法优势分析

本节将城市骨架线技术和道路 Stroke 技术结合，参考城市街区划分原理，通过道路 Stroke 进行区域剖分，构建了多尺度道路和居民地联动匹配模型，实现了多尺度道路和居民地联动匹配。总体而言，本方法具有以下优势：

(1)在匹配中以外围轮廓道路匹配作为定位参考，层次推理、层层约束实现居民地匹配，从而实现以多尺度道路匹配带动多尺度居民地匹配的联动匹配，有效提高匹配正确率。

(2)基于城市街区划分原理，构建了多尺度道路和居民地联动匹配模型，避免了在匹配时的全局遍历，从而压缩匹配时间，提高匹配效率。

(3)将道路匹配转化为道路 Stroke 匹配，将居民地匹配转化为骨架 Stroke 网眼匹配，提高了多尺度道路和居民地匹配中复杂匹配对应关系的识别能力，有效解决了道路和居民地匹配中的 1∶N、M∶N 的匹配问题。

参 考 文 献

陈优良, 翁和霞. 2008. GIS 线状缓冲区生成算法研究[J]. 江西理工大学学报, 29(5): 37-40.

何海威, 钱海忠, 刘海龙, 等. 2015. 基于道路网层次骨架控制的道路选取方法[J]. 测绘学报, 44(4): 453-461.

刘海龙. 2014. 基于层次结构模型的道路网整体匹配方法研究[D]. 郑州: 解放军信息工程大学硕士学位论文.

刘海龙, 钱海忠, 黄智深, 等. 2013. 采用 Stroke 层次结构模型的道路网匹配方法[J]. 测绘科学技术学报·信息科学版, 30(6): 647-651.

刘海龙, 钱海忠, 王骁, 等. 2015. 采用层次分析法的道路网整体匹配方法[J]. 武汉大学学报 • 信息科学版, 40(5): 644-650.

刘涛. 2011. 空间群(组)目标相似关系及计算模型研究[D]. 武汉: 武汉大学博士学位论文.

刘涛, 杨树文, 李轶鲲, 等. 2013. 空间线群目标方向相似性计算模型[J]. 测绘科学, 38(1): 156-159.

钱海忠, 武芳, 朱鲲鹏, 等. 2007. 一种基于降维技术的街区综合方法[J]. 测绘学报, 36(1): 102-107.

钱海忠, 张钊, 翟银凤, 等. 2010. 特征识别、Stroke 与极化变换结合的道路网选取[J]. 测绘科学技术学报, 27(5): 371-374.

邵世维. 2011. 基于几何特征的多尺度矢量面状实体匹配方法研究与应用[D]. 武汉: 武汉大学博士学位论文.

王骁, 钱海忠, 何海威, 等. 2015. 利用空白区域骨架线网眼匹配多源面状居民地[J]. 测绘学报, 44(8): 927-935.

王骁, 钱海忠, 何海威, 等. 2016. 顾及邻域居民地群组相似性的道路网匹配方法[J]. 测绘学报, 45(1): 103-111.

吴建华. 2010. 顾及环境相似的多特征组合实体匹配方法[J]. 地理与地理信息科学, 26(4): 1-6.

杨敏, 艾廷华, 周启. 2013. 顾及道路目标 Stroke 特征保持的路网自动综合方法[J]. 测绘学报, 42(4): 581-587.

翟仁健. 2011. 基于全局一致性评价的多尺度矢量空间数据匹配方法研究[D]. 郑州: 解放军信息工程大学博士学位论文.

赵彬彬, 邓敏, 李光强, 等. 2010. 基于城市形态学原理的面状地物层次索引方法[J]. 测绘学报, 39(4): 435-440.

Ang Y H, L i Zhao, Ong S H. 1995. Image retrieval based on multidimensional feature properties[J]. SPIE, 2420: 47-57.

Davis M Jcs. 2003. Conflation Suite Technical Report [EB/OL]. http: //www. vividsolutions. com/JCS /main. htm[2016-12-08].

Deng M, Li Z L, Chen X Y. 2007. Extended Hausdorff distance for spatial objects in GIS[J]. International Journal of Geographical Information Science, 21(4): 459-475.

Egenhofer M, Franzosa R. 1991. Point—set topological spatial relationships[J]. International Journal of Geographical Information Systems, 5 (2): 161-174.

Egenhofer M, Mark D. 1995. Naive Geography[A]//Spatial Information Theory: A Theoretical Basis for GIS[C]. Semmering, Austria: International Conference COSIT' 95.

Liao S X, Pawlak M. 1996. On image analysis by moments[J]. IEEE Transactions on Pattern Analysis and Machine Intelligence, 18(3): 254-266.

Rosenfeld A. 1978. Algorithms for image/vector conversion[J]. Computer Graphics, 12(3): 135-139.

Thomson R C. 2006. The "Stroke" Concept in Geographic Network Generalization and Analysis[C]. Vienna, Austria: Proceedings of the 2th International Symposium on Spatial Data Handling.

Thomson R C, Richardson D E. 1999. The "Good Continuation" Principle of Perceptual Organization Applied to the Generalization of Road Network[C]. Ottawa, Canada: Proceedings of the 19th International Cartographic Conference. .

Yuan S, Tao C. 1999. Development of Conflation Components[C]. Ann Arbor: Proceedings of Geoinformatics 1999 Conference.

Zhang M, Shi W, Meng L Q. 2006. A Matching Approach Focused on Parallel Roads and Looping Crosses in Digital Maps[C]. Wuhan, China: ICA Symposium.

第 6 章　利用动态化简提高线要素匹配质量的方法

6.1　线要素动态化简与匹配模型的建立

矢量空间数据匹配的困难之一来自于数据的多源性、不一致性。长期以来，由于地图数据采集和维护由不同部门完成，导致多源数据在位置精度、数据模型等方面千差万别，给数据集成和更新带来困难。同名线要素反映的是现实世界的同一空间实体，无论匹配双方的来源是否相同，比例尺是否一致，线要素的整体形态特征应该是保持一致的。因此，对于空间目标匹配而言，关注焦点应从目标局部细节特征向整体特征倾斜，一个好的匹配模型应该允许要素整体上相似而局部有差异。基于这种考虑，本章提出一种采用动态化简提高线要素匹配正确率的方法，该方法可以在匹配过程中有效降低多源、多比例尺匹配数据的复杂性和不确定性，提高已有匹配算法对整体形态相似性的识别与区分能力，从而改善最终的匹配效果。

6.1.1　基本思想

现实中，多源空间数据由于来源不同，采集方法不同，相互之间在局部细节形态上可能差异较大，给当前主要匹配算法带来匹配困难，但其整体形态往往是高度一致的，可以充分利用这一特性，完成线要素的匹配。而化简的实质，是要删除细节层次，提取其主要形态。如图 6.1 所示，同名线要素经化简后减少了细节层次和局部位置差异，使得整体形态相似程度明显增强。因此，如果采用线要素化简方法，把线要素局部形态的细节层次删除，只保留主要形态特征，而后利用已有匹配算法对化简后的数据重新进行匹配，其匹配正确率必然会有较大提升。本章基于这一思想展开研究。

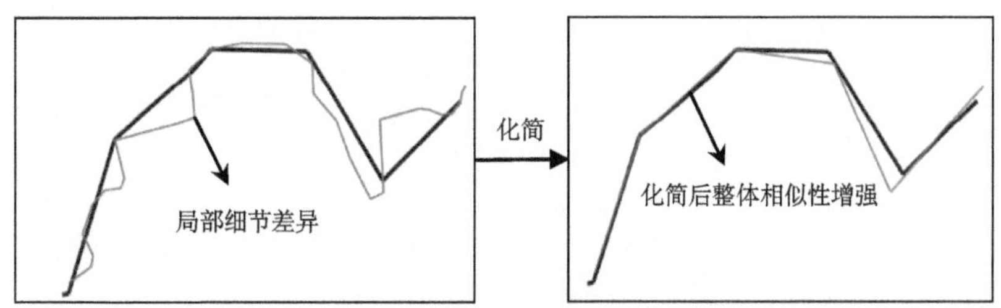

图 6.1　同名线要素化简前后整体形态相似度对比

6.1.2　动态化简与匹配模型的建立

动态化简与匹配，是将化简与匹配相结合，动态化简同名线要素，寻找相似度最高的化简结果进行同名要素匹配的过程。本研究引入化简的目的在于减少要素的复杂度，提取要素主要特征，这是化简算法的最基本特性，因此本思想对各类化简算法应该是普遍适用的。这里首先选择具有代表性的 D-P 算法来验证线要素动态化简方法对提高已有匹配算法匹配正确率的作用与意义。

1. 确定化简阈值范围

由于线要素复杂多样，如何把握其化简强度，是一个重要的环节。化简有其自身的规则与要求，不能盲目进行，必须要给化简强度界定一个合理的范围，只允许线要素在此范围内进行化简。

当前大多数化简算法都不可避免地设置一定的化简参数，加之线要素结点个数、结构特征各不相同，给不同线要素化简带来诸多不确定性。如果采取相同的化简阈值进行化简，显然是不科学的。如图 6.2 为同一地图(1∶25 万)中的道路数据 *A*、*B* 利用 D-P 算法进行化简的结果，设置同一化简参数 d=150，经对比发现，道路 *A* 的主要特征点和主要形态得到保持，而道路 *B* 内部结点全部被删除，只保留了首尾结点的连线，因化简过度导致道路整体形态失真。由此可见，要提取不同线要素的主要形态，统一设置化简参数的方法不够合理。

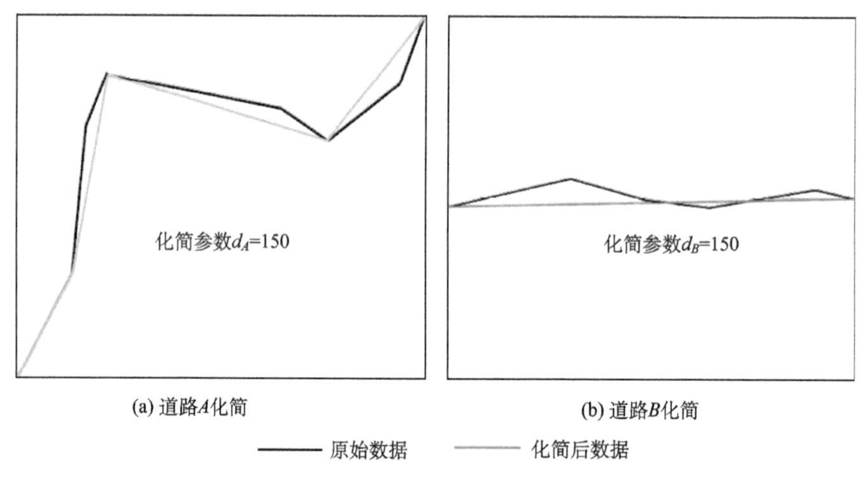

图 6.2　同一参数下线要素化简对比示意图

针对上述问题，本章的解决方案区别于把匹配数据源作为一个整体的做法，而采取对每一条线要素都设置不同的化简阈值范围。主要思想是：待匹配数据一般分为源数据和目标数据，为保证化简的有效性，设定一个比匹配双方数据的原始比例尺均更小的比例尺，作为化简的极限比例尺(S_{limit})，以化简到该比例尺时线要素剩余的结点数量作为要保留的最少结点数(N_{min})，此时对应的化简参数就作为阈值范围的上限。

这里涉及依比例选取的问题，本章在确定化简阈值范围的过程中，借鉴了“将线要素的一系列结点作为沿线分布的地物看待，化简到某一比例尺时保留的结点数量用开方根模型确定”的思想(牛继强等，2007；付仲良等，2010)，将开方根模型用于单个线要素，用于确定在不同比例尺下应保留的结点数量，从而辅助确定上述 N_{min} 的值。当数量确定之后(定额选取)，对于具体会选择哪些点(结构选取)，则是根据特定的化简算法而定。通过该方法对文中化简范围的确定起到一个辅助参考的作用。

1982 年，特普费尔在对分级问题的研究中，发现地物要素的选取数量与地图比例尺之间存在某种关联，并提出了开方根模型这一选取规律，基本公式(王殷行等，2006)为

$$N_2 = N_1\sqrt{(S_1 / S_2)} \tag{6.1}$$

式中，N_1 为原图地物数量；N_2 为目标图上应选取的地物数量；S_1 为原图比例尺分母；S_2 为新图比例尺分母。为便于表达，这里将式中根号内容作为一个整体，并重新定义其为化简比例系数：

$$K=\sqrt{(S_1 / S_2)} \tag{6.2}$$

确定最大化简阈值的算法如图 6.3 所示。其中 d_A 表示道路 A 的化简参数，N_A 为化简某一状态下道路 A 的剩余结点数，step 为化简阈值变化步长，End_thd1 为道路 A 化简到极限比例尺 S_{limit} 时对应的化简阈值，即最大化简阈值。

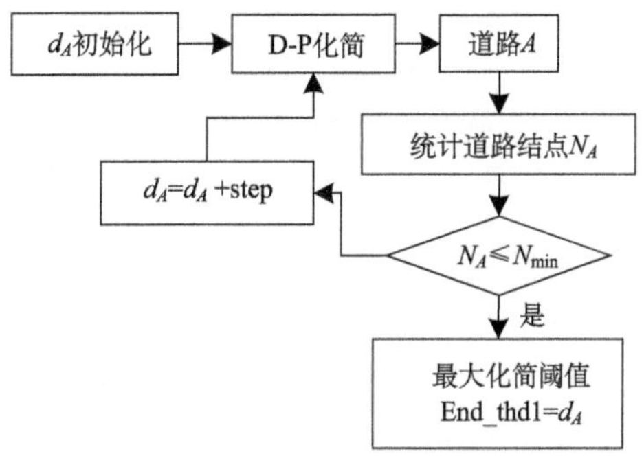

图 6.3　确定最大化简阈值

对于同尺度数据匹配和不同比例尺数据匹配，确定其化简阈值范围的模式也有差异。

(1) 匹配双方为同尺度数据：匹配双方只有一个共同的比例尺($S_{original}$)，采用化简模式 1，表达式为

$$S_{original} \xrightarrow{\text{化简}} S_{limit} \tag{6.3}$$

(2) 匹配双方为不同比例尺数据：将匹配双方数据比例尺分为大比例尺(S_{large})、小比例尺(S_{small})，为保证两化简起点一致，采用化简模式 2，表达式为

$$\text{小比例尺：} S_{small} \xrightarrow{\text{化简}} S_{limit} \tag{6.4}$$

$$\text{大比例尺：} S_{large} \xrightarrow{\text{化简}} S_{small} \xrightarrow{\text{化简}} S_{limit} \tag{6.5}$$

由于化简模式 2 相对复杂，此处以不同尺度数据为例并结合图 6.3 加以说明。若要对比例尺 1∶10 万(S_{small})的源数据与 1∶2.5 万(S_{large})的目标数据进行匹配，大量充分的实验数据表明，可以往后推一个或两个国家基本比例尺层次，如选择 1∶25 万作为其化简的极限比例尺。取 1∶10 万比例尺的一条道路 A，原始结点个数 N_1=50，当将其化简到比例尺为 1∶25 万时，首先根据开方根规律确定化简比例系数 $K=\sqrt{10/25}$，其次，计算得到化简后结点个数 $N_{\min}=50\times K$，约为 31 个。作为匹配数据中比例尺较小的一方，其化简阈值(d_A)最小值应从 0 开始(即在图 6.3 中初始化 $d_A = 0.0$)，然后以一定的步长(step)增加，每次化简的同时不断统计剩余结点个数，当个数等于或刚刚大于 31 时，结束化简，并记录下此时的 d_A 值，作为化简阈值的最大值 End_thd1。这样就确定了 1∶10 万数据中道路 A 的化简阈值范围(0，End_thd1)。同理，对于 1∶2.5 万的数据的一条道路 B，由于比例尺相对较大，为了较准确地确定 d_B 的范围，减少冗余判断，从而提高化简效率，这里需要利用两次开方根规律：第一次初始化 d_B= 0.0，获取化简到 1∶10 万的 d_B 值作为化简阈值范围的起始值 Start_thd2，第二次初始化 d_B= Start_thd2，获取化简到 1∶25 万的 d_B 值作为化简阈值范围的终止值 End_thd2，从而得到道路 B 的化简阈值范围(Start_thd2，End_thd2)。采用此方法在一定程度上简化了化简的复杂度，避免了化简的主观性，也增强了化简过程的自动化程度。表 6.1 和表 6.2 分别以 1∶10 万和 1∶2.5 万的道路网为例，列举出部分道路通过上述方法得到的化简阈值范围。

表 6.1　1∶10 万道路化简阈值范围(部分)

道路 ID	原结点数	应保留结点数(化简至 1∶2.5 万)	对应化简参数	化简阈值范围
13	17	10	17.4	(0, 17.4)
14	10	6	6.1	(0, 6.1)
17	23	14	26.3	(0, 26.3)
18	10	6	23.3	(0, 23.3)
28	26	16	5.2	(0, 5.2)
32	29	18	4.6	(0, 4.6)
133	37	23	10.3	(0, 10.3)
143	56	35	3.8	(0, 3.8)
174	29	18	13.7	(0, 13.7)
175	41	25	15.9	(0, 15.9)

表 6.2　1∶2.5 万道路化简阈值范围(部分)

道路 ID	原结点数	应保留结点数(化简至 1∶10 万)	对应化简参数	应保留结点数(化简至 1∶2.5 万)	对应化简参数	化简阈值范围
7	27	13	12.0	8	26.6	(12.0, 26.6)
10	11	5	2.7	3	8.6	(2.7, 8.6)

续表

道路 ID	原结点数	应保留结点数（化简至 1∶10 万）	对应化简参数	应保留结点数（化简至 1∶2.5 万）	对应化简参数	化简阈值范围
11	24	12	6.0	7	18.1	(6.0, 18.1)
18	31	15	3.5	9	9.1	(3.5, 9.1)
23	17	8	2.7	5	8.6	(2.7, 8.6)
30	24	12	5.2	7	9.0	(5.2, 9.0)
53	49	24	6.1	15	15.8	(6.1, 15.8)
130	36	18	6.4	11	16.9	(6.4, 16.9)
333	31	15	11.3	9	15.7	(11.3, 15.7)
244	62	31	3.2	19	9.4	(3.2, 9.4)

观察图表数据，做以下分析：

(1) 首先进行纵向比较。可以发现：对于同一尺度下每一条不同的道路，虽然化简比例系数 K 相同，但其化简阈值范围的跨度却各不相同，且差异较大；更值得一提的是，即使对于原结点数相同的两条道路，其化简阈值范围在数值的大小、跨度等方面，都存在显著的差别。如表 6.1 中 ID=14 和 ID=18 的道路，结点数均为 10 个，化简后剩余结点均为 6 个，而 ID=14 道路化简阈值为 6.1，而 ID=18 道路化简阈值却达到 23.3。表 6.2 中的 ID=18 和 ID=333 的道路数据也出现这样的现象。

(2) 其次展开横向比较。由于上述两表格统计的是不同比例尺的数据，其化简比例固然不同，但由于对 1∶2.5 万数据进行化简统计时，先将其化简到 1∶10 万比例尺下，再化简至 1∶25 万比例尺下，这里仅比较化简阈值范围的跨度，从表面来看两类数据也很难找到相似的痕迹。

上述分析说明了同尺度下、不同尺度下的不同道路之间化简阈值的无关联性、无规律性，这一方面是由于道路结构本身的复杂多样造成的，同时也受到数据来源的多样性以及制图综合存在较多主观因素等的影响。可见对整个道路网统一阈值进行化简不够合理，这就更强调了对每条道路单独进行化简的科学性、客观性和必要性。

2. 动态化简流程

对取自不同数据源、不同比例尺的两条待匹配的同名道路 A（较小比例尺）和 B（较大比例尺），确定各自的化简阈值 d_A、d_B 范围分别为（0，End_thd1）和（Start_thd2，End_thd2），利用 D-P 算法对两者分别进行动态化简，在化简过程中采用已有的匹配算法，计算其匹配相似度，当相似度值达到最高时，记录此时各自的化简参数，构成这对同名道路匹配的最优化简阈值。动态化简算法的流程如图 6.4 所示，其中 step 为化简阈值变化步长；Sim 为最高匹配相似度，TempSim 记录化简过程中 A 和 B 的相似度值。

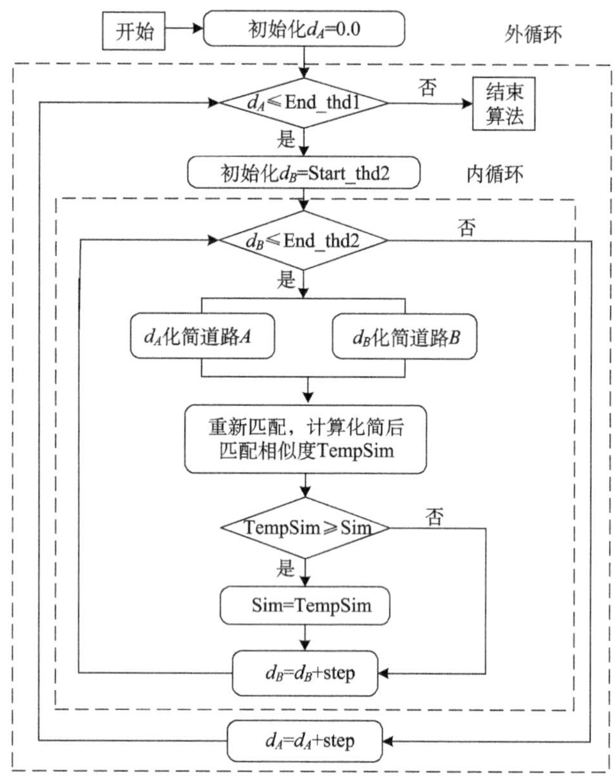

图 6.4　动态化简算法流程

在具体操作的过程中，算法实现的步骤如下：

步骤一，首先初始化各变量的值，d_A= 0.0，d_B= Start_thd2，Sim= 0.0，TempSim= 0.0，并设置步长 step= 1.0；

步骤二，固定道路 A 的化简阈值 d_A，化简后得到道路 A'；

步骤三，道路 B 的化简阈值 d_B 在(Start_thd2，End_thd2)内以步长 step 变化，循环对 B 进行化简，每次化简都将得到的道路 B'与 A'用已有匹配方法计算要素当前匹配相似度 TempSim，并通过比较替换找到该组化简过程中的 TempSim 的最大值赋值给 Sim；

步骤四，d_A=d_A+step。如果 d_A≤End_Thd1，重复操作步骤二和步骤三，否则结束整个动态化简循环；

步骤五，循环结束后，输出此时的 Sim 值以及对应的化简阈值(d_A, d_B)，至此就实现了以最高匹配相似度为目的的最优化简。

3. 动态化简对匹配相似度的影响

由于不同的匹配方法采用的匹配指标各异，得到的同名要素匹配相似度值也必然各不相同，但从理论上讲，动态化简方法对提升每种匹配算法的匹配正确率都是有积极作用的。本节首先以经典的缓冲区匹配方法为例，来分析和验证动态化简方法对提升其匹配正确率的影响。

采用缓冲区算法的原理为：对源数据建立缓冲区，计算目标数据落入该缓冲区内的长度与自身总长度之比，得到的数值作为两要素的匹配相似度。如表 6.3，道路 A、道路 B 为随机选取的已知同名道路数据，根据前述方法得到其最优化简阈值，并比较了化简前后的缓冲区匹配相似度。

表 6.3　最优化简阈值化简前后匹配相似度对比

同名要素 ID（A～B）	最优化简阈值（d_A, d_B）	化简前相似度	化简后相似度
126～341	(19.6, 31.8)	0.791	0.927
38～73	(12.6, 48.1)	0.692	0.808
147～280	(0.0, 52.4)	0.810	0.870
159～933	(8.4, 19.8)	0.797	0.876
55～129	(6.3, 31.3)	0.836	0.894
109～791	(4.2, 20.8)	0.782	0.833
203～936	(16.8, 26.1)	0.863	0.992
209～336	(14.7, 21.9)	0.669	0.856
28～175	(23.1, 65.3)	0.704	0.953
70～113	(10.5, 20.1)	0.791	0.890

取表中一对同名道路(28～175)做具体分析，如图 6.5 所示：图 6.5(a)为未进行任何处理的原始数据，图 6.5(b)为经最优化简阈值化简后的数据。

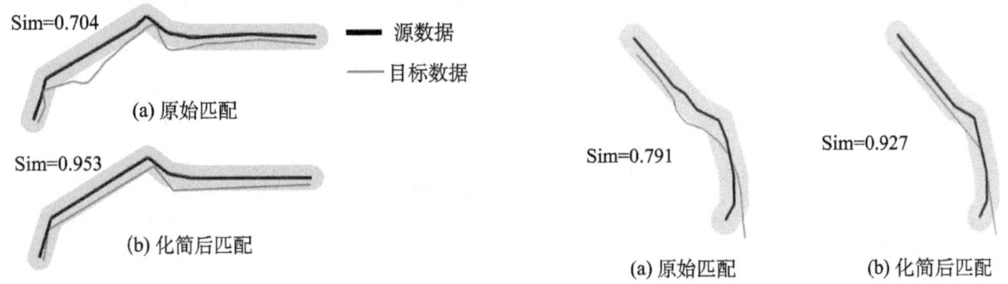

图 6.5　最优化简阈值化简前后缓冲区匹配 1

图 6.6　最优化简阈值化简前后缓冲区匹配 2

由图示可直观地看出化简后的数据提取出了道路的主要形态，并使得匹配双方的整体相似程度明显提升。匹配时，对源数据做缓冲区，计算化简前后目标数据落入缓冲区内的长度比率。图 6.5(a)为原始匹配，目标道路长度 L=1392.043，落入缓冲区内长度 L_InBuffer=980.165，匹配相似度 Sim=0.704；图 6.5(b)为化简后的匹配状态，此时目标道路长度 L'=1360.507，落入缓冲区内长度 L_InBuffer′=1296.577，匹配相似度 Sim=0.953。

再如，图 6.6 以表中同名要素(126～341)为例，图 6.6(a)中原始匹配中目标道路长

度 L=753.603，落入缓冲区内长度 L_InBuffer=595.712，匹配相似度 Sim=0.791；图 6.6(b)为化简后线要素，此时目标道路长度 L'=737.601，落入缓冲区内长度 L_InBuffer′=683.573，匹配相似度 Sim=0.927。

目前大多数匹配算法的匹配结果受匹配相似度阈值的影响，若阈值选取过大，会导致有些应该匹配成功的目标找不到匹配实体；若选取的匹配阈值过小，则会使误匹配的可能性增大，而通过以上分析，发现化简能够显著提高匹配双方的整体相似度，通过化简处理，对进一步提升已有匹配算法的匹配正确率具有积极意义。

6.1.3　匹配策略

1. 匹配实施流程

在先化简后匹配的过程中，匹配双方的相似度是动态变化的，由于加入化简方法的目的在于提高匹配结果的正确率，而当双方的相似度满足设定的匹配阈值条件时，就可被判定为相互匹配，因此，在算法实现的流程中对化简和匹配的过程实施以下优化方法：①已有匹配方法能够完成匹配的数据，不再做化简处理，即只针对原始匹配算法无法匹配成功的数据进行动态化简；②为最大限度地提高匹配效率，动态化简过程中，当发现 Sim 值大于匹配阈值 ε 时，立即中断化简过程，随后匹配过程结束(注：即此时化简参数不再要求必须是最优化简阈值)。

匹配方法的整体流程如图 6.7 所示，对于源数据的每一条道路 A：①建立缓冲区 pBuffer，遍历目标数据的每一条道路，将落入缓冲区的道路加入候选匹配集合 CandidateLines；②遍历 CandidateLines 中的每一条道路，利用已有的匹配方法计算其与 A 的相似程度，若符合匹配阈值的要求，则建立匹配关联；否则对匹配双方利用动态化简方法重新匹配。

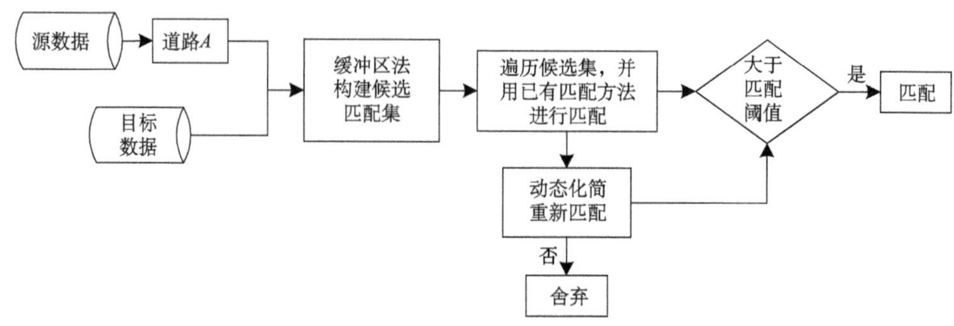

图 6.7　动态化简与匹配整体流程

2. 误匹配避免策略

化简的主要目的是删除局部细节、保留整体形态。同名线要素的来源不同，采集方法不同，比例尺也可能不同，其匹配双方的细节形态也会存在较大差异，直接匹配会带来较大困难。采用化简方法，对匹配双方各自进行动态化简，找到匹配双方的最相似化简形态，然后再进行匹配，无疑能较大地提高匹配的正确率，整体来说，这在理论上是正确的。

当然，动态化简过程中，也可能存在少量的不确定因素而造成误匹配。误匹配的发生一方面主要是由于化简算法的阈值设置不当造成的，另一方面是匹配算法自身采用的指标约束不全面造成的。因此可从以下三方面最大限度地避免误匹配。

(1) 设置极限比例尺的目的是限制化简的比例，即化简的最大强度，在实验过程中，采取动态设置极限比例尺的方式，即初始设置一个较大值，若此时出现误匹配，则将比例尺再增大；若没有出现误匹配，将初始值减小。以此类推，统计最优匹配结果，将此时的比例尺作为极限比例尺的合适值。

(2) 设置较高的匹配阈值。由于匹配算法约束不够全面造成的误匹配，在不改进算法的前提下，通过提高匹配标准的方式，来尽可能地增强匹配的确定性，从而进一步减少误匹配发生的概率。

(3) 为避免线要素被化简成一条直线的极端情形，在动态化简的过程中强制加入一个约束条件——线要素化简时不仅要保留首末端点，还需搜索到距离首末端点距离最远的点，作为化简后必须保留的特征点。

6.1.4　实验及对比分析

动态化简实质上是一种辅助匹配的方法，在理论上对各类匹配算法具有普遍适用性，本小节以常用的缓冲区法和转角函数法为例进行验证。

1. 缓冲区匹配对比实验

首先采用经典的缓冲区匹配算法验证动态化简与匹配模型的有效性。这里选取某地区 1∶10 万和 1∶2.5 万的不同尺度道路网数据为匹配对象(图 6.8)，其中 1∶10 万源数据共有 209 条道路弧段，1∶2.5 万目标数据共 945 条道路弧段。从中看出，不同尺度的道路网数据在细节层次表达上差异较大，直接匹配可能效果较差。为了进行对比，实验先采取原始缓冲区法进行匹配；再于缓冲区匹配算法中加入动态化简算法，通过提取要素主要特征进行匹配，最后比较两种匹配过程得出的结果。

通过对原始线要素构建缓冲区，依据目标数据落入缓冲区内的长度比率来判断是否匹配。在原始缓冲区法匹配的过程中，缓冲区匹配结果很大程度上依赖于缓冲区的范围大小，缓冲区半径目前主要考虑数据的精度等因素进行设置。匹配比例尺分别为 1∶10 万和 1∶2.5 万的道路网数据，其误差要求分别为±50m 和±12.5m，由于本实验以 1∶10 万道路为参考数据，因此取其大者即 50m 并在该值左右动态地设置缓冲区半径值，经多次设定缓冲区半径及匹配阈值进行实验结果对比，发现当缓冲区半径设置为 50m、匹配相似度阈值设为0.8时，可以避免过度匹配，又最大限度地减少了漏匹配，匹配效果达到最佳。因此，在加入动态化简方法进行匹配时，也选用上述同样的参数设置，以便于比较。

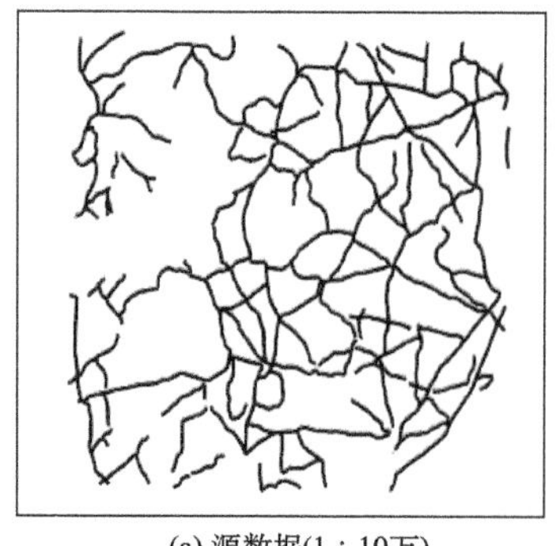
(a) 源数据(1∶10万)

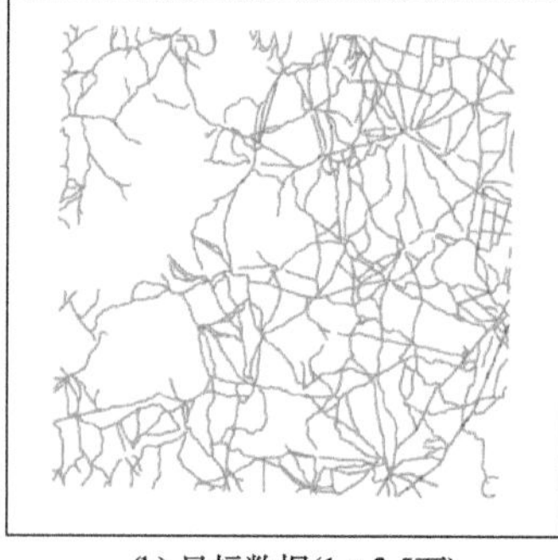
(b) 目标数据(1∶2.5万)

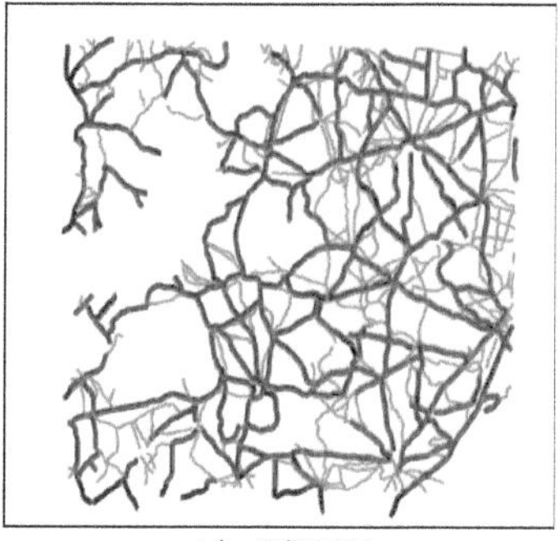
(c) 叠加显示

图6.8 不同尺度道路网实验数据

本节主要针对提高变化要素匹配正确率的问题展开研究，新增要素和删除要素的匹配较为简单(无匹配对象)，对此不再展开阐述。因此文中对新增要素和删除要素进行了过滤处理，只显示变化要素的匹配结果。

如图6.9为原始缓冲区匹配结果(包括局部匹配)，图6.10为采用本方法后新成功匹配的道路，它是指直接采用缓冲区法无法成功匹配、而采用动态化简方法辅助后匹配成功的变化要素，将其中红色圈出的新成功匹配要素①②③④在图6.11中进行放大显示，并对化简前缓冲区匹配相似度较低无法匹配、而化简后匹配成功的情况进行了对比。

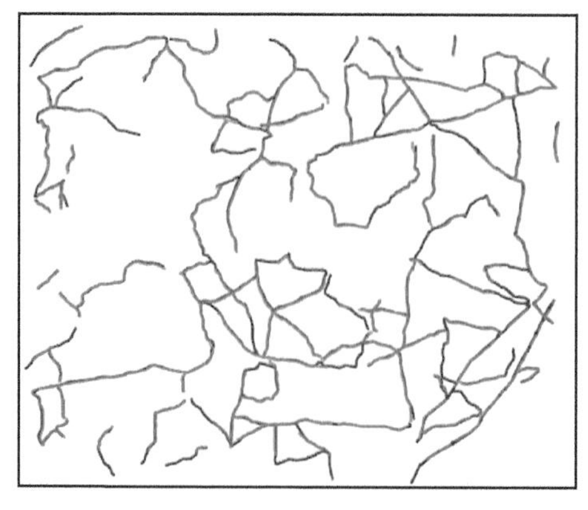
图6.9 原始缓冲区匹配法匹配结果

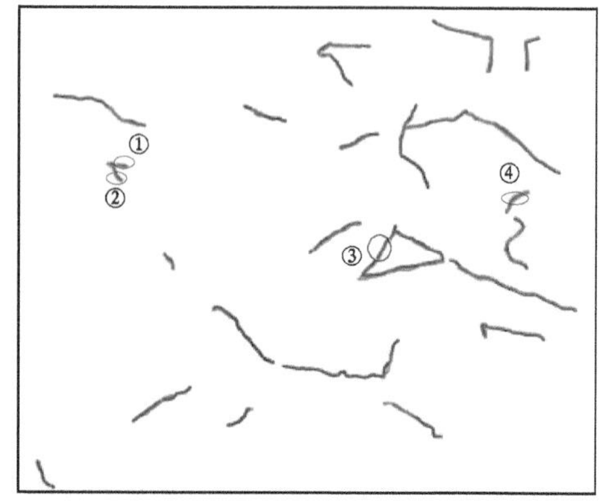

图6.10 缓冲区法加入动态化简后新成功匹配要素
①②③④为新成功匹配要素

2. 缓冲区匹配结果统计分析

由于匹配双方为不同尺度数据，匹配结果比较复杂，存在大量一对多(1∶N)情况，为方便对匹配结果进行统计，以 1∶10 万源数据为参考数据，已知该数据中有 11 条道路无匹配对象，则其中参与匹配的道路为 209–11=198 条，将匹配结果分为匹配道路和未匹配道路，匹配道路中，又将正确并完整找到匹配对象的情形归为正确匹配，而 1∶N 匹配中只完成道路部分匹配的称为局部匹配。

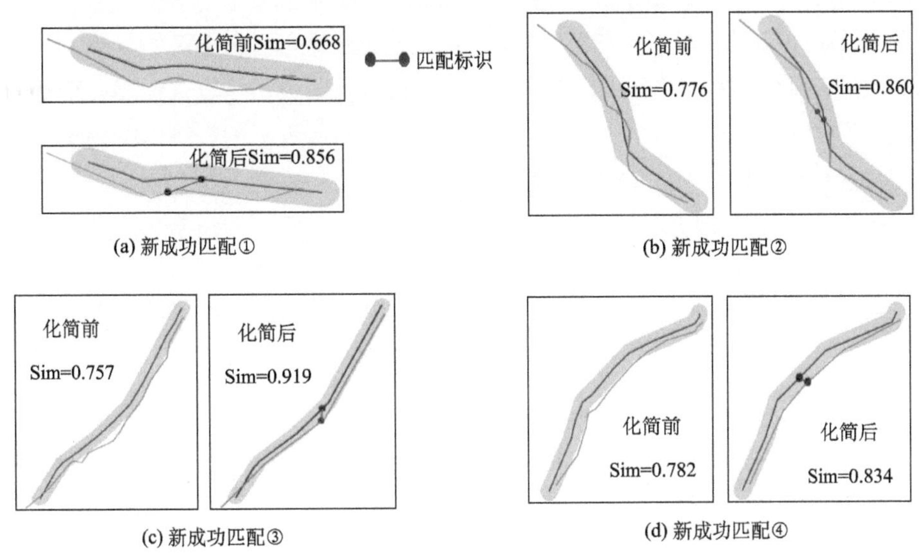

(a) 新成功匹配①　(b) 新成功匹配②　(c) 新成功匹配③　(d) 新成功匹配④

图 6.11　缓冲区法新成功匹配道路化简前后匹配情况对比(部分)

①②③④分别对应图 6.10 中的①②③④

表 6.4 为化简前后匹配结果统计，数据表明，仅使用缓冲区法，其中 143 条道路可以完成正确匹配，匹配正确率为 72.2%(143/198)；当加入动态化简方法后，正确匹配道路数量增加至 172 条，匹配正确率为 86.8%(172/198)，匹配正确率提高了 14.6%。

表 6.4　缓冲区匹配结果对比统计

匹配方法	参与匹配	匹配道路		未匹配道路	匹配正确率/%
		正确匹配	局部匹配		
缓冲区法	198	143	38	17	72.2
本方法	198	172	22	4	86.8

注：step=1.0，$\boldsymbol{S}_{\text{limit}}$=1∶25 万

对数据做进一步的分析：①未匹配道路由 17 条减少到 4 条，即新增 13 条 1∶1 匹配的道路，说明本方法能够提高匹配双方的整体相似度；②局部匹配减少了 16 条，说明本方法减弱了局部细节层次对缓冲区匹配的影响，弥补了漏匹配，使得一些只完成部分匹配的道路最终实现完全匹配。

3. 转角函数法匹配对比实验

无论是线要素还是面要素，都是用众多结点和弧段来描述的，转角函数实质上是将组成面或线的众多弧段通过其结点处的方位角，表达在直角坐标系中来，由于显示在坐标系的图形类似于正切函数图像，故该方法也被称为正切空间形状描述法(付仲良等，2010)。本节借鉴该方法用于线要素的匹配，并在其中加入动态化简方法进行匹配结果对比。

由于不同尺度数据匹配中 1∶N 匹配较多，而转角函数法是顾及线要素整体形态的匹配方法，并不适用于这类数据，因此，这里选取了河南省不同来源的 1∶25 万同尺度道路网为实验数据(如图 6.12 所示)，直观上来看，两个待匹配数据虽然一一对应，但由于数据来源不同，在局部形态上也存在差异。实验先采取原始转角函数法进行匹配，再加入动态化简算法重新匹配，对比匹配正确率发生的变化。

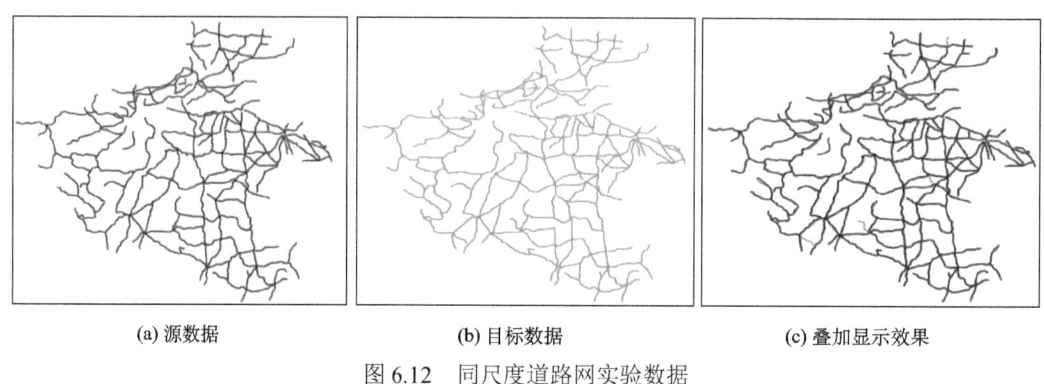

(a) 源数据　　　(b) 目标数据　　　(c) 叠加显示效果

图 6.12　同尺度道路网实验数据

如图 6.13 为原始转角法匹配结果，匹配阈值设为 0.9，图 6.14 为采用动态化简后新成功匹配的道路，将其中红色圈出的新成功匹配要素①②③④在图 6.15 中进行放大显示，并对转角法化简前匹配相似度较低无法匹配、化简后成功匹配的情况进行了对比。

图 6.13　原始转角法匹配结果

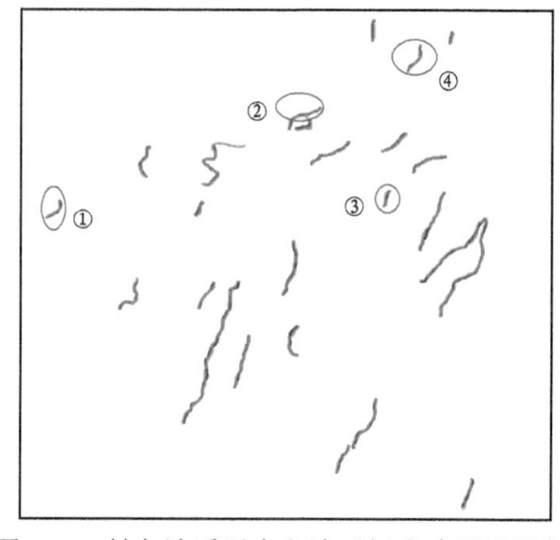

图 6.14　转角法采用本方法后新成功匹配要素

①②③④为新成功匹配要素

4. 转角函数法匹配结果统计分析

分析表 6.5，转角函数法原始匹配正确率为 72.6%(164/226)，采用本方法后正确率为 86.3%(195/226)，提高了 12.5%，说明化简方法降低了局部形态差异产生的噪声，从而减少了转角函数描述线要素的不确定性，改善了道路网匹配结果。

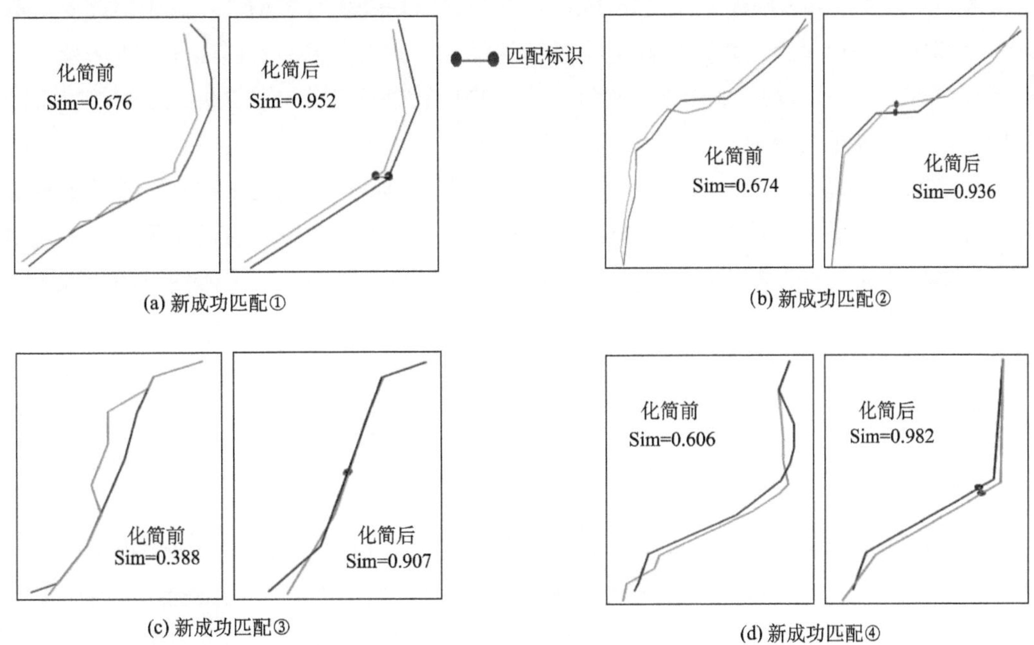

图 6.15　转角法新成功匹配道路化简前后匹配情况对比(部分)

①②③④分别对应图 6.14 中的①②③④

表 6.5　转角函数匹配结果对比统计

匹配方法	参与匹配	正确匹配	未匹配	匹配正确率/%
转角函数法	226	164	62	72.6
本方法	226	195	31	86.3

注：step=1.0，$\boldsymbol{S}_{\text{limit}}$=1∶50 万

5. 匹配效率分析

由于本方法是在原有匹配算法的基础上，加入动态化简算法对已有匹配算法未成功匹配的数据重新进行匹配，因此匹配效率降低是必然的结果。表 6.6 统计了上述两个实验中化简前后匹配时间的变化。

表 6.6 匹配时间统计 （单位：s）

匹配算法	原始	动态化简后
缓冲区法	82	108.7
转角函数法	41	43.9

表 6.6 说明，经动态化简动态匹配后，匹配算法耗时均有所增加，其中缓冲区法的耗时增幅较大，这是因为构建缓冲区本身较为耗时，而动态化简与匹配过程中需要多次构建缓冲区，导致匹配速度降低。转角函数法的匹配时间仅增加了 2.9s，在可接受范围之内，是能够满足实用的。

如果匹配结果不正确，或者正确率不高，达不到用户使用的要求，则无论匹配算法开发过程多么先进，方法多么科学，都将会付之东流。用户在实际应用中最注重的是结果，而结果也是评价匹配方法使用价值的最根本出发点。因此，在迫不得已的情况下，可以牺牲匹配的时间效率为代价，来换取匹配结果的正确性。比如在匹配过程中融入动态化简方法，辅助线要素的匹配，与直接匹配相比，虽然过程略为耗时，但保证了更高的匹配正确率。

6.1.5 小结

本节提出的动态化简与匹配模型为进一步提高多源线要素匹配的正确率提供了一个有效途径。在已有线要素匹配方法的基础上，提出采用动态化简方法来辅助已有匹配方法，达到提高匹配正确率的目的。采用缓冲区法和转角函数法、选用同尺度和不同尺度道路网进行实验，验证了该模型的科学性和正确性。动态化简与匹配研究有以下 3 个特点。

(1) 结合制图综合中的开方根规律辅助确定线要素化简阈值范围，一定程度上约束了化简的“度”，从而避免了化简的盲目性。

(2) 在化简阈值范围内，对每个线要素单独进行动态化简，自动寻找使得匹配双方相似程度最高的化简参数及最相似化简形态，并据此提高了结果的可靠性和准确率。

(3) 通过动态化简对线要素的主要形态信息进行匹配，有效降低已有匹配算法对线要素局部细节的敏感性，对同尺度和不同尺度的矢量数据匹配都是适用的。

本节内容奠定了本章后续研究内容的基础。

6.2 不同化简算法辅助匹配的效果评估

化简算法可以删除线要素的局部细节，提取其主要形态，降低局部噪声对已有匹配算法的影响，从而有助于匹配算法提升匹配正确率。在利用 D-P 算法验证了动态化简对匹配算法产生了有利影响之后，我们试想将不同的化简算法引入到匹配中，以验证动态化简与匹配模型对化简算法的普遍适用性。与此同时，由于不同化简算法的化简效果存在差异，使得它们辅助已有匹配算法提升其匹配正确率的效果也应当存在差异。本章即以上述匹配效果的差异性为切入点，通过对比实验来实现对不同化简方法的性能评估。

6.2.1　研究思路

线要素化简属于制图综合的内容，研究成果已经很丰富，对于化简算法评估这方面也有一些比较成熟的研究，如武芳等(2008)分析化简算法对线要素精度的影响，提出了线的曲折度、位置误差等一系列几何精度评估指标对化简算法进行评估；王光霞等(2005)建立了线要素化简算法评价的分形指标，并基于分形理论对 DEM 进行了评估；邓敏等(2013)从信息传递这一角度出发，将线要素化简过程中保留的信息量划分出不同层次，利用信息量的变化对化简算法进行评估，弥补了当前评价化简算法偏向以化简前后位置偏移为主导这一研究现状的不足。这些方法大大促进了化简算法评估研究的进展，但是上述方法主要从化简结果本身进行评估，而从化简的应用效果方面进行整体评估的研究较少。寻找新的对化简算法性能进行评估的方法，成为正确运用其来提高匹配正确率的重要研究内容。实际上，应用效果的好坏最能直接评估化简算法的性能。本节将线要素化简算法与线要素匹配算法相结合，通过线要素化简对匹配结果产生的影响，从匹配的角度对化简算法进行评估。

如图 6.16 为本节研究思路，具体内容如下：

(1)固定一种匹配算法，固定同一实验数据不变，化简算法改变，即采用多种化简算法，利用 6.1 节中提出的动态化简与匹配模型对匹配算法进行辅助，完成匹配实验；

(2)根据加入各个不同的化简算法后匹配正确率提升的不同程度，分析产生不同的原因，从匹配的角度对化简算法的性能进行比较和评估，从而为不同化简算法在匹配中的合理应用提供参考依据。

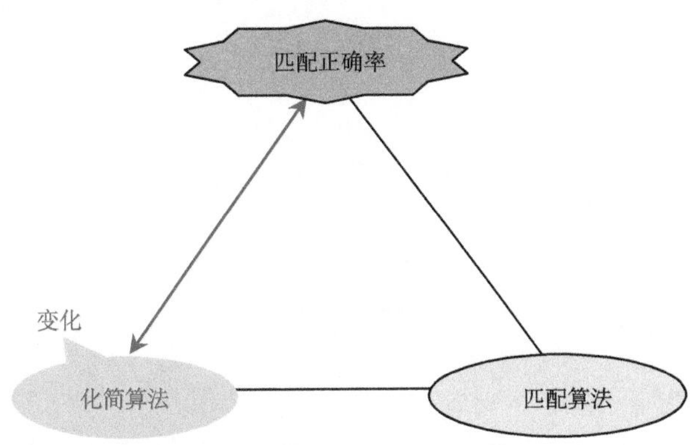

图 6.16　化简算法评估的研究思路

6.2.2　实验说明

本节实验选取了三种化简方法，分别为：D-P 算法、垂距法和 Li-Openshaw 法，且采用的匹配数据源为同比例尺数据。为便于实验过程和实验结果分析的清晰表达，特做以下说明。

说明 1：本章对比实验中选择的为同比例尺的多源道路网数据，不存在较大比例尺(S_{large})、较小比例尺(S_{small})的问题，因此化简时采用化简模式 1［式(6.3)］即可，此时则可以将开方根规律直接改写为

$$N_{\min} = N_{\text{original}}\sqrt{S_{\text{original}} / S_{\text{limit}}} \tag{6.6}$$

其中，$N_{original}$ 为原线要素结点数；N_{min} 为化简后保留的最少结点数；$S_{original}$ 为原比例尺分母，S_{limit} 为极限比例尺分母，则化简比例系数重写为

$$K = \sqrt{S_{\text{original}} / S_{\text{limit}}} \tag{6.7}$$

根据定义，$K\in(0,1]$，化简范围越大，K 越小；反之亦然。动态化简中以化简比例系数 K 为参数控制化简的最大强度，即具体操作时便可以直接调整 K 的值来调节化简范围。

说明 2：采用 Li-Openshaw 算法实验时，与另外两种抽稀类的化简算法有所不同，该算法属于对线要素重采样式的化简，其目标特征点不一定是原始线要素上的点，而是会产生新的结点，因此不再适合利用上节中的方法确定化简范围。由于其本身以 F_c 为化简参数，而化简是动态进行的，因此化简的目标比例尺也是动态变化的，此时需要把它转化为以 K 来控制化简范围的过程，根据上述化简比例系数 K 的定义，再结合 Li-Openshaw 算法中目标比例尺最小可视目标(SVO)实地距离 F_c 的求解公式：

$$F_c = S_t \cdot D \cdot \left(1 - \frac{S_f}{S_t}\right) \tag{6.8}$$

$$S_f / S_t = K^2 \tag{6.9}$$

可得化简的目标比例尺：

$$S_t = S_f / K^2 \tag{6.10}$$

则式(6.9)可以改写为

$$F_c = \frac{S_f}{K^2} \cdot D \cdot (1 - K^2) \tag{6.11}$$

这样 Li-Openshaw 法的化简范围就可以和其他两种化简方法一样，转化成以 K 来约束了。此实验设置 K 的取值范围为[0.5,1]，Li-Openshaw 法化简时变化步长设置为 0.02，为便于比较，最大限度地保持实验条件的一致性，D-P 算法和垂距法则在算法中将计算得到的化简范围平均分成 25 份，例如，若计算得到的化简范围为(0, 25)，则把化简参数变化步长 step 设置为 1.0。

6.2.3　不同化简算法辅助下的匹配实验

图 6.17 是研究采用的实验数据，为某地不同来源、同尺度的道路数据叠加显示，数据比例尺为 1∶25 万。图中直观显示，源数据和目标数据在局部形态上存在明显的差别。选用缓冲区匹配方法进行实验，具体过程为：对源数据构建缓冲区，将目标数据落入缓冲区内的长度与自身长度的比值，作为匹配双方的缓冲区匹配相似度，若大于匹配阈值，则建立匹配关系。

缓冲区匹配中一个重要的步骤是缓冲区半径的设置，一般根据数据特点，在一定范围内动态设置缓冲区半径，搜索、计算并获取最优的缓冲区半径值；同时，为保证匹配效果最好，匹配阈值的设定也需不断调整。经多次实验，半径设为 250m，匹配阈值设置为 0.85 时，此时匹配正确率较高，同时可较好地避免误匹配。图 6.18 为不采用化简方法时缓冲区匹配的原始匹配结果，一些局部差异较大的数据没有匹配成功。为使结果表达清晰，匹配结果仅显示匹配成功的数据。

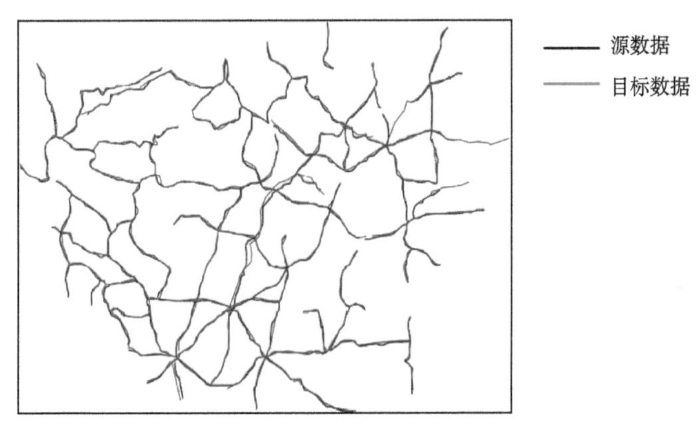

图 6.17　匹配实验数据

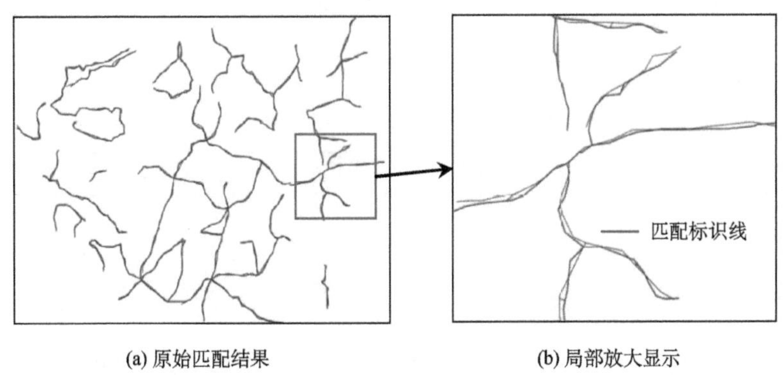

图 6.18　Buffer 法原始匹配结果

选择与原始匹配同样的缓冲区半径和匹配阈值等参数，加入 6.2.2 节提及的三种化简算法分别进行动态化简，其中化简的极限比例尺均设为 1∶100 万，即化简比例系数 K

的取值范围为[0.5,1]，得到的匹配结果如图 6.19 所示，与图 6.18 对比，发现每种化简方法化简后，匹配道路数量均有明显增加。图 6.20 提取了图 6.18 与图 6.19 的差集，即加入各个化简算法后，新成功匹配的同名道路要素。

匹配结果统计如表 6.7 所示。道路网原始匹配正确率为 71.8%，加入不同化简算法后，正确率均有所提升，证明本方法的有效性以及对化简方法具有普适性。其中 D-P 法化简的正确率提升最多，达到 14.5%；其次是 Li-Openshaw 法，提升 12.8%；采用垂距法化简后匹配正确率提升幅度较低，仅为 7.7%。

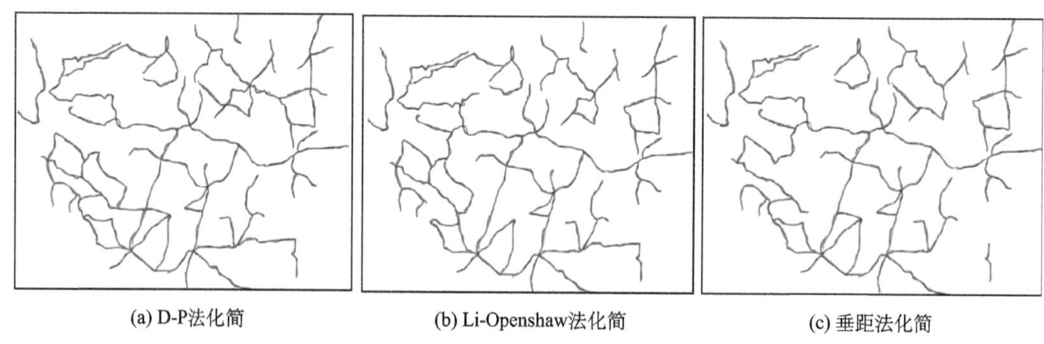

(a) D-P法化简　(b) Li-Openshaw法化简　(c) 垂距法化简

图 6.19　加入不同化简算法后的匹配结果

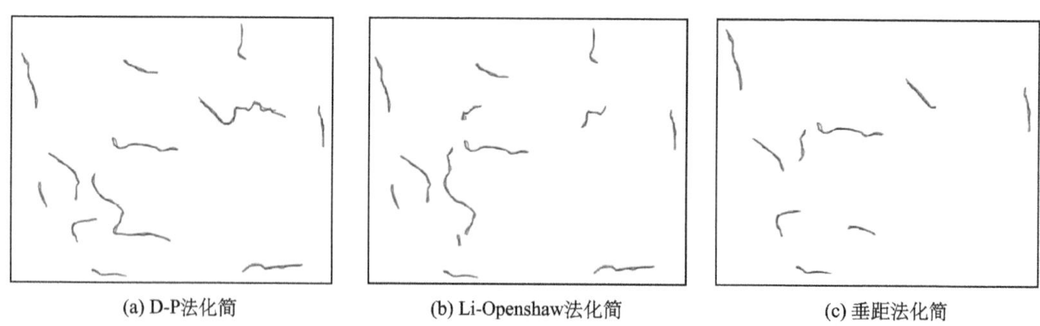

(a) D-P法化简　(b) Li-Openshaw法化简　(c) 垂距法化简

图 6.20　加入不同化简算法后新成功匹配同名实体

表 6.7　匹配正确率统计与对比

化简方法	道路总数	正确匹配	新成功匹配	匹配正确率/%	正确率提升/%
未化简	117	84	—	71.8	—
D-P 法		101	17	86.3	14.5
Li-Openshaw 法		99	15	84.6	12.8
垂距法		93	9	79.5	7.7

从道路网的整体匹配效果来看，采用 D-P 法化简后匹配正确率提升幅度最大，说明三种化简方法中 D-P 法化简辅助匹配的作用最大，效果最好，Li-Openshaw 法化简次之，垂距法最弱。

6.2.4　化简算法比较分析

1. 整体形态提取对比

找出三种化简方法化简后均可以匹配的要素，即图 6.20(a)、图 6.20(b)、图 6.20(c) 的交集，将这些要素化简后成功匹配时得到的三种不同化简状态进行对比，可以评价化简算法提取整体形态的性能。以其中的两对同名实体为例，如图 6.21 和图 6.22 所示，图中均为采取各个化简算法得到的同名要素匹配相似度最高的情形。

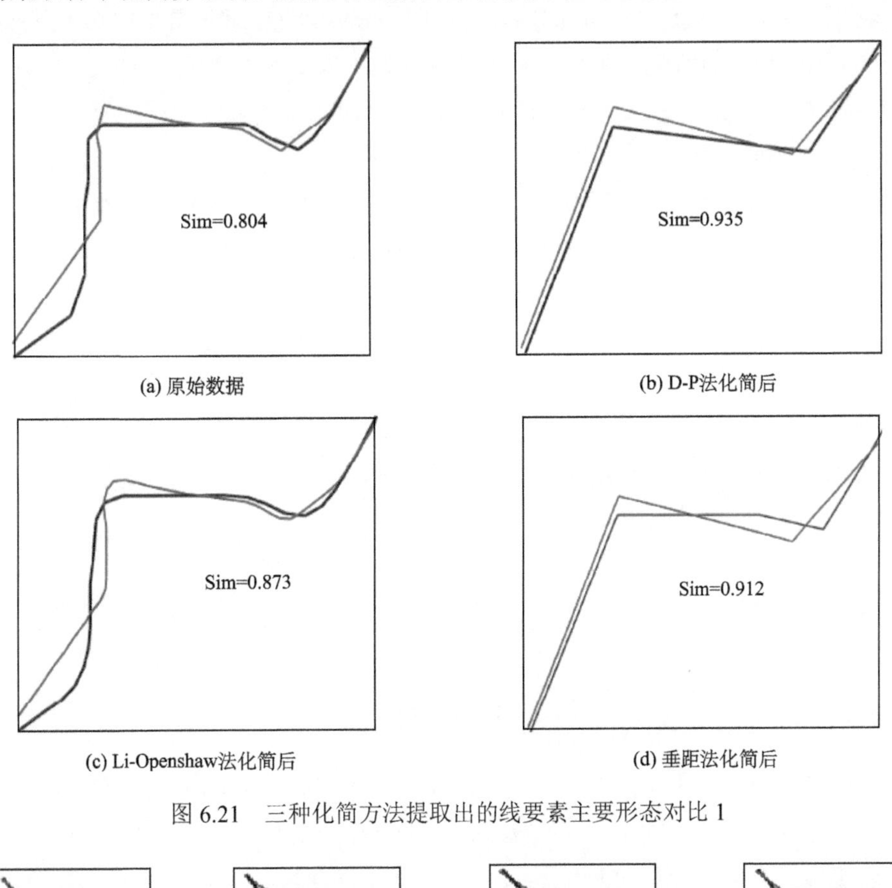

图 6.21　三种化简方法提取出的线要素主要形态对比 1

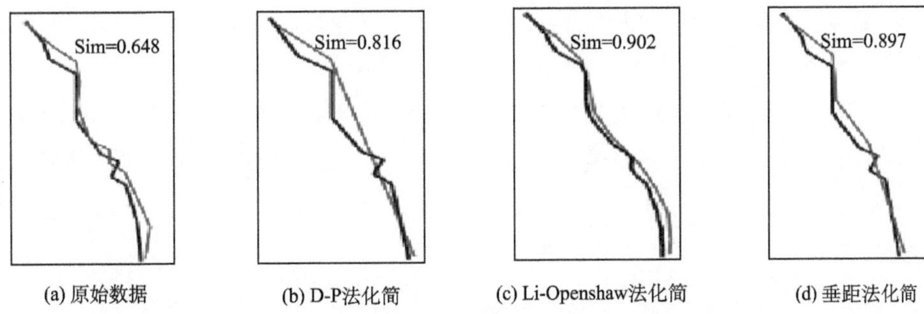

图 6.22　三种化简方法提取出的线要素主要形态对比 2

通过最高匹配相似度 Sim 可以看出，虽然三种化简算法均能使得原来无法匹配的同名线要素经化简后实现匹配，但最终的匹配状态有显著差异。

图 6.21 表明，不论从直观还是 Sim 值的大小来看，D-P 法化简的效果［图 6.21(b)］都是最好的，是一种顾及整体与全局的化简算法；垂距法化简结果与 D-P 算法类似，但由于它是局部化简算法，对线要素的整体形态保持能力有所减弱；Li-Openshaw 法化简相当于对线要素起了平滑作用，使比较“尖锐”的局部细节变得平缓，削弱了这种情况对多源数据匹配的干扰，提高了匹配相似度，但由于该化简过程中产生了大量新结点，可能造成匹配相似度值相对不高，如图 6.21(c) 中 Sim=0.873。而在图 6.22 中 Li-Openshaw 法化简的匹配相似度最高，目视匹配效果也最好。观察原始数据：图 6.21(a) 相对图 6.22(a) 局部差异明显，图 6.22(a) 比图 6.21(a) 中的原始线要素细节层次复杂，呈现出的“锯齿状”局部细节较多，但整体差异不大，这种情况下，由于 D-P 算法主要顾及线要素整体形态，可能会出现“一刀切”的化简，过多地删除局部特征，导致局部形态失真反而加大了差异性［图 6.22(b)］；此时 Li-Openshaw 法化简表现出其优势，即在平滑局部细节的同时，也很好地保持了要素的形态特征［图 6.22(c)］。

2. 算法稳定性对比

利用匹配相似度变异系数对化简算法的稳定性进行评价。变异系数是统计学中的概念，它代表了数据的相对变化(波动)程度(KilPelainen，1997)，假设有一数据样本集 $X=\{x_1, x_2,\cdots, x_n\}$，其变异系数 C_v 计算公式为

$$C_v = \frac{1}{\overline{x}}\sqrt{\frac{\sum_{i=1}^{n}(x_i - \overline{x})^2}{n-1}} \times 100\% \tag{6.12}$$

式中，$\overline{x}$ 为数据平均值：$\overline{x} = \frac{1}{n}\sum_{i=1}^{n} x_i$，$n$ 为样本个数。

动态化简过程中，由于匹配双方的形态不断发生变化，其匹配相似度值也不固定，图 6.23 列出了两对同名实体在化简参数动态调整时，匹配相似度随之变化的情况。表 6.8 是以同名实体整个动态化简过程中的匹配相似度值集合为样本集，代入式(6.12)统计得到的变异系数值。

变异系数越大，匹配相似度随化简参数的波动越明显，算法越不稳定。从表 6.8 得出 Li-Openshaw 法化简的变异系数一直较低，表明 Li-Openshaw 法化简时，要素形态的变化较为缓慢，产生变化的可识别程度不高，化简效率较差；但同时由于波动范围较小，可以较好地避免过度化简，减小误匹配的概率。

表 6.8　不同化简算法变异系数对比

同名道路(ID)	变异系数		
	D-P 法	Li-Openshaw 法	垂距法
49-23	0.026	0.003	0.054
44-95	0.092	0.024	0.051
115-99	0.035	0.002	0.02
19-35	0.068	0.02	0.107
75-56	0.066	0.009	0.033
99-64	0.031	0.024	0.055

D-P 法化简和垂距法化简的原理有相似之处，仅从表 6.8 比较变异系数可发现规律性不强，因此图 6.23 和图 6.24 又针对各个化简算法，列举了两组同名实体相似度随各自化简参数变化的散点图。图 6.23(b)和图 6.24(b)点序规整，再次验证了 Li-Openshaw 法化简的稳定性。同时，图中也显示 D-P 法化简和垂距法化简都会出现相似度突变的情形，这是由于线要素各结点对于整体形态的决定作用不同造成的，但是 D-P 法化简后匹配相似度不易发生垂距法图 6.23(c)中所示情形，出现“混乱”。这说明 D-P 法化简相对垂距法更为稳定。

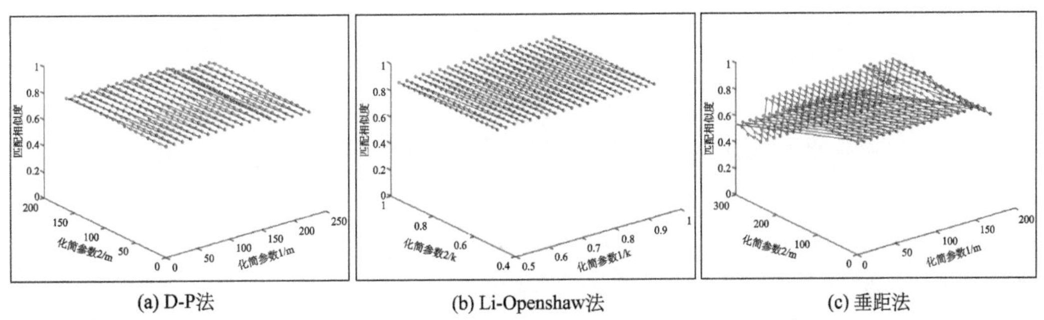

(a) D-P法　(b) Li-Openshaw法　(c) 垂距法

图 6.23　ID 为 49-23 的同名实体匹配相似度随化简参数变化散点图对比

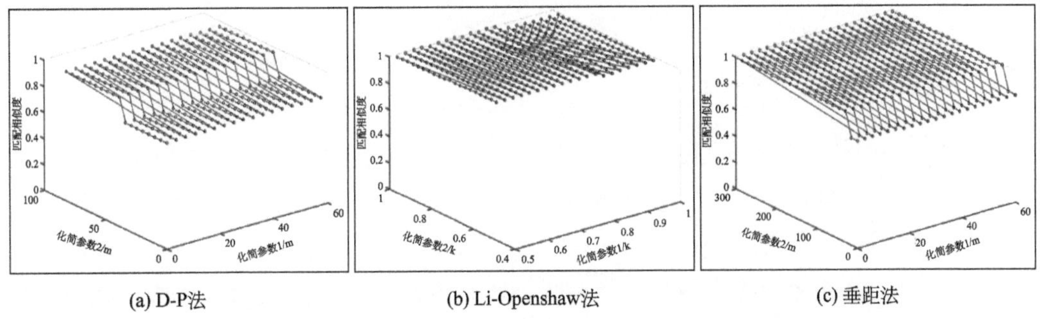

(a) D-P法　(b) Li-Openshaw法　(c) 垂距法

图 6.24　ID 为 44-95 的同名实体匹配相似度随化简参数变化散点图对比

通过上述对比分析，得出以下结论：

(1) 同名线要素局部差异大时，采用 D-P 法化简可有效消除局部差异，保留要素主要形态，提升同名实体整体相似性；

(2) 当匹配双方局部差异小但细节层次较为丰富时，可选择垂距法或 Li-Openshaw 法，但此时 Li-Openshaw 法在保持要素主要形态特征方面具有明显优势；

(3) Li-Openshaw 化简算法的稳定性强，动态化简时造成的同名实体匹配相似度不易发生巨大变化，与匹配方法结合应用时可避免发生误匹配。

6.2.5 小结

由于匹配、化简的过程本身都存在不同程度的复杂性、不确定性，给算法设定一个精确量化的评价指标是不切实际的。算法的正确性、可操作性、科学性程度，主要是指“相对程度”，对于本研究内容来说，即是匹配结果之间“相互比较”的结果。本节采用匹配结果的相对比较方法进行算法对比分析，评价出这一算法相对另一算法而言，在某些方面具有一定的优越性，以及在某些方面存在的不足。本节将不同化简算法引入到匹配过程中，验证了化简算法辅助提高匹配正确率的普适性，进一步增强了动态化简与匹配方法的可行性和实用性。重点探究了不同化简算法对匹配效果的影响，并从化简算法实际应用于匹配的角度，分析化简算法在线要素整体形态提取能力、算法稳定性两方面的特点，从而实现了化简算法性能评估，由此得出的结论可在动态化简与匹配过程中，为具有不同特点的匹配数据选择合适的化简算法提供依据。

6.3 基于动态化简的线要素匹配算法比较与评价

只有对匹配算法进行正确评价，才能正确地使用它们。目前各种匹配算法层出不穷，相当一部分匹配算法针对特定实验数据的匹配效果也达到了比较理想的水准，但是，各种算法都有其优点和缺点，对于不同特点数据的适应程度都不一样，即一种算法可能更擅长对某一特定环境下、满足特定条件的数据进行匹配，研究算法对一些特定环境的适应性，就是对算法的评价，有利于对算法进行正确运用。

6.3.1 问题分析及研究思路

目前对空间数据匹配方面的研究主要集中在如何提高匹配结果的正确率方面，而当空间数据匹配完成后，无论采用何种匹配算法，都难以确保匹配结果完全正确，所以匹配算法评价也是匹配研究必不可少的一部分。目前，针对匹配质量评价也有一些研究，Berri 等(2005)引入了“查全率”和“查准率”对匹配算法的结果进行评价；Zhang 等(2005)在对两个不同比例尺的空间数据库进行匹配时，指出若匹配过程仅以空间目标的位置和形状信息为约束，通常无法完全实现精确完整的匹配，基于这一问题提出“确定度”和“百分比”来评价每对目标匹配的质量。上述研究成果已成为当前匹配质量评价的主流方法和有效途径。然而相对于其他方面的匹配研究而言，匹配算法比较和评价的研究较少，因此有必要对该方面加强研究。同时，经分析发现已有研究大部分只针对匹配结果进行评价，能充分结合匹配算法特点的研究却不多见。实际应用中，采用的匹配相似度指标和匹配数据不同，得到的匹配结果也有差异，尤其对于比例尺较大的数据，其细节层次较多，拓扑关系复杂，会在一定程度上影响匹配算法的性能，此时仅依据匹配结果对匹配算法进行评价，指标过于单一。匹配算法的稳定性以及适应性等这些指标，也是衡量匹配算法的关键因素。因此，有关空间数据匹配算法评价的研究还有待完善。目前所研制的匹配算法各有特点，各具优势，分析和评估已有匹配算法的优缺点，能为更好地选择已有匹配算法提供依据。

本节提出一种基于线要素动态化简的匹配算法评价方法。空间数据来源多样，形态复杂，同名实体相互之间在局部形态上可能差异较大，给匹配算法客观评价也带来了困难。如果采用化简方法，删除线要素局部形态的细节层次，只保留主要形态特征，而后再利用已有匹配算法对化简后的数据重新匹配，则可以减少局部细节对匹配算法的影响，提高对算法评价的客观性。如图 6.25 所示，本节研究主要思路和步骤如下：

(1) 采用同一实验数据，固定同一化简算法不变，选择不同的线要素匹配算法，利用动态化简与匹配模型进行匹配实验；

(2) 根据加入动态化简前后各个匹配算法的不同匹配结果，挖掘出多个角度比较匹配算法性能；

(3) 分析匹配算法优缺点。结合匹配算法自身采用的匹配指标，挖掘匹配算法特点，总结从而实现对不同匹配算法的评价。

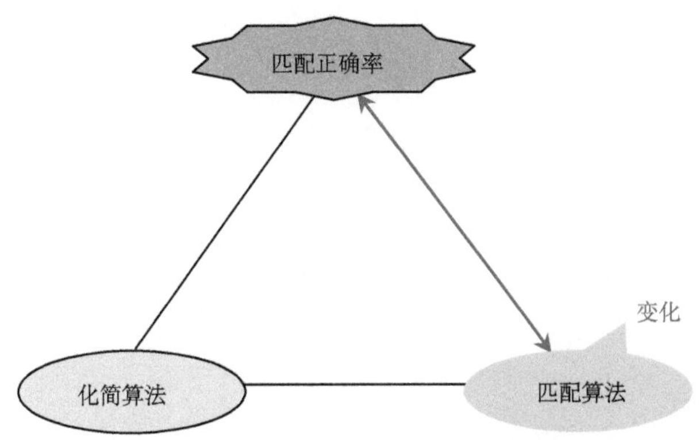

图 6.25　匹配算法评估的研究思路

6.3.2　动态化简与匹配实例

1. 匹配与化简算法选择说明

选择前文中详细介绍的四种具有代表性的线要素匹配算法：缓冲区法、转角函数法、

Hausdorff 距离法和层次分析法，为便于理解本节后续实验分析和比较的内容，在此对各算法做一个简单的回顾。

(1) 缓冲区匹配是空间数据匹配的经典算法。线要素缓冲区匹配有两种方法，方法 1 可通过对匹配双方均构建缓冲区，计算缓冲区面积重叠率作为匹配评价的标准；方法 2 是通过对源数据构建缓冲区，依据目标数据落入缓冲区内的长度比率来判断是否匹配。本节采用方法 2。

(2) 转角函数法是形态描述法匹配中具有代表性的算法，实质上是将组成线要素的各线段归一距离及其结点处的方位角，表达在直角坐标系中来，根据图形与坐标轴围成面积的差异来判断对应的线要素是否匹配。

(3) Hausdorff 距离匹配是利用 Hausdorff 距离可以衡量线要素间整体距离的特性，通过计算 Hausdorff 距离 HD 的大小，判断其是否满足距离阈值，从而实现匹配的一种距离匹配方法。

(4) 层次分析法是一种整体匹配方法，综合多种匹配相似度指标，借鉴层次分析法中决策思维方式，实现对各相似度指标自动分配权值，最终利用各指标融合后的整体相似度来完成匹配。

引入化简的作用在于减少要素复杂度，提取线要素的整体形态，这是化简算法的基本特性，从 6.2 节的实验分析结果也可说明，动态化简与匹配模型对各类化简算法是普遍适用的，这里选择经典常用的 D-P 算法进行实验验证与分析。

2. 同尺度数据匹配实验

图 6.26 为 1∶25 万比例尺下不同来源同尺度道路网实验数据。同尺度匹配数据特点是：同名线要素位置差异较小，整体上层次差异不明显，但局部细节的表达特点不同。

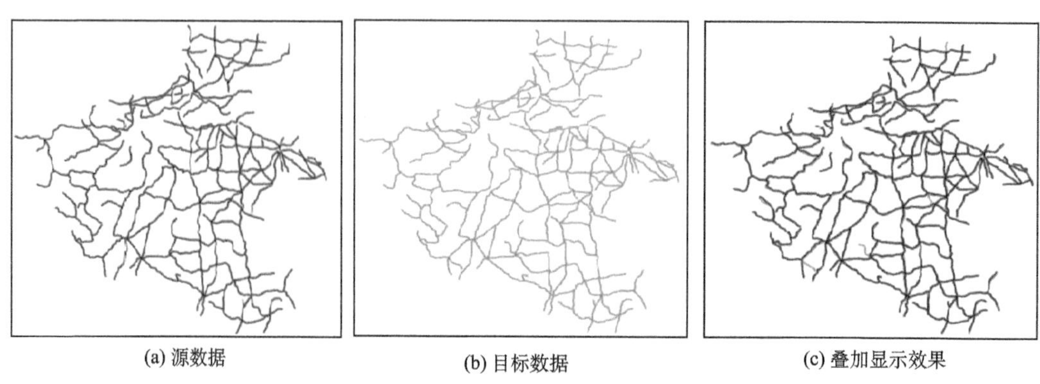

(a) 源数据　　(b) 目标数据　　(c) 叠加显示效果

图 6.26　同尺度道路网匹配实验数据

图 6.27 列举了上述四种匹配方法的局部原始匹配结果，图 6.28 为对应区域加入动态化简后的匹配结果。为使结果表达清晰，图中仅保留了有匹配对象的数据。通过各匹配

算法化简前后的不同实验结果，可直观看出层次分析法[图 6.27(c)和图 6.28(c)对比]和转角函数法[图 6.27(b)和图 6.28(b)对比]的道路数有了明显增加，而缓冲区法[图 6.27(a)和图 6.28(a)所示]和 Hausdorff 距离法[图 6.27(d)和图 6.28(d)所示]相比则数量差别较小，初步说明对于同比例尺数据匹配，缓冲区法和 Hausdorff 距离法受化简影响较小，反映这两种算法对细节的敏感性较弱，或者抗局部干扰能力相对较强；而层次分析法和转角函数法匹配过程则更容易受到线要素细节的影响。产生这种不同的原因是多方面的，具体将于后文 6.3.3 节作详细分析。

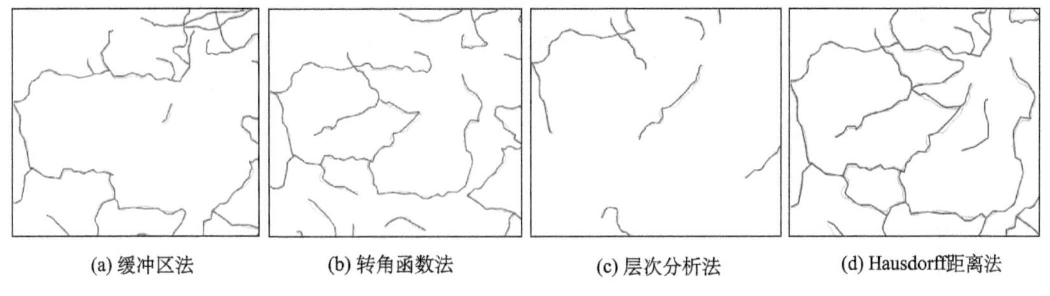

(a) 缓冲区法　(b) 转角函数法　(c) 层次分析法　(d) Hausdorff距离法

图 6.27　同尺度数据原始匹配结果(局部)

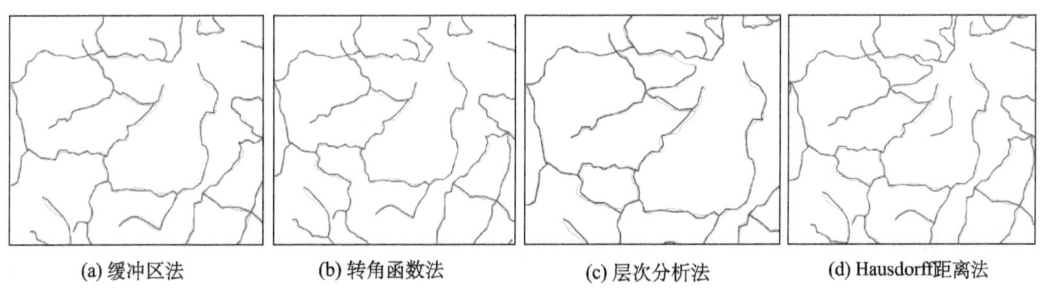

(a) 缓冲区法　(b) 转角函数法　(c) 层次分析法　(d) Hausdorff距离法

图 6.28　同尺度数据化简后匹配结果(局部)

3. 不同尺度数据匹配实验

图 6.29 为不同来源 1∶25 万和 1∶10 万比例尺待匹配数据的叠加，局部放大图显示出，对于不同尺度道路网匹配，大比例尺数据的细节层次、拓扑结构更为复杂，给直接匹配带来困难。

图 6.30 与图 6.31 为不同尺度数据采取各匹配方法化简前后匹配结果对比，从匹配数量上来看，缓冲区法[图 6.30(a)和图 6.31(a)对比]和转角法[图 6.30(b)和图 6.31(b)对比]的匹配效果相对较好，且化简前后匹配结果变化不大；而层次分析法[图 6.30(c)和图 6.31(c)对比]和 Hausdorff 距离法[图 6.30(d)和图 6.31(d)对比]匹配成功数量少，化简后匹配数量的变化也较为明显，说明这两种方法不适合多尺度匹配，对尺度的适应性较弱。后文 6.3.3 节将对此进行详细分析与比较。

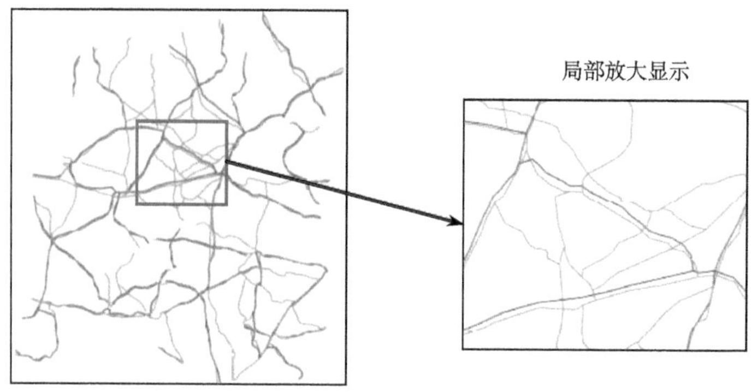

图 6.29 不同比例尺道路网实验数据

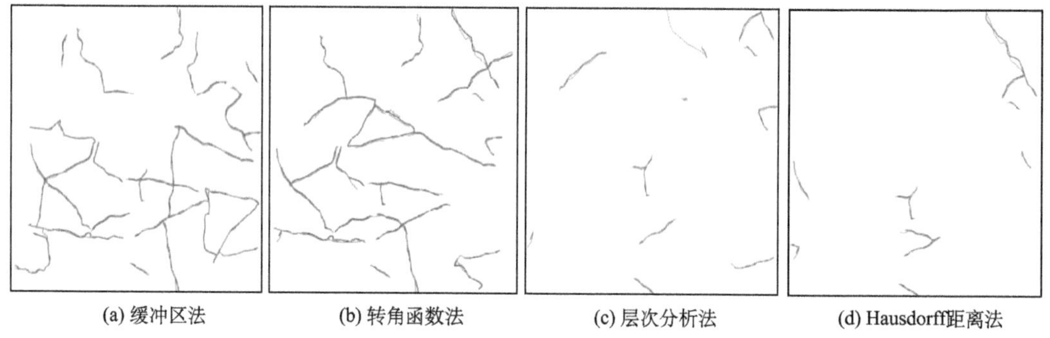

图 6.30 不同尺度数据原始匹配结果

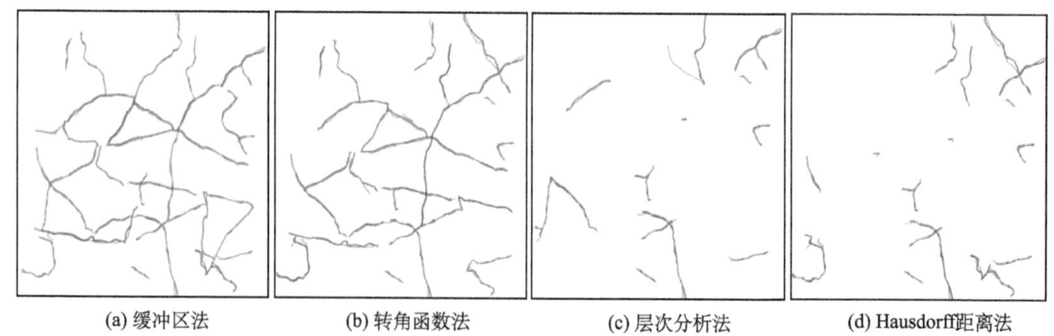

图 6.31 不同尺度数据动态化简后匹配结果

4. 化简对各匹配算法的影响

图 6.32 以一对同名线要素实体为例，说明化简对于不同匹配算法产生的影响不同。其中，图 6.32(a)为原始数据，不经过化简时，本节的 4 种匹配算法对该数据均无法成功匹配；经过动态化简后，均能够成功建立匹配关系，但最终匹配情形并不相同，如图 6.32(b)～图 6.32(e)所示。

从图中分析各方法的化简强度——化简后线要素的局部细节越少则化简强度越大，

据此可得结论为：缓冲区法[图 6.32(b)]和 Hausdorff 距离法[图 6.32(c)]中的化简强度较小，而转角函数法[图 6.32(d)]和层次分析法[图 6.32(e)]中的化简强度较大，尤其图 6.32(e)仅保留了线要素的其中一个较大的转折。表 6.9 列出了图 6.32(b)～图 6.32(e)成功匹配时分别对应的化简参数(强度)，以及化简前后匹配相似度变化对比，其中 Sim 为各类匹配算法的匹配相似度，HD 为两线要素的 Hausdorff 距离，d_A、d_B 分别为线要素 A、B 的化简参数。

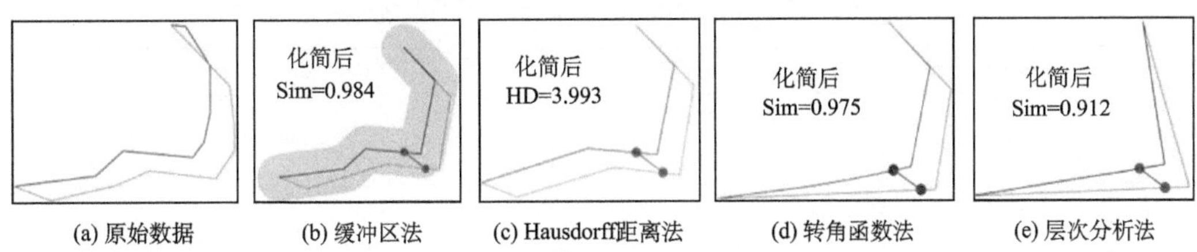

图 6.32　四种算法化简后匹配实例对比

表 6.9　化简强度及化简前后匹配相似度对比

匹配算法	化简前 Sim	化简参数(d_A, d_B)	化简后 Sim
缓冲区法	0.821	(1,1.5)	0.984
Hausdorff 距离法	5.29(HD 距离)	(1.6,1.5)	3.993(HD 距离)
转角函数法	0.674	(3.3,4.0)	0.975
层次分析法	0.707	(11.1,15)	0.912

对于同一对同名实体，化简强度可以反映匹配算法对数据层次复杂性的适应能力。化简强度越小，对细节层次复杂的数据的适应性越强，反之亦然。因此，根据表 6.9 中的化简参数进行判断，四种匹配算法对数据层次复杂性的适应能力高低排序为：缓冲区法、Hausdorff 距离法、转角函数法、层次分析法。

6.3.3　匹配算法对比评估

分别对上述同尺度和跨尺度匹配结果进行统计分析、对比，如表 6.10 和表 6.11 所示，其中同比例尺数据中参与匹配道路总数为 226 条，不同比例尺数据中参与匹配道路总数为 61 条。

表 6.10　同比例尺数据化简前后匹配结果统计对比

匹配算法		正确匹配	误匹配	匹配正确率/%	正确率提升/%
缓冲区法	化简前	191	0	84.5	7.5
	化简后	208	0	92.0	
转角函数法	化简前	164	1	72.6	13.7
	化简后	195	2	86.3	

续表

匹配算法		正确匹配	误匹配	匹配正确率/%	正确率提升/%
层次分析法	化简前	136	0	60.2	17.9
	化简后	199	0	88.1	
Hausdorff 距离法	化简前	198	0	87.6	7.1
	化简后	214	1	94.7	

表 6.11　不同比例尺数据化简前后匹配结果统计对比

匹配算法		正确匹配	误匹配	匹配正确率/%	正确率提升/%
缓冲区法	化简前	37	2	60.7	13.1
	化简后	45	4	73.8	
转角函数法	化简前	33	2	54.1	11.5
	化简后	40	3	65.6	
层次分析法	化简前	17	0	27.9	18.0
	化简后	28	0	45.9	
Hausdorff 距离法	化简前	17	1	27.9	11.4
	化简后	24	1	39.3	

匹配正确率是匹配结果直观量化的评价指标，必须保证其客观性，通过化简方法提取线要素的整体形态特征，使匹配算法的性能发挥到最大，以此时得到的最高匹配正确率来评价匹配算法，是对以往直接评价原始匹配结果的改进。

对比表 6.10 和表 6.11 的匹配正确率，得出结论为：对于具有不同特点的匹配数据，每种匹配算法的匹配正确率都得到提升，但提升幅度有所不同，说明动态化简虽然对辅助已有匹配算法具有普适性，但产生的影响并不相同。以下从多角度分析影响不同的原因。

1. 数据适用性比较

结合统计结果，从不同匹配数据差异性不同这一特点出发，分析如下：

(1)表 6.10 和表 6.11 比较，可发现不同比例尺数据相对同比例尺数据，每一种匹配算法的匹配正确率均降低，说明数据的差异性越强，对匹配算法的影响越大。

(2)以加入动态化简后的最高匹配正确率为准，将两类数据匹配正确率的排序高低对比，如表 6.12 所示。同比例尺和不同比例尺的排序有所差异，说明匹配算法对数据的适用性不同，排序变化越大，数据适用性差异越明显。对于差异较大的跨尺度数据匹配，缓冲区法的排序地位变化不大，且匹配正确率相对较高，因此它对两类数据的适用性相对较强；Hausdorff 距离法排序变化最大，且在跨尺度匹配中匹配正确率最低，说明它对数据尺度的适应性差异较明显，即更适合于差异小的同比例尺数据匹配；转角法对数据的适应能力在四种匹配算法中居于中间位置，层次分析法的匹配正确率一直处于较低状态，表明该方法对数据要求较高，更容易匹配差异较小的数据。

表 6.12　不同匹配数据匹配正确率排序对比

数据类型	匹配正确率从高到低排序			
同比例尺	Hausdorff 距离法	缓冲区法	转角函数法	层次分析法
不同比例尺	缓冲区法	转角函数法	层次分析法	Hausdorff 距离法

(3)不同匹配算法的匹配正确率提升百分比也存在一定的差异,这种差异性表明各匹配算法受数据化简的影响程度不同。表 6.13 为匹配正确率提升幅度的高低排序，排序地位越靠前，反映出该匹配算法受化简影响的程度越高，其中层次分析法和 Hausdorff 距离法的次序分别位于第一和第四，且不因数据类型不同而发生变化，说明四种匹配算法中，数据化简对层次分析法的影响最大，Hausdorff 距离法所受影响最小。

表 6.13　不同匹配数据匹配正确率提升幅度排序对比

数据类型	匹配正确率提升幅度从高到低排序			
同比例尺	层次分析法	转角函数法	缓冲区法	Hausdorff 距离法
不同比例尺	层次分析法	缓冲区法	转角函数法	Hausdorff 距离法

2. 误匹配分析

为避免与其他文献中误匹配定义混淆，此处约定，将不能正确识别匹配关系的情形均视为误匹配。误匹配反映了算法匹配过程中的不确定性。

表 6.10 中，针对差异较小的同尺度数据匹配，转角函数法和 Hausdorff 距离法均出现误匹配，说明这两种匹配算法匹配过程中存在较强的不确定性。表 6.11 中，随着不同尺度数据匹配中线要素局部细节差异性增强，缓冲区法也出现了误匹配，说明缓冲区匹配也存在一定的不确定性。

除层次分析法之外，其他三种算法均出现了误匹配，图 6.33 给出了这三种算法出现误匹配的实例。

数据复杂性是导致误匹配的原因之一，但匹配算法本身的缺陷是主要因素。图 6.33(a)中缓冲区误匹配是未充分顾及方向因素造成的；图 6.33(b)不仅是误匹配，还属于过度匹配情形，主要依据整体方向相似就判定为匹配对象，从而匹配错误，说明转角函数法匹配过程具有一定的偶然性；图 6.33(c)中，Hausdorff 距离法仅以位置为匹配指标，匹配过程约束过于单一从而导致误匹配。虽然层次分析法匹配正确率不高，但其抗局部干扰能力较强，不易出现误匹配。

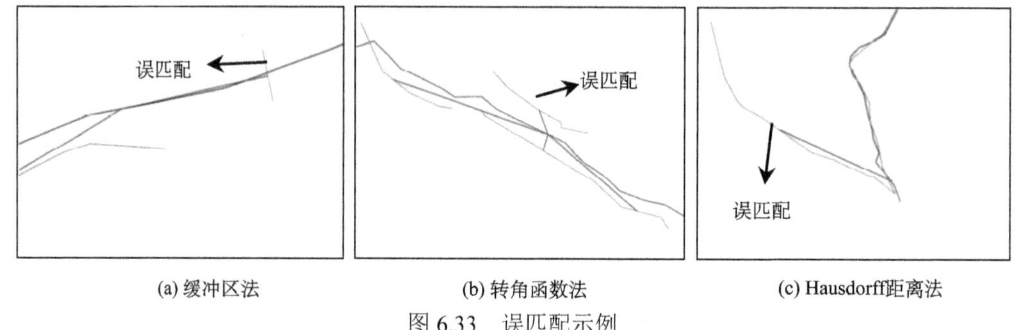

(a) 缓冲区法　　(b) 转角函数法　　(c) Hausdorff距离法

图 6.33　误匹配示例

红色线条为匹配线要素的中点连线，作为匹配标识线

3. 局部细节敏感度比较

在实验过程中还发现，对化简比例系数 K 设置不同的数值(即对数据在不同的化简范围内进行化简)，新增匹配数量也不同，图 6.34 以同尺度数据匹配为例，列举了 K 值变化时对应的新增匹配结果变化。

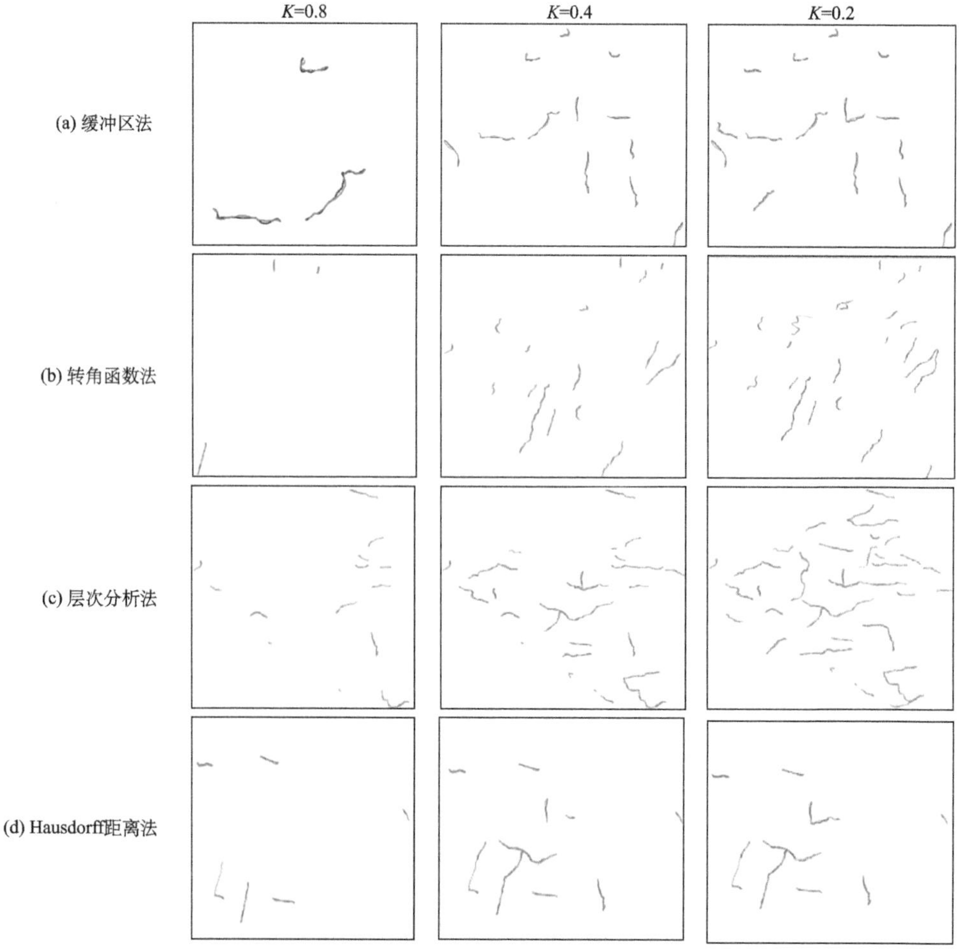

K=0.8　　K=0.4　　K=0.2

(a) 缓冲区法

(b) 转角函数法

(c) 层次分析法

(d) Hausdorff距离法

图 6.34　化简系数不同时新成功匹配结果对比

表 6.14 选取 11 组 K 值统计了对应的新增匹配数。以 K 为横坐标，新增匹配个数为纵坐标，将新增匹配个数随 K 的变化表示在坐标系中，直观地表达匹配结果随化简强度变化的趋势。然后将各个匹配算法对应的坐标点集合利用线性函数 $y=Ax+B$ 进行拟合，如图 6.35 所示，拟合直线的斜率 A 的绝对值在一定程度上可反映匹配算法受化简的影响，即量化了匹配算法对局部细节的敏感程度。

表 6.14　不同化简比例系数下新成功匹配数

化简比例系数 K	缓冲区法	转角函数法	层次分析法	Hausdorff 距离法
0.9	2	2	16	6
0.8	3	3	16	6
0.7	4	3	17	6
0.75	4	6	23	8
0.6	7	10	26	10
0.5	11	13	35	12
0.4	12	21	39	13
0.3	13	27	47	13
0.25	15	31	50	14
0.2	16	31	57	15
0.1	17	32	63	15

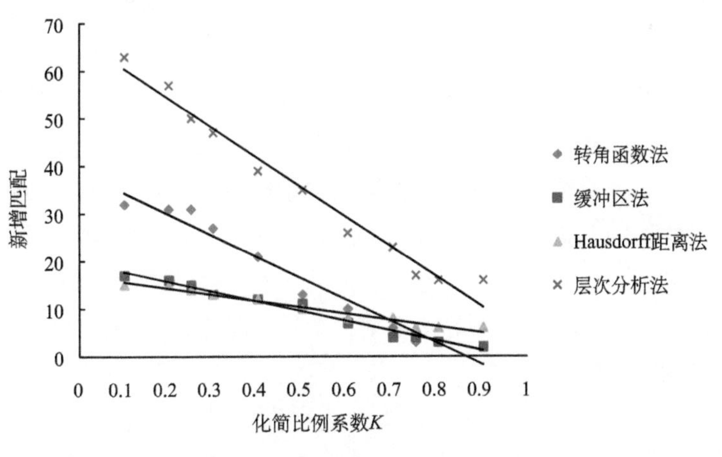

图 6.35　新增匹配数与 K 的关系

随着化简比例系数 K 值降低，化简阈值范围增大，化简程度也在一定程度上增强，新增匹配对数逐渐增加。图 6.35 显示，层次分析法和转角函数法的拟合直线相对陡峭，缓冲区法和 Hausdorff 距离法则变化较为缓和。表 6.15 对四种匹配方法拟合直线的斜率进行比较，$|A|$值越大，表明其对细节的敏感程度越强，匹配算法对线要素的相似性评价越精确。其中，层次分析法敏感性最强，其余依次为转角函数法、缓冲区法和 Hausdorff

距离法。

表 6.15 细节敏感程度比较

拟合直线斜率绝对值	缓冲区法	转角函数法	Hausdorff 距离法	层次分析法
$\lvert A\rvert$	20.621	45.103	13.379	62.69

6.3.4 匹配算法特点分析

匹配算法的主要区别在于对局部结构的表达和描述方式不同，其本质是由于算法所采用的相似性评价指标造成的。目前匹配算法常用的匹配相似性指标有形状、位置、长度、方向和拓扑关系。

表 6.16 不同匹配算法采用的匹配相似性评价指标

匹配算法	位置(距离)	长度	方向	拓扑	形状
Buffer 法	√	√	√		√
转角函数法		√	√		√
Hausdorff 距离法	√				
层次分析法	√	√	√	√	

通过以上对匹配算法的比较和分析，结合各算法采取的匹配相似度指标(表 6.16)，对 4 种匹配算法作以下总结。

(1)缓冲区法：缓冲区相当于一条线要素的影响范围，位置指标在该匹配算法中居主导地位；同时，缓冲区隐含地顾及了对线要素的方向、长度、形状特征，因此其性能较为稳定，只要同名实体的整体位置不过于偏离，都能取得相对较好的匹配结果；然而，缓冲区相当于对曲线的形状进行了综合，平滑了曲线细节，因此缓冲区本身在一定程度上弱化了线要素形态，造成对长度、方向、形态的约束力不够强，容易导致误匹配。这就需要对缓冲区半径合理取值，一般需要根据多次实验来动态设定，不同数据没有统一标准，缺乏一定的客观性。

(2)Hausdorff 距离匹配：该方法仅通过距离指标进行匹配，且 Hausdorff 距离反映的是两条线要素的整体距离，即顾及了线要素的整体形状，但容易受要素局部特征的影响。图 6.32(b)中所示的误匹配说明 Hausdorff 距离有时并不能很好地表达两个线要素的接近程度。该算法的匹配相似度值，在个别点被删除时会发生突变。由于指标单一，不确定性较强，因此误匹配也不可避免。然而对于差异较小的同比例尺数据匹配，该算法容易实现。同时，匹配速度也较快，可用来做粗匹配或筛选匹配集以提高匹配效率。

(3)转角函数法：以线要素各分段的方向角和归一化长度乘积求和组合成的转角

函数为匹配指标，主要顾及了线要素的形状特征，对局部细节产生的变化较为敏感，是一种形态描述方法。即使线要素距离差异较大，只要通过动态化简提取的整体形态相似，就可以成功匹配。但这种方向和长度指标组合的方式，将两种指标对匹配的约束力都弱化，导致该方法还存在诸多不可预测的偶然性，例如，两条形态差异较大的非同名线要素，经计算得到的转角函数值可能差异较小，尤其是对细节层次复杂的数据容易造成误匹配，通常在匹配前需要进行距离约束，来降低发生误匹配的可能性。

(4)层次分析法：这种方法可自动对位置、长度、方向、拓扑四个匹配指标分配权重，将其综合起来计算匹配相似度，减弱了人为设置权重的主观性，且对线要素的约束很全面，不易出现误匹配；缺点在于算法中涉及的阈值较多(距离阈值、角度阈值)，这都需要依据具体的数据来进行确定，自动化程度有待增强；同时，也由于指标较多，导致其受局部细节影响很大，匹配相似度值不高，因此对细节层次差异明显的不同比例尺数据适用性较差，难以完成匹配。

综合以上分析，得出结论：匹配相似性指标选择过少，会使匹配过程出现诸多不确定性因素；然而，匹配指标约束得过于全面(如层次分析法)，又会造成对数据的要求较高，当处理局部差异较大、拓扑关系复杂的数据时，匹配结果很难满足现实需求。因此，在实际应用中，匹配算法优势、数据特点等都是选择合适的匹配方法时应考虑的因素。表 6.17 总结了四种匹配算法的各自适用环境特点。

表 6.17 匹配算法优缺点适应性评价

匹配算法	算法评价
缓冲区法	抗局部细节干扰能力强，对同尺度和不同尺度匹配均适用；但弱化了要素形态特征，且缓冲区半径设置不当时，易出现误匹配
Hausdorff 距离法	顾及要素整体距离，匹配速度快，可用于粗筛选候选匹配集；对同尺度差异较小的数据匹配易于实现；但匹配指标单一，较不稳定，误匹配时有发生
转角函数法	顾及要素整体形态特征，适合先化简后匹配，不受位置差异影响；但匹配指标约束力不强，对局部细节较敏感，存在不可预测的偶然性，易发生误匹配
层次分析法	匹配指标约束全面，稳定性很强，适合同尺度且差异小、复杂度低的数据匹配，不易导致误匹配；但匹配正确率较低，对局部细节非常敏感，适合先化简后匹配

6.3.5 小结

匹配算法的评价对匹配算法的选择、改进具有重要指导意义，动态化简为匹配算法的评价提供了一种新的手段。本节首先利用动态化简方法辅助不同匹配算法，验证了化简对于提高已有匹配算法的匹配正确率具有普适性。通过比较化简对不同匹配算法的影响，比较了算法对局部细节的敏感度，根据匹配算法所采用的匹配指标，分析了各类算法的特点，发现不同匹配算法在数据适应性方面的差异，例如，常用的缓冲区算法可行性好，转角函数法和 Hausdorff 距离法不够稳定，层次分析法虽然匹配正确率不高，但不易出现误匹配等。因此在面临众多匹配算法时，应根据匹配数据的特点，结合各类匹配算法的优缺点，选择合适的匹配相似度指标，最大限度地降低匹配过程的不确定性，从而进一步提高匹配正确率。

参考文献

邓敏, 樊子德, 刘慧敏, 等. 2013. 层次信息量的线要素化简算法评价研究[J]. 测绘学报, 42(5): 767-773.

付仲良, 邵世维, 童春芽. 2010. 基于正切空间的多尺度面实体形状匹配[J]. 计算机工程, 36(17): 216-220.

牛继强, 徐丰. 2007. 线状要素多尺度表达不确定性的综合分析与评价研究[J]. 测绘科学, 32(6): 69-71.

王光霞, 崔凯, 戴军. 2005. 基于分形的 DEM 精度评估[J]. 测绘学院院报, 22(2): 107-109.

王殷行, 李白英, 徐泮林. 2006. 基于特普费尔公式的制图综合取舍比例探讨[J]. 山东科技大学学报(自然科学版), 25(1): 40-46.

武芳, 朱鲲鹏. 2008. 线要素化简算法几何精度评估[J]. 武汉大学学报 • 信息科学版, 33(6): 600-603.

Beeri C, Doytsher Y, Kanza Y. 2005. Finding Corresponding Objects When Integrating Several Geo-spatial Datasets[C]. Bremen, Germany: Proceedings of the 13th Annual ACM International Workshop on Geographic Information Systems.

KilPelainen T. 1997. Maintenance of Multiple Representation Databases for Topographic Data[C]. Hong Kong: Proceedings of the International Workshop on Dynamic and Multi-dimensional GIS.

Zhang M, Shi W, Meng L Q. 2005. A Generic Matching Algorithm for Line Networks of Different Resolutions[C]. A Coruña: 8th Ica Workshop on Generalisation and Multiple Representation.